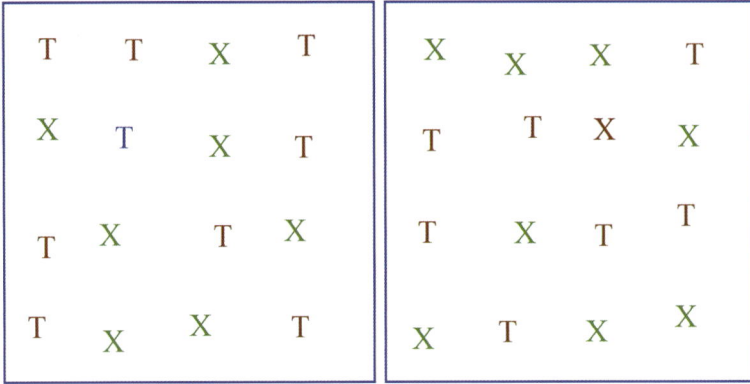

图 2-4　特里斯曼的特征整合理论实验任务

（a）颜色单一任务；（b）联合搜索任务

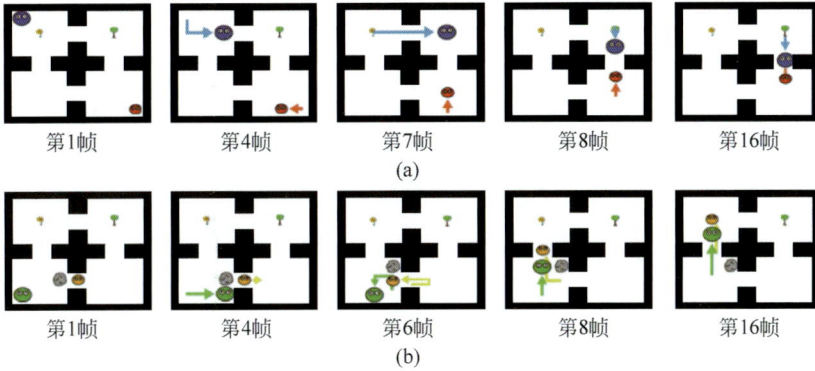

第1帧　　第4帧　　第7帧　　第8帧　　第16帧

(a)

第1帧　　第4帧　　第6帧　　第8帧　　第16帧

(b)

图 3-7　逆向规划社会心智推理实验（Ullman 等，2009）

（a）情景 6；（b）情景 19

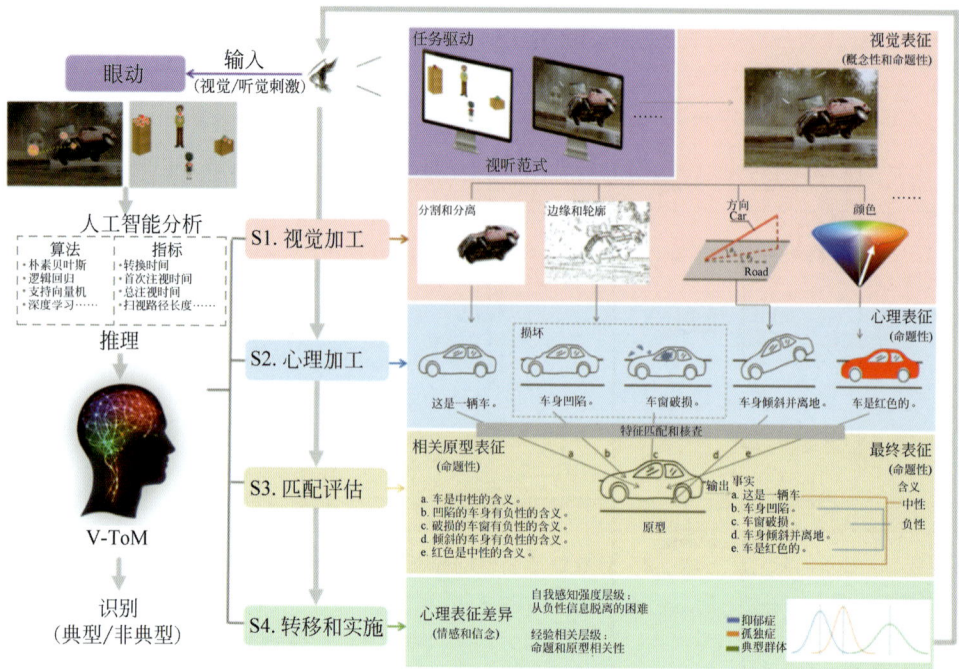

图 3-20　V-ToM 4 个阶段认知过程

图 6-33　Mono3D 物体检测可视化结果

“十四五”国家重点图书出版规划项目

图像图形智能处理理论与技术前沿

VISUAL COMPUTATION OF MIND

视觉心智计算

马惠敏　周　鹏　邹博超　编著

清华大学出版社

北 京

图书在版编目（CIP）数据

视觉心智计算 / 马惠敏，周鹏，邹博超编著. -- 北京 ：清华大学出版社，2025. 7.
（图像图形智能处理理论与技术前沿）. -- ISBN 978-7-302-69572-1

Ⅰ. TP302.7

中国国家版本馆 CIP 数据核字第 2025ZB8166 号

责任编辑：刘　杨
封面设计：钟　达
责任校对：欧　洋
责任印制：宋　林

出版发行：清华大学出版社
　　　　　网　　　址：https://www.tup.com.cn，https://www.wqxuetang.com
　　　　　地　　　址：北京清华大学学研大厦 A 座　　　邮　　　编：100084
　　　　　社　总　机：010-83470000　　　　　　　　　邮　　　购：010-62786544
　　　　　投稿与读者服务：010-62776969，c-service@tup.tsinghua.edu.cn
　　　　　质量反馈：010-62772015，zhiliang@tup.tsinghua.edu.cn
印　装　者：涿州市般润文化传播有限公司
经　　　销：全国新华书店
开　　　本：170mm×240mm　　印　张：16.25　　插　页：1　　字　　　数：342 千字
版　　　次：2025 年 9 月第 1 版　　　　　　　　　　印　　　次：2025 年 9 月第 1 次印刷
定　　　价：60.00 元

产品编号：099197-01

丛书编委会名单

主　　任：王耀南

委　　员（按姓氏笔画排序）：

于　晓　　马占宇　　马惠敏　　王　程　　王生进

王维兰　　庄红权　　刘　勇　　刘国栋　　杨　鑫

库尔班·吾布力　　汪国平　　汶德胜　　沈　丛

张浩鹏　　陈宝权　　孟　瑜　　赵航芳　　袁晓如

徐晓刚　　郭　菲　　陶建华　　喻　莉　　熊红凯

戴国忠

"人工智能是我们人类正在从事的、最为深刻的研究方向之一,甚至要比火与电还更加深刻。"正如谷歌 CEO 桑达尔·皮查伊所说,"智能"已经成为当今科技发展的关键词。而在智能技术的高速发展中,计算机图像图形处理技术与计算机图形学犹如一对默契的舞伴,相辅相成,为社会进步做出了巨大的贡献。

图像图形智能处理技术是人工智能研究与图像图形处理技术的深度融合,是一种数字化、网络化、智能化的技术。随着新一轮科技革命的到来,图像图形智能处理技术已经进入了一个高速发展的阶段。在计算机、人工智能、计算机图形学、计算机视觉等技术不断进步的同时,图像图形智能处理技术已经实现了从单一领域到多领域的拓展,从单一任务到多任务的转变,从传统算法到深度学习的升级。

图像图形智能处理技术被广泛应用于各个行业,改变了公众的生活方式,提高了工作效率。如今,图像图形智能处理技术已经成为医学、自动驾驶、智慧安防、生产制造、游戏娱乐、信息安全等领域的重要技术支撑,对推动产业技术变革和优化升级具有重要意义。

在《新一代人工智能发展规划》的引领下,人工智能技术不断推陈出新,人工智能与实体经济深度融合成为重要的战略目标。智慧城市、智能制造、智慧医疗等领域的快速发展为图像图形智能处理技术的研究与应用提供了广阔的发展和应用空间。在这个背景下,为国家人工智能的发展培养与图像图形智能处理技术相关的专业人才已成为时代的需求。

当前在新一轮科技革命和产业变革的历史性交汇中,图像图形智能处理技术正处于一个关键时期。虽然图像图形智能处理技术已经在很多领域得到了广泛应用,但仍存在一些问题,如算法复杂度、数据安全性、模型可解释性等,这也对图像图形智能处理技术的进一步研究和发展提出了新的要求和挑战。这些挑战既来自于技术的不断更新和迭代,也来自于人们对于图像图形智能处理技术的不断追求和探索。如何更好地提高图像的视觉感知质量,如何更准确地提取图像中的特征信息,如何更科学地对图像数据进行变换、编码和压缩,成为国内外科技工作者和创新企业竞相探索的新方向。

为此,中国图象图形学学会和清华大学出版社共同策划了"图像图形智能处理理论与技术前沿"系列丛书。丛书包括 21 个分册,以图像图形智能处理技术为主线,涵盖了多个领域和方向,从智能成像与感知、智能图像图形处理技术、智能视频分析技术、三维视觉与虚拟现实技术、视觉智能应用平台等多个维度，全面介绍该领域的最新研究成果、技术进展和应用实践。编写本丛书旨在为从事图像图形智能处理研究、开发与应用的人员提供技术参考，促进技术交流和创新，推动我国图像图形智能处理技术的发展与应用。本丛书将采用传统出版与数字出版相融合的形式，通过二维码融入文档、音频、视频、案例、课件等多种类型的资源，帮助读者进行立体化学习，加深理解。

图像图形智能处理技术作为人工智能的重要分支，不仅需要不断推陈出新的核心技术，更需要在各个领域中不断拓展应用场景，实现技术与产业的深度融合。因此，在急需人才的关键时刻，出版这样一套系列丛书具有重要意义。

在编写本丛书的过程中，我们得到了各位作者、审读专家和清华大学出版社的大力支持和帮助，在此表示由衷的感谢。希望本丛书的出版能为广大读者提供有益的帮助和指导，促进图像图形智能处理技术的发展与应用，推动我国图像图形智能处理技术走向更高的水平！

中国图象图形学学会理事长

想象一个场景：你和最好的朋友小红一起去餐厅吃饭，你们之间常常不需要说太多话就能理解对方的意图。你们坐下后，小红注意到你目光不自觉地落在了菜单中的烤鸭上，虽然你没有直接说出来，但小红已经知道你对这个菜品感兴趣，于是主动说要点这道菜。小红之所以能够准确地理解你的意图，完全是基于你的非语言线索推测的，没有语言沟通，也能够通过表情变化和眼神交流传达彼此的意图和需求等。

这是我们日常生活中已经习以为常的事情。这种理解他人心理状态的能力，被称为心智理论（theory of mind，ToM）。近几十年来，很多研究致力于理解这种能力，以及应该怎样测量，等等。视觉心智理论是心智理论概念很重要的一方面，比如开篇的例子中点菜过程中的交流是靠视觉信息传达的。

在科技发展的今天，建模和计算心智理论是一件意义非凡的事。如果人们了解了心智能力的数学表达和计算方法，就有可能创造出像《流浪地球》中 MOSS 那样的智能体。横空出世的 ChatGPT 已经很大程度上改变了我们的生活，但是目前研究表明，即使是最先进的大模型，也仍然与人的心智能力相差甚远，这条路存在很多理论障碍有待日后突破。

本书编写的目的就是希望通过全面地介绍心智理论的概念、发展，并且引入视觉心智理论及其计算方式，让读者系统地了解、深入理解这一前沿领域，填补相关图书领域的空白。

作为一个不断演进的领域，视觉心智计算涉及多学科的交叉，涵盖从视觉认知理论到智能体建模的广泛内容。在撰写过程中，我们力求通过清晰的结构和系统的内容，将专业的理论和方法以易于理解的方式呈现给读者。

在本书的编写过程中，我们邀请了诸多同行和朋友给予支持与指导。我们也鼓励读者通过书中的联系方式与我们互动，提出建议或反馈，以便我们不断改进和更新内容。

希望本书能成为探索视觉心智计算领域的有力工具，为研究与应用提供宝贵的参考。

马惠敏

2024 年 9 月

目 录

第1章

绪　　论

1.1　视觉心智计算的概念

什么是心智(mind)？英文"mind"是一个多义词,相对于物质或身躯时可以指心脏;在谈论理智时可以指健全的心智、正常的神志;也可以用作智力、理解力、想法等概念;在哲学领域"mind"一般译作心灵;在智能科学领域"mind"被译作心智,是指一系列认知能力组成的总体,包括情感、意志、感觉、知觉、表象、学习、记忆、思维、直觉等。这些能力赋予个体意识,使其拥有思考的能力,可以做出判断并记忆事物。

心智理论(theory of mind,ToM)是一个心理学术语,表示一种能理解自己及他人心理状态的能力,这里的心理状态包括情绪、信仰、意图、欲望等。心智理论是心理学、认知科学和神经科学领域的重要研究对象,被广泛认为是社会认知的关键组成部分,在社交互动中扮演着至关重要的角色,使人们能够预测和解释他人的行为,有效地进行交流及合作。

康康爱吃草莓(图 1-1)等系列实验是 ToM 测试中一个直观的实验范式,通过一系列实验,证明了典型发育儿童和孤独症儿童在心智理论发展方面存在差异。

老爷爷

康康

图 1-1　康康爱吃草莓[1]

实验的关键点在于屏幕中间：一个实验条件中间是老爷爷，另一个实验条件中间是一棵树。而康康想吃的草莓在高处的箱子上。如果康康想吃到草莓，必须得到老爷爷的帮助才能实现，这就涉及社会认知的问题。而树不是生命体，无法为康康提供帮助。儿童需要站在康康的角度，根据实验中的提示信息，预测康康的意图，这一过程涉及视角的转换，是心智理论的重要部分。实验结果也表明，典型发展儿童会更多地看向老爷爷，即他们知道康康需要向老爷爷寻求帮助，而孤独症儿童则没有表现出相同的反应模式，表明典型发展儿童可以进行心智理论的推理，可以预测他人的心理状态和行为。

进一步地，对心智理论进行数学建模以实现可计算的过程，称为心智计算。心智计算是对心理符号的计算，是模拟大脑进行信息加工的过程。建立心智模型的目的是探索和研究人的思维机制，特别是信息处理机制，同时也为设计相应的人工智能系统提供新的体系结构和技术方法。举例来说，一个著名的心智理论计算模型是贝叶斯心智理论（Bayesian theory of mind，BToM），由 Baker、Saxe 和 Tenenbaum 在 2009 年提出[2]。

BToM 是一个 ToM 的计算框架，即人类推理智能体的心理状态（如信念和期望）的能力。BToM 将心智理论的核心，即对信念和欲望相关行动的预测模型，表述为部分可观测马尔可夫决策过程，并根据对某个环境背景下智能体行为的观测结果，利用贝叶斯推理重建智能体的联合信念状态和奖励函数。实验向参与者展示了简单空间场景中智能体的移动序列，并要求参与者对智能体的期望及环境中其他未观察到的其他部分进行联合推断，以此来测试 BToM。其中，观察者对世界的表征由环境状态和智能体状态组成（图 1-2）。BToM 已被用于解释广泛的社会认知现象，包括错误信念推理[3]、观点采择[4]和社会学习[5]。它也被用于研究精神疾病。

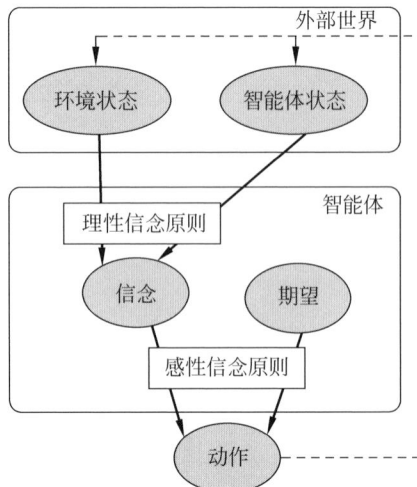

图 1-2 心智理论的示意模型

视觉心智是心智理论概念的一个具体方面,指的是通过视觉认知过程,如面部表情、身体语言和其他视觉线索,理解他人心理状态的能力。理解他人心理状态的能力很大程度上取决于解读非语言线索的能力,例如推断他人的情绪、意图和信仰等。研究表明[3],视觉心智能力在生命早期就开始发展,12个月大的婴儿就具有一定的推理能力,能够从目的论的角度解释行为,即将行为视为达成目标的手段。随着年龄的增长,解读非语言线索的能力变得更加复杂,使人们能够对他人的心理状态做出越来越细致的推断。

机器可以思考吗?或者说心智本身会是一台思考的机器吗?实现机器思考的关键是人们是否可以实现心智计算。近年来计算机技术的迅速发展改变了人们对这些问题的观点,这些核心技术使人们有望研发出具备感知、语言理解、模仿推理、决策以及其他心理过程的智能机器。

本书将视觉心智计算描述为使用数学和计算机技术等工具,模拟和解释涉及理解他人心理状态的视觉认知过程。常用的工具方法包括贝叶斯推理、强化学习等。贝叶斯模型可以通过先前的行为或社会背景信息推测出一个人可能的目标或意图。当新的信息,例如该人的行动或言语提示,不断出现时,模型会更新其信念,并推断出更多关于该人心理状态的信息。视觉心智计算还可以利用神经网络或其他机器学习技术来模拟社会推理中涉及的认知过程。例如,一个模型可以对大量社交互动的数据进行训练,并使用强化学习算法,学习如何准确预测他人的心理状态。举例来说,在一场社交聚会上,观察到一个人多次看向门口。在这种情况下,根据贝叶斯模型可以由该人的行为推断出他可能在等待某人。进一步观察到他不断查看手机,模型的信念会更新,进一步支持他在等待某人的推断。同样地,视觉心智计算模型可以通过分析大量类似的社交互动数据,学习到在上述情境中,频繁看向门口并查看手机通常代表着等待某人。通过这种方式,模型能够模拟和预测他人的心理状态。

总的来说,这些计算模型是研究心智理论的有力工具,因为它们允许研究人员测试和改进不同的社会认知理论。然而,这些模型仍然是对理解他人所涉及复杂认知过程的简化抽象,可能无法完全捕捉人类社交互动的丰富性和多样性。视觉心智理论(V-ToM)由 Peng Zhou、Huimin Ma 和 Bochao Zou 等在 2023 年提出[1]。V-ToM 成功地将 ToM 操作成细粒度框架,提出基于心智理论的细粒度模型。该模型以心智理论为框架,研究心智理论的两个核心组成部分:情感性和认知性心智理论。通过构建具有情感和认知意义的视觉场景刺激,明确描述人类对他人的信仰和情感进行推断的四阶段过程,即视觉处理、心理加工、评估和转移实施。本书第 3 章将对 V-ToM 模型进行详细描述。

1.2　视觉心智计算的内容

视觉心智计算的主要内容是人们利用视觉线索信息推断他人的心理状态,例如他们的信念、欲望、意图和情感等。因为视觉线索通常能够提供有关他人意图和信念的信息,而视觉心智计算就是对人们通过视觉信息推断他人心理状态的过程进行建模[2,6]。

视觉心智计算的内容根据研究者采取的具体方法而异。然而,一般而言,视觉心智计算涉及以下内容的研究。

(1)视觉感知。模型需要包含视觉感知算法,以便检测和分析视觉线索,例如注视方向、面部表情和动作姿态。

(2)心理状态的表征。模型需要以一种可操作的方式表示心理状态,例如信念、意图和欲望,并能从视觉线索中进行推断。

(3)推理机制。模型需要使用推理算法,基于视觉线索和其他可用信息,来预测他人的心理状态。

(4)学习和适应。模型可能包含学习机制,以适应新的环境和情况,并从反馈中学习。

(5)与其他认知过程的集成。模型可能需要与其他认知过程(例如语言处理、记忆和注意力)相结合,以支持更复杂的社会认知。

总的来说,视觉心智计算的内容高度依赖所研究的具体问题和研究者采用的方法。一个成功的模型需要整合多个组成部分,以准确捕捉社会认知和行为的复杂性。视觉心智计算的过程包括以下步骤:首先,观察他人的行为和动作,利用这些信息形成关于他们心理状态的假设;其次,通过捕捉到的视觉线索,如他们的凝视方向、面部表情、身体姿势以及其他非语言信号,进一步细化这些假设,从而更准确地推断他们的心理状态;最后,利用情境信息,如对情境或社交规范的了解,进一步细化对他人心理状态的推断。

视觉心智理论的计算模型利用数学和统计方法,模拟人们使用视觉线索和感知信息推断他人的心理状态。这些模型有助于解释人们如何理解他人的心理状态,并在社交场合中做出预测。视觉计算心智理论是利用视觉线索推断他人心理状态的过程,对社会认知和交互起着至关重要的作用。

1.3 视觉心智计算的发展

心智理论研究在过去的几十年中,逐步从解决特定心智问题的尝试,演变为不同风格的第一代理论和第二代理论:以表征-计算为核心的心智计算理论(the computational theory of mind,CToM)和以具身性观念为理论特征的第二代心智理论。

20世纪70年代,纽厄尔(Newell)和西蒙(Simon)提出了物理符号系统理论,主张认知过程可以通过一组符号及其相关规则的物理操作来模拟和实现;随后,经由普特南(Putnam)、马尔(Marr)、福多(Fodor)、派利夏恩(Pylyshyn)等学者的发展,通过强调认知系统的功能性特征、信息处理和符号操作,奠定了第一代心智理论的基本内核,即以表征-计算为核心的心智计算理论。这一理论框架中最关键的预设是:认知过程是对人们周围世界心理表征的生成、转换和删除的心理操作,认知状态则是内部心理表征之间的关系,这些关系、表征和操作都可被视为计算的过程,人脑心智系统可被当作一台"计算机"。

1975 年,福多提出思维语言假设后,心智计算理论演变为包含符号计算(digital computational theory of mind,DCToM)和连接计算(connectionist computational theory of mind,CCToM)两种形式。后续在德雷福斯(Dreyfus)和塞尔(Searle)等对强人工智能激烈批判的刺激下,以具身性观念为理论特征的第二代心智理论逐渐登上历史舞台。其中,具身性观念认为人类学习并理解世界是通过人体感官和身体在空间中的移动和互动实现的,而不仅仅是被动地接收信息。认知科学家加拉格尔(Shaun Gallagher)以具身认知(embodied cognition)、嵌入认知(embedded cognition)、延展认知(extended cognition)和生成认知(enactive cognition)概括了这一理论的核心理念,有时称为 4EC。其中,具身认知强调身体在认知过程中的重要性,它认为人们的认知不仅发生在大脑中,而且与人们的身体密不可分。嵌入认知强调环境在认知中的作用。该理论认为,认知过程不仅限于个体的大脑和身体,而是深深地嵌入与环境的互动中。延展认知的概念进一步拓展了认知的范围,提出人们的认知系统可以超越个体的身体,延展到外部的工具和技术中。生成认知强调认知是一个动态生成的过程,通过行动和交互与世界共同创造。

心智表征作为心智理论的核心概念之一,涵盖信息或知识在心理活动中的表示和记录方式。这种表征可以看作外部事物在心理活动中的内部再现,一方面它反映和代表客观事物,另一方面又是心理活动进一步加工的对象。信息或知识以符号的形式存在,比如文字和数字,这些符号被赋予了特定的意义,因此具有一定的价值。心智表征不仅是对知识的形式化描述,也是一系列关于知识描述的约定,构成一种心理活动可接受的数据结构。常见的心智表征方式包括逻辑、产生式系统(规则)、框架等。

以图式为例,它实质上是一种心理结构,是能帮助人们知觉、组织、获得和利用信息的认知结构。认知心理学家认为,人们在认知过程中通过对同一类客体或活动基本结构的信息进行抽象概括,在大脑中形成的框图便是图式。例如,一个孩子第一次形成关于马的图式时,他知道马是大的,有毛发、四条腿和尾巴。但当他遇到奶牛时,可能会错误地称其为马。在被告知这是一种不同的动物后,孩子会修改对马的图式,并为奶牛创建一个新的图式。通过这样的经历,孩子逐渐意识到,虽然一些马是非常大的动物,但另一些马可能很小。皮亚杰(Piaget)、鲁梅尔哈特(Rumelhart)等认为,图式由表示概念要素的若干变量组成,是一种知识框架及分类系统。1987 年,纽厄尔和莱德、罗森勃卢姆提出了一个通用解题结构 SOAR(state,operator and result),希望把各种"弱方法"(基于启发式的解题方法)都实现在这个解题结构中。SOAR 是一种理论认知模型,它既从心理学角度对人类认知建模,又从知识工程角度提出一个通用解题结构。它模拟了人类的解题过程,通过状态、操作符和结果来描述和执行解题步骤。SOAR 旨在整合多种弱方法,使系统能够在不同问题情境下选择和应用适当的操作符,逐步解决复杂问题。

如上所述,视觉计算的心智理论是指使用视觉线索和感知信息来推断他人的心理状态。这种心智理论的方法基于人们使用视觉信息推断他人的心理状态,如信念、欲望和意图。但解释或理解、预测他人行为的心理基础机制是什么?在理论层面有如下不同的解答。

(1)"社会脑假说"(the social brain hypothesis,SBH),由 Dunbar 于 1998 年提出[7]。SBH 假设灵长类动物大脑的演化是由社交认知的需求驱动的,包括理解他人的心智状态。基于 SBH 的计算模型已被用于模拟灵长类动物与其他动物社交认知的演化[8]。

(2)"理论之理论"(theory-theory,TT),由戈普尼克(Gopnik)和梅尔佐夫(Meltzoff)于 1997 年提出[9]。TT 假设儿童通过自己的经验和观察他人来发展心智理论。基于 TT 的计算模型已被用于解释儿童如何获得信念、欲望和情感等[10]。

(3)"模拟理论"(simulation theory,ST),由戈登(Gordon)于 1986 年提出[11]。ST 假设人们通过在自己的心智中模拟心智状态理解他人的心智状态。基于 ST 的计算模型已被用于解释人们如何推理情感、意图和错误的信念[12]。

以上每个模型都提出了人们如何推理他人心智状态的独特观点,并被广泛用于解释各种社交认知现象。

近年来,在理论假说发展的基础上,不断有学者采用多种实验手段或工具进行心智理论的研究。如其中一项研究调查了儿童如何利用面部表情推断他人的情绪,该研究发现,儿童由面部表情推断情绪的能力随着年龄的增长而提高,并且这种能力与他们的心智理论能力有关[13]。另一项研究通过眼动跟踪技术探究了儿童和成人如何利用注视方向推断他人的心理状态。结果显示,成年人和儿童都利用注视方向推断意图,但儿童的准确度低于成年人[14-15]。还有研究调查了视觉工作记忆和心智理论之间的关系,发现在视觉工作记忆任务中表现更好的参与者更擅长推断他人的心理状态[16]。这些研究提供了利用视觉线索和感知信息推断他人心理状态的方法,以及这些推断能力在童年和成年阶段的发展情况。

在计算模型方面,有研究将视觉信息与先前的知识相结合,以推断他人的心理状态,并在虚拟现实场景中进行测试[17],其参与者需要推断一个角色的意图。结果表明,基于视觉线索,该模型在预测角色的意图方面表现出色。如果将视觉信息与语言处理相结合构建计算模型,并使用模型推断故事中角色的心理状态,计算模型能够高精度地预测参与者的回答[18]。还有研究构建神经网络理论推理模型,使用视觉特征预测他人的心理状态。通过注视方向和面部表情预测他人的心理状态[19-20]。

这些研究表明,计算模型有潜力将视觉信息与其他知识源相结合,以推断他人的心理状态。未来的研究可能会开发更复杂的模型,以更好地捕捉理论推理过程的复杂性。这种综合方法可能会为人们提供更深入的理解,更准确地预测和解释人们在社交互动中的行为和心理状态。

1.4　视觉心智计算的应用

视觉心智理论计算模型在许多领域都有潜在的应用,如人机交互、教育、诊疗精神心理疾病等。在人机交互领域,视觉心智理论的计算模型可以用于改善人类和机器人之间的社交互动,如具有心智理论计算模型的机器人可以更好地理解和回应人类的意图和情感,从而实现更自然、更吸引人的交互。心智理论计算模型也可以在教育环境中使用,通过了解如何使用视觉线索推断他人的心理状态,学生可以更好地理解同伴的观点,提高他们的社交互动,帮助学生发展社交技能和情商。在心理学和精神病学方面,心智理论模型可以用于更好地理解和治疗各种心理和精神障碍,如孤独症谱系障碍、精神分裂症和边缘型人格障碍,通过了解这些障碍的患者如何处理与心智理论相关的视觉信息,研究人员和临床医生可以开发更有效的筛查及治疗方法。在市场营销和广告方面,心智理论计算模型可以用于市场营销和广告,以更好地了解消费者的观点和动机,通过分析消费者的视觉线索和其他行为,营销人员可以更好地定制他们的产品信息,以吸引目标受众。

总的来说,视觉心智理论的计算模型具有广泛的应用,并且有潜力增进人们对社会认知和行为的理解。

1.5　视觉心智计算与人工智能

视觉心智计算与人工智能之间存在紧密关系,因为心智计算旨在开发能够理解人类社交认知和行为的算法和模型。具体而言,视觉心智计算致力于使机器从他人的面部表情、肢体语言和凝视方向等视觉线索中推断他人的心理状态,是人工智能研究的重要领域之一,因为它旨在使机器能够以更自然、更类似于人类的方式理解人类并与之交互。视觉心智计算在人工智能领域有着广泛的潜在应用,其中一个重要方面是发展具有社交智能的机器人。为机器人配备心智理论模型,可使其更好地理解和响应人类的意图和情感,从而实现更自然、更吸引人的交互。总的来说,视觉心智计算的发展代表着人工智能研究的一个重要领域,具有广泛的应用前景。

具身智能是人工智能的重要分支。具身智能系统不仅包括脑部的符号处理,还包括机器或生物体身体与环境之间的交互作用。其强调系统通过感知、行动和互动实现智能表现,而不仅仅是简单地处理符号或信息。这种系统利用感知机制获取信息,通过身体执行动作影响环境,并根据环境反馈做出适应性调整。具身智能系统的核心思想是将智能看作是与身体、环境和经验相结合的过程,而不仅仅是抽象的符号处理。

视觉心智计算可以帮助机器理解人类的情感和意图,而具身智能系统则可以使机器人更自然地与环境和人类交互,使其表现出更灵活、更智能的行为,共同推动人工智能技术向着更智能、更自然和更人性化的方向发展。

1.6　本书的内容结构

本书的目的是系统地介绍视觉心智计算这一相对新兴研究领域的基本内容,包括视觉基础、视觉心智理论、视觉计算理论等理论基础章节,心智计算建模等前沿方法章节,以及视觉心智计算应用实例章节。

其中,第 2 章介绍视觉认知的概念、神经基础、认知基础理论及视觉与注意、记忆、学习、决策等核心认知能力的关联;第 3 章阐述心智理论的概念、相关研究进展,探讨心智理论与人工智能的相关性,并提出视觉心智理论模型;第 4 章阐述视觉计算方法,以马尔计算视觉为基础,讲解视觉计算的经典方法与最新进展,介绍视觉心智计算中的视觉计算推理与决策相关内容;第 5 章是视觉心智计算的核心方法部分,介绍心智计算建模方法,包括心智理论建模、智能体心智建模,并讨论深度学习和心智理论的差距;第 6 章为应用章节,面向心理状态评估与自动驾驶具体任务介绍视觉心智计算理论方法的实际应用。

参考文献

[1]　ZHOU P, ZHAN L, MA H. Predictive language processing in preschool children with autism spectrum disorder: An eye-tracking study[J]. Journal of Psycholinguistic Research, 2019, 48: 431-452.

[2]　BAKER C L, SAXE R, TENENBAUM J B. Action understanding as inverse planning[J]. Cognition, 2009, 113(3): 329-349.

[3]　LIU S, ULLMAN T D, TENENBAUM J B, et al. Ten-month-old infants infer the value of goals from the costs of actions[J]. Science, 2017, 358(6366): 1038-1041.

[4]　AICHHORN M, PERNER J, KRONBICHLER M, et al. Do visual perspective tasks need theory of mind?[J]. Neuroimage, 2006, 30(3): 1059-1068.

[5]　LUCAS C G, GRIFFITHS T L, XU F, et al. The child as econometrician: A rational model of preference understanding in children[J]. PLOS ONE, 2014, 9(3): e92160.

[6]　MARGOLIS E, SAMUELS R, STICH S P. The Oxford handbook of philosophy of cognitive science[M]. Oxford: Oxford University Press, 2011.

[7]　DUNBAR R I M. The social brain hypothesis[J]. Evolutionary Anthropology Issues News & Reviews, 1998, 6(5): 178-190.

［8］ DUNBAR R I M. The social brain hypothesis and its implications for social evolution［J］. Annals of Human Biology,2009,36(5)：562-572.

［9］ GOPNIK A,MELTZOFF A N. Words, thoughts, and theories［M］. Cambridge：Mit Press,1998.

［10］ GEISLER W S,DIEHL R L. A Bayesian approach to the evolution of perceptual and cognitive systems［J］. Cognitive Science,2003,27(3)：379-402.

［11］ GORDON R M. Folk psychology as simulation［J］. Mind & Language,2010,1(2)：158-171.

［12］ HARRIS P L. From simulation to folk psychology：the case for development［J］. Mind & Language,1992,7(1/2)：120-144.

［13］ FITZPATRICK P,FRAZIER J A,COCHRAN D,et al. Relationship between theory of mind,emotion recognition,and social synchrony in adolescents with and without autism ［J］. Frontiers in Psychology,2018,9：1337.

［14］ EINAV S,HOOD B M. Children's use of the temporal dimension of gaze for inferring preference［J］. Developmental Psychology,2006,42(1)：142.

［15］ KANNGIESSER P,ITAKURA S,ZHOU Y,et al. The role of social eye-gaze in children's and adults' ownership attributions to robotic agents in three cultures［J］. Interaction Studies,2015,16(1)：1-28.

［16］ MUTTER B,ALCORN M B,WELSH M. Theory of mind and executive function：Working-memory capacity and inhibitory control as predictors of false-belief task performance［J］. Perceptual & Motor Skills,2006,102(3)：819-835.

［17］ CHEN X L,HOU W J. Gaze-based interaction intention recognition in virtual reality［J］. Electronics,2022,11(10)：1647.

［18］ NARANG S,BEST A,MANOCHA D. Inferring user intent using Bayesian theory of mind in shared avatar-agent virtual environments［J］. IEEE Transactions on Visualization and Computer Graphics,2019,25(5)：2113-2122.

［19］ GRAHAM R,LABAR K S. Neurocognitive mechanisms of gaze-expression interactions in face processing and social attention［J］. Neuropsychologia,2012,50(5)：553-566.

［20］ BYOM L J,MUTLU B. Theory of mind：Mechanisms,methods,and new directions［J］. Frontiers in Human Neuroscience,2013,7：413.

第2章

视 觉 基 础

2.1 视觉认知的概念

认知(cognition)是指获取、处理、存储和使用信息涉及的心理过程。它包括广泛的心理活动,例如感知、注意、记忆、语言、推理等,如图 2-1 所示。认知涉及人类机能的方方面面,从基本的生存技能到复杂的智力活动,如科学发现和艺术创作等。为了更好地理解人类思维的运作方式、优化人类的心理过程,认知心理学、神经科学、语言学等领域都对人类认知进行了不同层面的探索[1]。

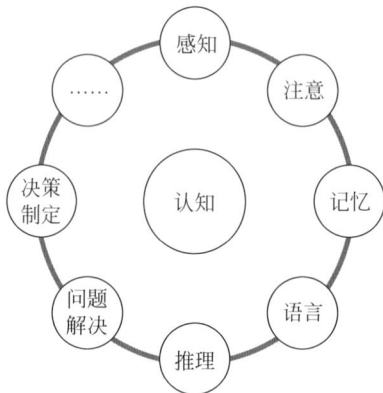

图 2-1　认知包括的心理活动与过程

视觉作为人类最重要的感官之一,在人类认知世界的过程中扮演着重要的角色。视觉认知(visual cognition)是研究人们如何感知、处理和解释视觉信息的学科。研究内容包括大脑如何处理视觉刺激、视觉注意力如何运作、视觉记忆如何运作,以及如何使用视觉信息做出决策并解决问题。视觉认知是一个多学科交叉领域,它利用心理学、神经科学、计算机科学和其他相关领域的多学科知识来探究视觉感知和认知背后的复杂过程[2]。视觉认知涉及注意、记忆、学习、决策等多个人类核心认知过程,本节将进行介绍。

2.1.1　注意

注意是一种能使局部刺激意识水平提高的知觉的选择性集中。对注意的研究有一些经典的理论和范式,其中一种代表性理论是唐纳德·布罗德本特(Donald Broadbent)在《感知与交流》(*Perception and communication*)一书中提出的"选择性注意理论"(the theory of selective attention),又称"过滤器模型"(filter theory),如图 2-2 所示。根据该理论,传入的信息首先在感官缓冲区中进行处理,然后过滤器选择相关信息进行进一步处理。该理论在后续研究中被不断改进和扩展,但它仍是理解选择性注意和视觉认知的一个重要框架。

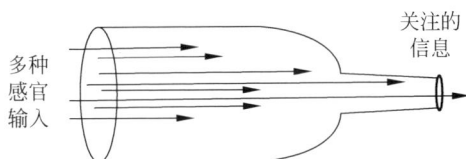

图 2-2　布罗德本特的"过滤器模型"

注意测试著名的任务之一是双耳分听任务。在该任务中,参与者同时面对两种不同的听觉流,并被要求注意其中一种而忽略另一种。布罗德本特发现,参与者能够有选择地关注一种信息流,而忽略另一种信息流,并最终准确地回忆起选择性关注的信息。布罗德本特还对视觉注意力进行了实验,他向参与者展示了一系列刺激,并要求他们注意某些刺激而忽略其他刺激。研究发现,由于受到有限的注意力资源的限制,当目标刺激快速连续出现或与其他刺激物非常接近时,参与者检测目标刺激的表现就明显变得更差[3]。

在布罗德本特研究的基础上,安妮·特里斯曼(Anne Treisman)在 20 世纪 80 年代提出了注意的"特征整合理论"(feature-integration theory,FIT)[4],如图 2-3 所示,它描述了人们如何处理视觉信息。根据这一理论,当人们观察到一个特定的刺激时,它会在人们的特征图上产生激活,例如颜色和方向特征图(即图中的三条线)。接着,注意力机制会将这些分散的特征整合到位置图中。然而,这种特征的整合过程只能处理有限量的信息,超出这一限度的特征则会处于一种"自由浮动"状态。最后,这种临时的对象表征会与人们记忆中存储的对象描述进行比较,以完成识别过程。

该理论主要探讨了视觉早期加工的问题。根据该理论,可将视觉加工过程分为两个阶段:前注意阶段(preattentive stage)和集中注意阶段(focused attention stage)。在前注意阶段,大脑自动搜集视野内客体的"基本特征"(如颜色、形状、方向等),而在集中注意阶段,大脑会有意识地整合这些基本特征以感知完整目标客体。在一系列实验中,特里斯曼通过向参与者展示包含各种特征(例如蓝色的字母T)的视觉显示来测试特征整合理论,如图 2-4 所示,其中,图(a)目标(蓝色 T)是一

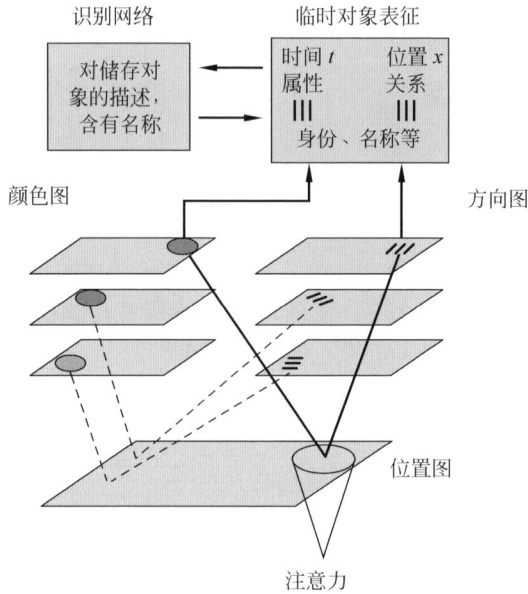

图 2-3　特里斯曼的特征整合理论模型

个颜色单例,即蓝色 T 的颜色与屏幕上其他字母的颜色都不同,很容易从屏幕上的其他项(棕色和绿色的干扰项)中区分出来。图(b)为联合搜索任务,其中目标(棕色 X)因字母标识和颜色的结合而与干扰项不同。(a)中检测目标仅需先验处理,这是空间并行的,而(b)中检测目标需要通过注意力整合其颜色和形态,按照特征整合理论,这会导致逐项搜索。

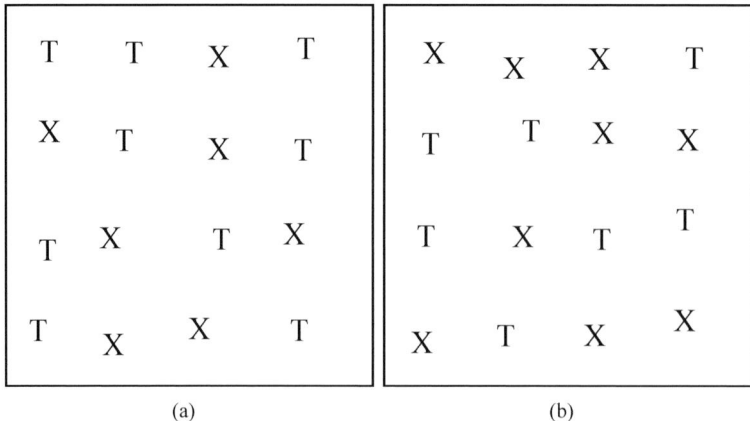

(a)　　　　　　　　　　　　　(b)

图 2-4　特里斯曼的特征整合理论实验任务(见文前彩图)
(a)颜色单一任务;(b)联合搜索任务

特里斯曼发现,当仅显示几个目标时,参与者可以轻松、快速地识别目标特征(例如,图 2-4(a)中的蓝色字母 T)。然而,当显示很多目标,并且目标特征由特征组合定义时(例如,图 2-4(b)中从干扰项棕色 T 和绿色 X 中搜索目标项棕色 X,目标由颜色和形态特征共同定义),参与者在识别目标时花费的时间更长且产生错误的概率更高。特里斯曼的实验为考察视觉注意机制提供了新的范式,她提出的特征整合理论仍是认知心理学领域关于视觉认知的一种有影响力的理论[4-8]。

注意机制的相关发现启发了计算机领域的研究,其中,自注意力(self-attention)是 GPT-4 等大语言模型的一大核心组件,大语言模型中用到了自注意力、多头注意力、交叉注意力和因果注意力。自注意力由"Attention is All You Need"这篇文章提出并用于 Transformer 模型,它的引入对视觉 AI 算法产生了显著影响,在提高特征表示的能力、提高视觉模型的鲁棒性和泛化性、提升参数效率等方面,体现出其在视觉领域的重要影响。

注意力机制在处理数据时动态地选择和聚焦最相关的信息。这种思想极大地改善了模型处理复杂和大规模数据集的效率和效果。在自然语言处理(NLP)和计算机视觉(CV)领域,注意力机制使模型能够在需要时更好地理解和利用上下文信息,从而提升信息处理的精度和深度。其引入也带来了新的模型架构,如 Transformer 模型。此外,注意力机制可以动态调整关注的区域和特征,使模型在面对不同数据分布和噪声时表现得更加鲁棒。

注意力机制的思想不仅限于 NLP 和 CV,还扩展到许多其他领域。例如,在推荐系统中,注意力机制有助于更好地理解用户的偏好和行为,从而提供更精准的推荐。在医疗诊断中,它有助于模型更好地聚焦关键症状和特征,从而提高诊断的准确性。

2.1.2 记忆

记忆是认知心理学中另一个重要的概念,指的是大脑存储和检索信息的能力,涉及编码、存储和检索等过程。根据持续时间的长短、信息的性质,以及编码和检索涉及的过程,可以将记忆分为不同的类型。

通常根据记忆时长将记忆划分为短时记忆与长时记忆。短时记忆也称工作记忆,是指大脑短时间保存和处理信息的能力。长时记忆是指在较长时间内存储信息,主要分为陈述性记忆和程序性记忆两种类型。陈述性记忆是回忆事实信息的能力,如姓名、日期、事件等。程序性记忆是存储执行任务过程的记忆,例如如何骑自行车或演奏乐器。

记忆的形成和检索涉及复杂的神经过程,包括神经元之间突触强度和连通性的变化。影响记忆的因素包括注意力、动机、情绪和压力等,详见图 2-5[13]中巴德利的记忆理论模型。

图 2-5(a)展示的是巴德利工作记忆模型,模型中心是"中央执行系统",它负责协调其他三个子系统(视觉-空间模板、情景缓冲区和语音回路)的工作。

(1)中央执行系统(central executive):这是工作记忆模型的核心组件,负责整合来自其他两个子系统的信息,以及从长期记忆中提取的信息。它起着控制和监督的作用,调节注意力资源,并协调系统的操作。

(2)视觉-空间模板(visuo-spatial sketchpad):这个子系统负责处理和存储视觉和空间信息。例如,当你试图在心中想象一个对象的形状或在脑海中导航一条路径时,就是在使用这个子系统。

(3)情景缓冲区(episodic buffer):这是一个临时存储区,可以整合来自视觉-空间便笺本和语音回路的信息,并将这些信息与人们的长期记忆相联系。它能够帮助人们形成有关当前活动的整体场景或叙事。

(4)语音回路(phonological loop):这个子系统专门负责处理听觉和语言信息。它由两个部分组成:一个是暂时存储听到或说出词语的"声音存储",另一个是通过"次声言语复述"(心里默读)维持词语的"复述过程"。

图 2-5(a)显示,这些子系统不仅与中央执行系统相互连接,还与长期记忆(如视觉语义、情节性长期记忆和语言)相互连接,体现了工作记忆与长期记忆之间的动态交互。虚线箭头表示这些联系可能是双向的,但这种联系不像实线箭头那样强烈或确定。

图 2-5(b)详细展示了语音回路的细节,具体关注如何处理听觉输入和视觉输入,并将其转换为语言输出。以下是图中各部分的详细说明。

(1)听觉输入:这是接收声音信息的第一步,听觉输入首先被送至大脑进行语音分析。

(2)语音分析:在这个阶段,听觉信息被转换为可以在大脑中处理的语言元素。

(3)语音短期存储:这是临时经过语音分析后存储信息的地方,通常与颞下顶叶有关。

(4)复述过程:这一过程有助于保持语音信息在短期记忆中的活跃状态,通常涉及心理重复。

(5)视觉输入:与听觉输入相对应,这是视觉信息的接收。

(6)视觉分析短期存储:这是临时储存视觉信息(如形状和图像等)的地方。

(7)字形到语音重编码:这一步骤涉及将视觉文字信息(如阅读时看到的文字)转换为语音信息。

(8)语音输出缓冲区布洛卡前运动皮层:此处,即将被说出的语音信息被整合,这个过程与布洛卡区及前运动皮层有关。

(9)语言输出:最终,处理过的语音信息通过语言输出,形成口语。

(10)长期言语记忆:这是一个与语音短期存储双向连接的存储系统,负责存储和检索长期语言信息。

虚线箭头表示信息在这些部分间可能产生交互和复述过程,而实线箭头则显示主要的信息流向。这个模型强调不同类型的输入(听觉和视觉)被处理并转换为

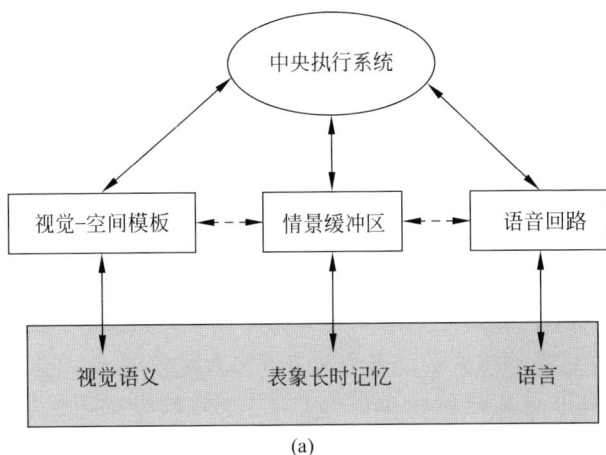

(a)

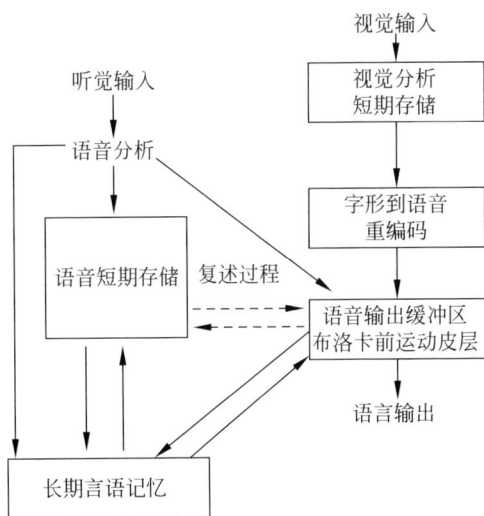

(b)

图 2-5　巴德利的记忆理论模型

（a）工作记忆模型；（b）语音回路中的细节

言语输出的过程，展示它们与长期记忆的联系。

关于记忆与视觉认知之间的关系，有许多被广泛接受的理论。巴特利特（Frederic C. Bartlett）在 20 世纪 30 年代发展了"图式理论"，他把图式定义为人们过去的经历在大脑中的动态组织，并将图式概念运用于记忆和知识结构的研究。该理论认为，人们使用已有的知识和经验创建用于解释和记忆新信息的心理框架。这些图式可帮助人们填补记忆空白并理解新知识。图 2-6 中，鸟的图示（左）由喙、翅膀、爪子和羽毛组成，是对鸟的结构记忆。尽管巴特利特本人并没有进行视觉认知的相关实验，但图式理论在视觉认知中仍具有极大的影响力[14]。

记忆模型在结构算法和人工智能算法中有广泛的应用，如结构记忆模型是一

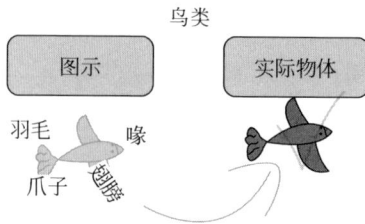

图 2-6 巴特利特图式理论示例:"鸟"的图示与实际物体

个基于结构信息理论的人类序列对象感知网络模型,使用符号表示法表示对象中的可感知结构,生成表示和关系。这个网络被称为结构记忆,可为每个表征分配激活值,预测对象中可感知结构的偏好强度[15]。又如层次记忆模型(hierarchical memory model,HMM),旨在模拟具有多层内存层次结构的计算机,其中,访问内存位置 x 的时间假设与 $\log(x)$ 成比例。该模型为各种算法的时间复杂度提供了严格的下限和上限,并强调利用局部引用的重要性[16]。

在巴特利特图式理论的基础上,艾伦·佩维奥(Allan Paivio)在 20 世纪 70 年代提出了"双重编码理论"。根据该理论,人类认知涉及两种类型的心理表征:语言和非语言。该理论认为,人们在两个独立且相互关联的系统中处理和存储信息,即语言系统和非语言系统。非语言信息保存在视觉或基于图像的编码中,而语言信息则基于语言编码,两种编码都会影响记忆,如图 2-7 所示。

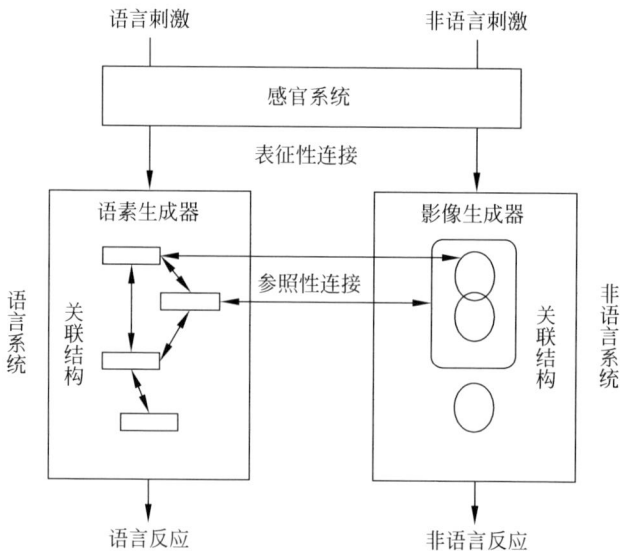

图 2-7 佩维奥的双重编码理论模型

弗格斯·克雷克(Fergus Craik)和罗伯特·洛克哈特(Robert Lockhart)同时期提出的"层次加工理论"可以与双重编码理论相结合,探索加工深度对基于语言和非语言信息的记忆产生的不同影响。根据层次加工理论,人们回忆信息的效率取决于人们处理信息的深度。经过深度处理的信息（例如基于语义特征的处理）比经过浅层处理的信息（如仅基于物理特征的处理）具有更深刻的记忆痕迹，如图 2-8 所示。

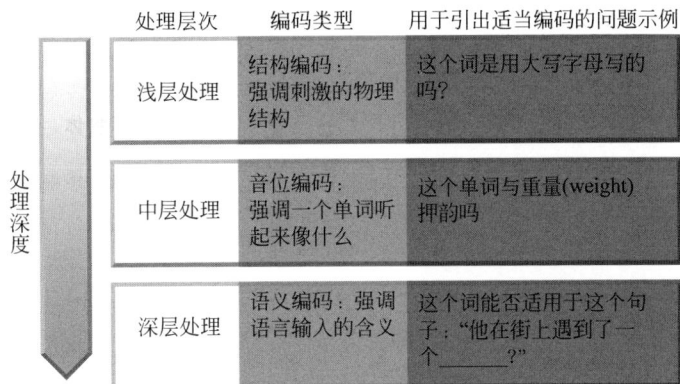

图 2-8 层次加工理论模型

在讨论大模型（如 GPT）时，人们通常关注的是语义编码，因为这些模型被设计用于理解和生成基于语境的、有意义的语言。例如，当 GPT 回答一个开放式的问题或者续写一个故事时，它会尝试理解单词、短语和句子的语义内容，以生成连贯而相关的文本。模型在生成语言时不仅基于单词的结构或它们的音位特征，还在很大程度上依赖于单词和短语的意义及其在给定上下文中的适用性。

这种深层语义处理能力使 GPT 模型在执行复杂的语言任务时表现出色，如文本摘要、问题解答、创作和翻译。它通过预测特定语境下哪些单词或短语最可能出现实现这一目标。模型的这种预测是建立在巨大的文本数据集上的，这些数据集使模型能够学习大量的语言模式和语义关联。

克雷克和洛克哈特用实验来验证他们的理论。他们给参与者一个单词列表，并要求他们完成以下三项任务中的一项。

（1）参与者被赋予一项结构处理任务，要求他们专注于单词的外部特征，例如字体大小或形式。

（2）参与者被要求考虑单词的发音。

（3）参与者被赋予一项语义处理任务，要求他们考虑单词的定义。

随后，参与者接受了一项意外的记忆测试，考察他们在完成任务后能够回忆起多少单词。研究结果表明，在回忆测试中考虑单词语义的参与者比处理单词结构或发音的参与者表现更好[17]。

2.1.3 学习

学习与决策是两个综合性更强、与实际应用场景联系更紧密的认知过程。学习指的是获得知识,形成技能和价值观,获得适应环境和改变环境的能力的过程。这是一个持续的、终生的过程,使个体能够适应他们的环境、解决问题并做出明智的决定。学习可以以多种形式进行,例如正规教育、自学、在职培训、指导或在线课程。有效的学习要求积极参与,在概念之间建立联系,并将所学知识应用于现实世界。它还可能要求忘记旧习惯、信念或偏见,以发展新的观点和思维方式[18]。

经典条件反射和操作性条件反射是心理学中最早和最有影响的两种学习理论。经典条件反射又称"巴甫洛夫条件反射",由俄罗斯生理学家伊万·巴甫洛夫(Ivan Pavlov)于19世纪末提出。巴甫洛夫进行了系列实验,让狗建立起铃声与食物之间的关联,并观察这种关联如何影响它的行为。图2-9展示了这一实验的4个阶段[19-21]。

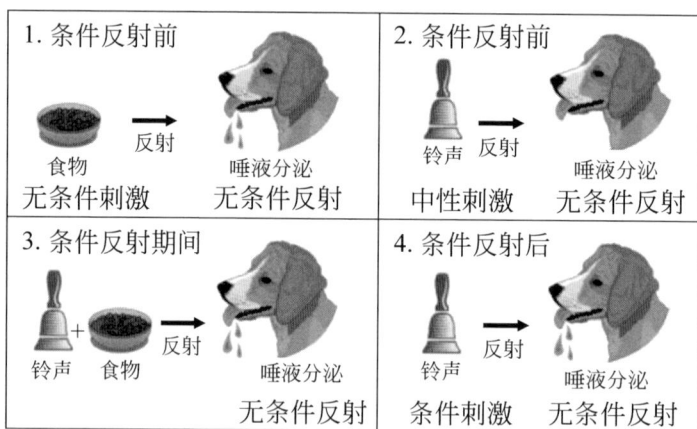

图 2-9　巴甫洛夫的经典条件反射实验

(1) 条件反射前:食物作为无条件刺激,会引起狗的流口水反应,这是一个无条件反应。

(2) 条件反射前:铃声作为中性刺激,它本身不会引起狗的任何条件反应,也就是狗不会因为听到铃声而流口水。

(3) 条件反射期间:铃声和食物一起呈现。这时铃声成为条件刺激,与食物这个无条件刺激一起呈现时,还是会引起狗流口水的无条件反应。

(4) 条件反射后:此时铃声单独呈现,并且狗对铃声有了条件反应,也就是听到铃声就会流口水,即使没有食物。

他发现,如果无条件刺激(食物)在出现中性刺激(铃声)后反复出现,那么通过重复配对,仅中性刺激就会产生条件反应(流涎分泌),从而成为条件刺激,而这是学习和行为心理学中非常重要的一个概念。

操作性条件反射理论提出,行为是由响应的后果决定的,响应的后果决定行为重复的概率。如果一种行为伴随着一个积极的结果(如奖励),它未来重复的概率就高;如果一种行为伴随着一个不良的后果(如惩罚),则该行为重复的概率就低。

该理论是由美国心理学家斯金纳(B. F. Skinner)于 20 世纪中叶提出的。斯金纳进行了系列实验,使用了"斯金纳盒",如图 2-10 所示。在这个实验中,动物(如鼠类)被放置在一个装有操控装置(如杠杆或按钮)的盒子内。动物通过操作这些装置可以获得奖励(如食物)或避免惩罚(如电击)。例如,当老鼠压杆时,自动喂食器会释放食物。这种重复的条件训练可以帮助动物学习特定行为与奖励之间的联系,实验者通过记录动物的行为(如压杆的次数和反应时间)分析其学习进程和行为变化。盒子的左侧设有风扇和水杯,用于调节环境条件或提供水分,底部连接的装置用于进一步记录行为数据。这种实验用于研究不同类型的强化(如正强化、负强化和惩罚)如何影响行为[22-23]。尽管经典条件反射和操作性条件反射具有不同的机制和应用,但两种理论都强调刺激和反应之间关联的重要性,以及强化在塑造行为中的作用。

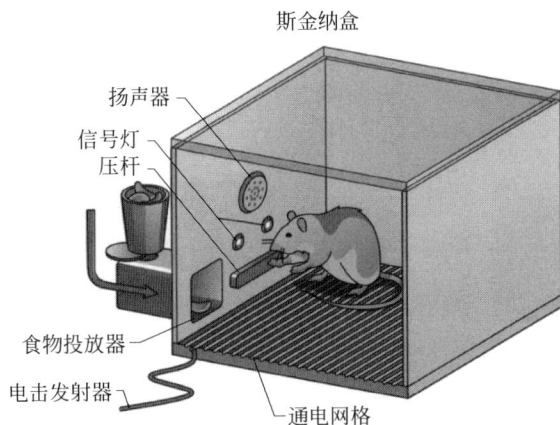

图 2-10　斯金纳的操作性条件反射实验——斯金纳盒

社会学习理论(social learning theory)可看作操作性条件反射的延伸,由加拿大心理学家阿尔伯特·班杜拉(Albert Bandura)于 20 世纪中叶提出,如图 2-11 所示。该理论包含如下主要内容。

(1)观察学习:班杜拉认为,儿童通过观察、模仿他人的行为进行学习。这种学习方式不需要直接经历行为的后果。儿童观察到的模型可以是父母、同伴、老师、电视角色等。

(2)自我调节:班杜拉强调个体通过自我观察、自我评价和自我反馈调节自己的行为。

图 2-11　班杜拉的社会学习理论模型

（3）自我效能：个体对自己完成特定任务的能力的信念。班杜拉认为,自我效能对学习和行为改变至关重要。

（4）三重互动决定论：个体的行为、个体的内部认知过程与环境之间的相互作用。

班杜拉进行了系列实验,展示了儿童如何通过观察和模仿成人进行学习,其中最著名的实验是鲍勃娃娃实验,如图 2-12 所示。在这个实验中,儿童被分为三组,每组观察一个成年模型与一个充气的鲍勃娃娃互动。第一组会看到模型攻击娃娃,第二组会看到模型和娃娃平和地玩耍,第三组（控制组）不能看到模型与娃娃的互动。之后,儿童被带到一个房间,里面有一个鲍勃娃娃和其他玩具。结果显示,观察到攻击行为的儿童更有可能模仿这种行为,攻击鲍勃娃娃。相比之下,观察到和平互动的儿童表现出较少的攻击行为。这个实验展示了观察学习的力量,即儿童可以通过观察他人的行为和后果学习新的行为。和操作性条件反射理论一样,这一理论提出人们可以从自己和他人行为响应的后果中学习。但社会学习理论同时强调观察学习和建模的作用,而操作性条件反射理论并未解释这些因素的作用[24-26]。

图 2-12　班杜拉的社会学习理论实验——实验刺激

人工智能强化了学习模型和操作性条件反射理论中的奖励与惩罚机制,确保重复训练的一致性,其中大型模型如 GPT-4 与社会学习理论中的观察学习一致。此外,视觉认知理论为人工智能模型提供了模仿人类智能的指导。

另外两种学习理论,认知学习理论和信息处理理论都关注学习中的心理过程。认知学习理论强调心理过程（如注意力、知觉、记忆、批判性思维等）在学习中的作用。该理论是由瑞士心理学家让·皮亚杰（Jean Piaget）在 20 世纪中叶提出的。皮亚杰指出,儿童通过同化和适应的过程主动建构自己的知识,认知发展呈现不同的阶段,如图 2-13 所示[27-29]。

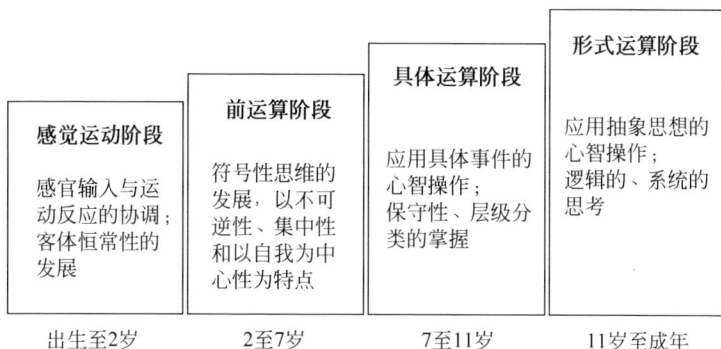

图 2-13 皮亚杰的认知学习理论

信息处理理论主要关注大脑中信息处理的机制。该理论是由美国心理学家乔治·米勒(George Miller)于 20 世纪中叶发展起来的。米勒提出,大脑对信息进行输入、编码、存储、检索和输出等一系列处理,注意、知觉、记忆和决策都在这些过程中发挥重要作用,如图 2-14[30-32]所示。该模型主要由三个部分构成。

(1) 感觉记忆:感官输入后的第一个阶段。未关注的信息很快就会丢失。

(2) 短期记忆:经过注意力筛选后的信息进入短期记忆。如果没有进行维持性重复,未回顾的信息也会很快丢失。

(3) 长期记忆:通过编码处理的信息可以存入长期记忆。存储在长期记忆中的信息可以通过检索被调用,但一些信息可能会随着时间的流逝而消失。

模型的左侧是输入,信息从感官输入系统,然后模型显示信息如何被处理和记忆。右侧是输出,显示长期记忆中的信息可以被检索。短期记忆和长期记忆之间有双向箭头,代表信息的编码和检索过程。整个模型强调注意力和维持性重复在信息保持中的重要性。

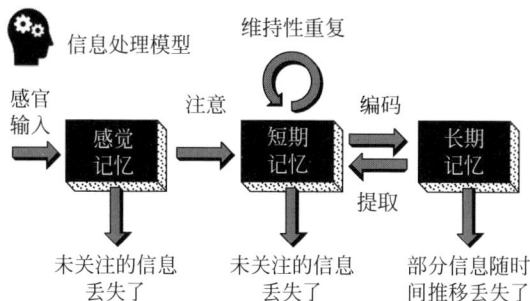

图 2-14 信息处理理论模型

建构主义理论和联结主义理论都强调积极参与和互动在学习中的重要性。建构主义理论是由俄罗斯心理学家列夫·维果茨基(Lev Vygotsky)在 20 世纪中叶提出的,他认为学习是一个社会和文化过程,学习者通过与他人和文化制品的互动积极建构自己的知识,如图 2-15[33-35]所示。这幅图展示了建构主义学习理论的一个模型。图的中心是"学习者的心智",表明学习者是学习过程的中心。学习者的心智通过三个渠道与外部信息相互作用:阅读信息、听觉信息和视觉信息。这三个渠道是理解外部世界信息的途径。

从学习者的心智出发,向上的箭头指向一个由三个部分组成的循环系统,显示信息是如何被处理的。

(1)检索信息:学习者通过回忆记忆中的信息(如阅读信息、视觉信息、听觉信息等)理解新信息。

(2)现有框架:学习者利用已有的知识框架组织和解释信息。

(3)社会背景:学习者在社会互动中构建理解,社会背景会对学习者理解信息的方式产生重要影响。

在这个循环的最上端,有一个"有意义的学习"的标签,它连接着三个组件。这表明,通过检索信息、利用现有框架并在社会背景中理解信息,学习者能够进行有意义的学习。

左侧的箭头指示"意象"和"记忆"与中心循环的连接,表明它们是信息处理和学习过程不可或缺的组成部分。

总的来说,这个模型展示了建构主义学习理论中的一个关键观点:学习是一个主动的构建过程,学习者通过互动并将新知识整合进他们的认知结构来构建知识。

联结主义理论是在 20 世纪后期发展起来的,该理论认为,学习涉及加强或削弱网络中节点之间的连接,并且这些网络可以模拟复杂的认知过程,如图 2-16 所示。

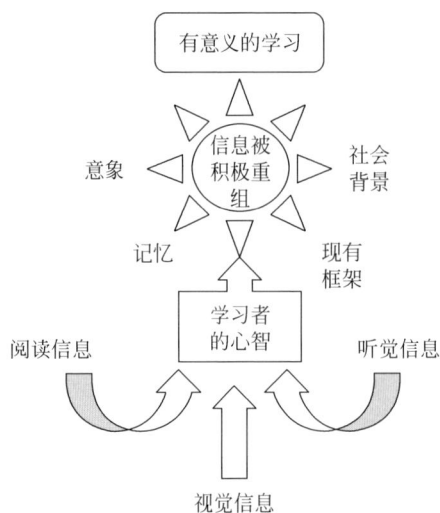

图 2-15　建构主义学习理论模型

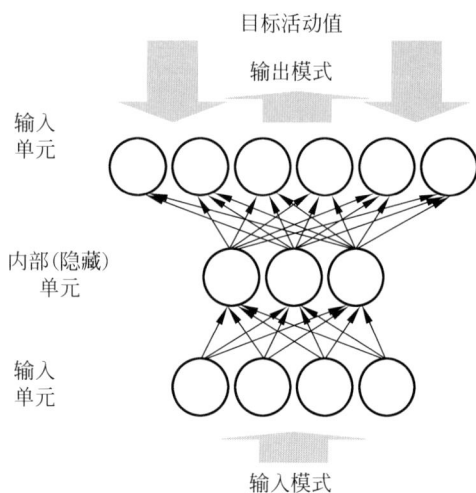

图 2-16　联结主义学习理论模型

与联结主义理论有关的关键人物包括大卫·鲁梅尔哈特（David Rumelhart）、詹姆斯·麦克莱兰（James McClelland）和杰弗里·辛顿（Geoffrey Hinton）[36-37]。多模态学习模型正是受到建构主义学习理论的启发，但在记忆社会联结、画像等方面还缺乏计算表征方法。建构主义理论提出学习者根据已有知识和经验主动建构自己对世界的理解，而联结主义理论则强调神经网络和计算模型在表征和处理信息中的作用。

2.1.4　决策

决策是指在各种选项或行动方案中根据某些标准或偏好进行选择的过程。作为人类行为的一个基本方面，决策发生在各种环境中，从个人决定（如穿什么或吃什么）到专业决策（如战略规划或项目管理）。有效的决策制定涉及收集和分析相关信息、评估各种选择或备选方案、权衡潜在结果，并根据最佳可用信息和判断做出最终选择。决策会受到各种因素的影响，例如偏见、情绪、价值观、文化或社会规范等。

理性选择理论是最早的决策理论之一，由约翰·冯·诺依曼（John von Neumann）和奥斯卡·摩根斯特恩（Oskar Morgenstern）在 20 世纪中期发展起来。该理论认为，个人通过考虑所有可用选项并最大化其预期效用的选项做出决策[38-39]。理性选择理论是博弈论的基础。图 2-17 展示了理性选择理论的模型，在这个模型中，个体的行为被认为是基于欲望和信念的一个有意识的选择。信息起到了一个关键的作用，它影响个体的信念并可能通过信念影响欲望，进而影响行动的选择。模型中的箭头显示了这些元素之间的关系和方向性。

（1）从"欲望"指向"行动"的箭头表明，个体的欲望直接影响其采取的行动。

（2）从"信念"指向"行动"的箭头表明，个体的信念也会影响其行动的选择。

（3）"欲望"与"信念"之间是双向关系，表明个体的欲望可能影响信念，反之亦然。但信念应当基于客观的证据和信息，而不是直接受个人欲望的影响。

（4）信息对信念的影响是双向的。这意味着个体获得的信息可以改变或强化他们的信念，同时个体的信念也会影响他们寻求和处理信息的方式。

（5）"信息"的自循环说明，个体在获取信息的过程中可能会根据已有的信息调整其信息获取策略。这种循环反馈机制可以帮助个体更有效地获取信息。

博弈论也是由冯·诺依曼和摩根斯特恩发展起来的，它使用数学模型分析战略决策。博弈论的传统方法解决了二人零和博弈，其中每个参与者的收益或损失与其他参与者的收益和损失完全平衡。图 2-18 显示的是囚徒困境的典型表格。囚徒困境是博弈论中的一个非零和游戏，表明即使合作似乎是对双方都有利的最佳选择，两个理性的个体也仍有可能无法合作。在这个表格中，两位玩家（A 和 B）可以选择"合作"或"背叛"。

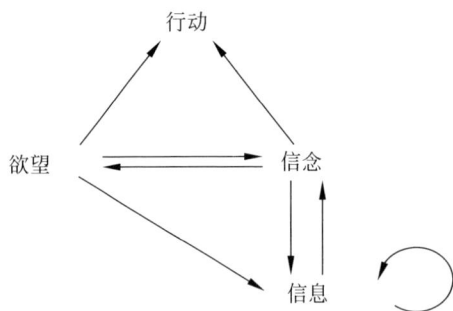

图 2-17　理性选择理论模型

图 2-18　博弈论示例：囚徒困境

（1）如果两位玩家都选择合作，他们都会得到 3 分。

（2）如果一位玩家选择合作而另一位玩家选择背叛，选择合作的玩家将得到 0 分，而选择背叛的玩家将得到 5 分。

（3）如果两位玩家都选择背叛，他们将各得 1 分。

囚徒困境的关键在于，尽管双方合作可以达到次优的共同结果（每人得 3 分），但每个玩家单独考虑时，背叛对方似乎是更优的选择。因为如果另一方选择合作，背叛可以得到最高分 5 分；如果另一方选择背叛，自己也可以通过背叛避免得 0 分的最坏结果。但是，当两个玩家都追求个人的最优策略时，结果往往是双方都选择背叛，最终各得 1 分，这是一个低效的集体结果。

这个困境展示了个体行为和集体利益之间的冲突，以及理性个体为何可能无法达成一个似乎对所有人都更有利的共同协议。目前，先进的博弈论适用于更广泛的行为关系，是人类、动物和计算机的逻辑决策科学的统称[39-44]。

随着理论和实证研究的发展，研究者在研究决策时也提出一些新的理论，挑战传统基于理性选择的理论。赫伯特·西蒙（Herbert Simon）20 世纪 50 年代提出的"有限理性理论"挑战了作为理性选择理论基础的完全理性假设。西蒙认为，人的认知能力有限，因此无法在复杂或不确定的情况下做出完全理性的决定，所以经常使用启发法——思维捷径来简化复杂的决定，见图 2-19[45-46]。此图描绘的有限理性理论模型包含了 5 个主要阶段。首先是"数据"阶段，数据通过"信号处理"阶段进行预处理。处理后的数据被传送至"相关机器：缺失数据估算"阶段，在这里对缺失的数据进行估计和补充，以确保数据的完整性。补全后的数据被送入"智能模型"阶段，模型利用完整数据提高其一致性和完善度。最后，在模型的辅助下，进行更明智的"决策"。

在整个流程中，数据从初始的收集逐步提高质量，直至用于最终的决策制定。每个步骤的目标都是使输出更完整、更完美，以提高整个决策过程的智能化和精确度。

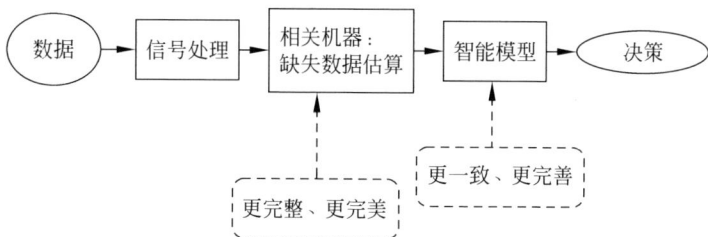

图 2-19 有限理性理论模型

乔治·霍曼斯(George Homans)和彼得·布劳(Peter Blau)在 20 世纪中叶发展了"社会交换理论",这是另一种挑战完全理性假设的理论。该理论强调做出决策的社会背景,并指出社会规范、信任和互惠在塑造行为中的重要性,见图 2-20[43,47]。此图展示了社会交换理论模型,该模型分析了个体间互动的动机及其对关系满意度和关系承诺的影响。模型从左至右,左侧 4 个维度包括沟通质量、机会主义行为、社会依赖和财务依赖,这些都被视为关系中的输入变量。它们通过多种路径影响中间变量"信任"和"被取代的可能性"。

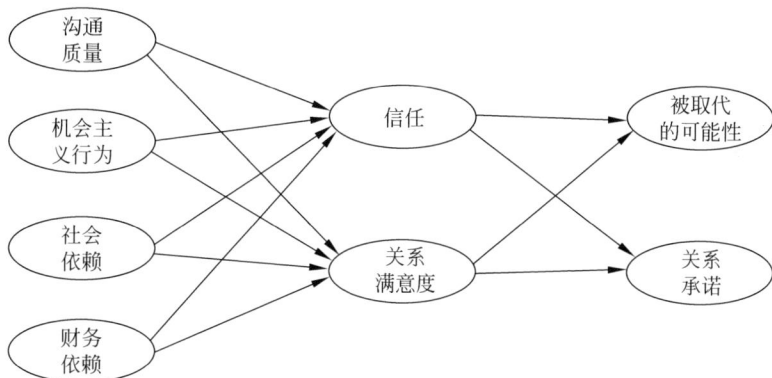

图 2-20 社会交换理论模型[43,47]

在这个模型中,"信任"被视为积极的中心枢纽,受到来自不同输入的影响,并直接影响被取代的可能性和关系承诺。而"被取代的可能性"则代表个体对关系终止的倾向,它同样受到输入的影响,并与信息和关系满意度有关联。

通过这些互相影响的路径,社会交换理论模型描绘了在社会互动中,多种因素如何综合作用于个体对其关系的感知和维持意愿。

丹尼尔·卡尼曼(Daniel Kahneman)和阿莫斯·特沃斯基(Amos Tversky)20世纪 70 年代提出的"前景理论"进一步挑战了完全理性假设。该理论侧重于人们如何评估收益和损失,并指出人们对损失比对收益更敏感。前景理论为理解决策制定提供了一个替代框架,该框架融合了人们在实践中使用的偏见和启发法,如图 2-21 所示[48-49]。这幅图描绘了前景理论的价值函数。前景理论是一种描述人们在面临不确定性时如何做出选择的行为经济学理论。

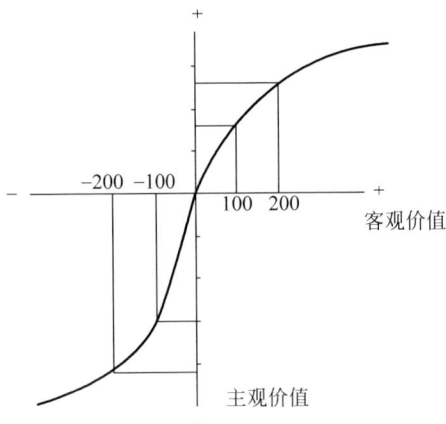

图 2-21　前景理论

图 2-21 中的曲线显示了客观价值与主观价值之间的关系。可以看到,该曲线在零点附近有一个明显的折点,表示参照点。曲线呈现两个不同的曲率:在参照点以上,曲线相对较平,表示收益的边际效用递减;在参照点以下,曲线陡峭得多,显示出损失的边际效用远大于同等数量的收益,意味着相对于收益,人们对损失的感受更为敏感。这表明人们对损失的反应比对收益更强烈,即使损失和收益的数量是一致的。

前景理论突出了风险决策中人们的非理性行为,揭示了人们在面对潜在损失时往往比面对同等大小的潜在收益时表现得更为风险厌恶。这与传统的期望效用理论相反,后者假设人们总是理性地最大化预期效用。前景理论的这一价值函数为理解人类决策提供了新的视角,尤其是在金融、保险和消费者行为等领域。

以上介绍了认知的一些核心概念,在之后的章节中,我们将从视觉的神经生理基础、视觉认知的基础理论、视觉与注意、记忆、学习和决策 6 个方面介绍视觉认知背后的机理。

2.2　视觉的神经基础

视觉系统是人类最重要的感觉系统,它使人们获得 80% 以上外部世界的信息,是人类了解世界、认识世界和改造世界的重要基础。视觉系统包括从视网膜经丘脑到大脑皮层的整个系统,而视觉皮层是目前为止研究得最为透彻的大脑皮层。

随着人类对自身视觉系统研究的逐步深入,无论是从初级视觉皮层到高级视觉区域,还是从知识的记忆到与视觉功能相关的脑功能等,都已取得许多重要的研究成果。神经生理学和解剖学的研究表明,视觉信息在大脑中按照一定的通路进行传递。

2.2.1 视网膜

视网膜(图 2-22)是眼的视觉功能的核心部件,它将视觉世界的光学信号,包括光强、形状、颜色、运动等信息,经视网膜内的神经网络处理加工后,编码为神经脉冲信号传入脑中。

视网膜的结构(图 2-23)十分复杂,其多层而有序的组织结构与大脑皮层的结构甚为相似,因此被科学家称为"外周脑"。初步的视觉信息处理过程就在此进行。视网膜神经网络的第一级神经元是光感受器细胞,包括视杆细胞和视锥细胞。它们首先将光能转换为神经元的

图 2-22 眼球的内部结构

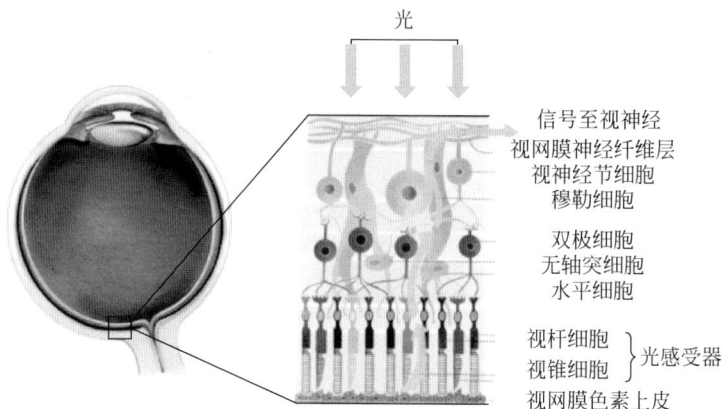

细胞膜内外电位变化,进而调制其神经递质的释放,影响第二级神经元双极细胞和水平细胞的活动。视杆细胞对光特别敏感,负责暗视觉,无色觉。视锥细胞有三种,分别对红色、绿色、蓝色敏感,负责色觉和精细视觉。双极细胞再将处理后的信息传递给神经节细胞和无长突细胞;只有第三级神经元即最后一级神经元神经节细胞才能产生神经脉冲(动作电位),整个视网膜神经网络信息处理结果经由轴突组成的视神经,将视网膜网络处理后的视觉信息传入脑中。

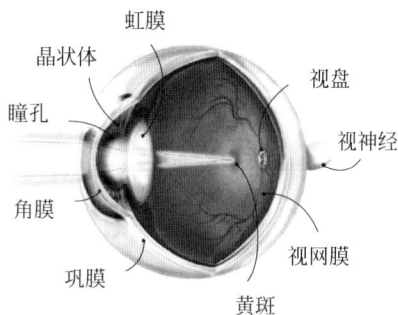

图 2-23 视网膜及其内部结构

形态学上,视网膜细胞可分为大细胞(M 型)和小细胞(P 型)两类神经节细胞,前者对运动和粗轮廓刺激反应敏感,后者对刺激的形状细节敏感。神经节细胞不仅检测光强信息,而且检测颜色信息。更重要的是,通过其中心-周边同心圆颉颃式的视觉感受野,神经节细胞能够灵敏地检测空间中的亮暗对比度和颜色对比度,而对比度是形状知觉的物理基础。此外,有些神经节细胞还可以检测物体的运动

方向和速度,甚至检测对比边的方位或朝向等信息。这些经过视网膜神经网络处理后的信息,由视神经传送到丘脑的外膝体,进而再传送到视觉皮层。

2.2.2 外膝体

人类的两个外膝体核团位于丘脑两侧,外膝体内细胞为6层分布(图2-24):第1、2层的神经元接收视网膜神经节大细胞的输入,对颜色不敏感;第3～6层神经元接收视网膜小细胞的输入,对颜色敏感。有趣的是,单侧外膝体的第1、4、6层神经元只接收对侧眼鼻侧视网膜的输入,而第2、3、5层神经元只接收同侧眼颞侧视网膜的输入,而且各层细胞之间互不联络。

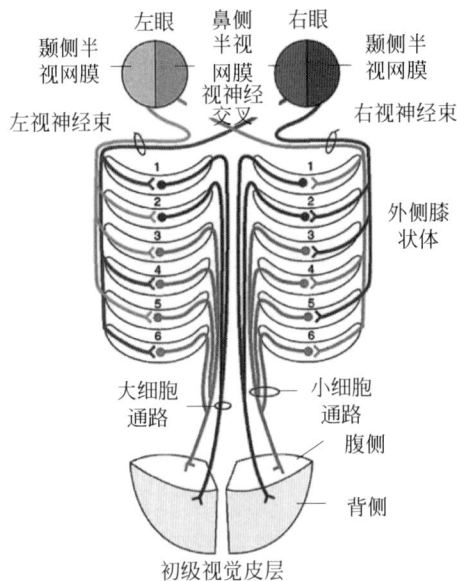

图 2-24 外膝体内部结构

外膝体神经元只接受1～2个同型的视网膜神经节细胞的输入,故它们感受野的大小和性质十分相似,也分为on-中心和off-中心(前者对感受野中心的光刺激产生兴奋,后者则对感受野中心的光刺激产生抑制),以及大细胞和小细胞类型。外膝体在视觉信息处理中的作用至少包括下列几个方面。

(1)处理视网膜信息,进一步提取有用信息,并将其传递到视觉皮层。

(2)接收初级视觉皮层第6层细胞下行和中脑(上丘和网状结构)核团的各种调制。

(3)通过对细胞群体分层编组,建立平行的信息处理通道,形成"视网膜—外膝体—视觉皮层"一体的大细胞和小细胞通路,在视觉皮层的各区域形成背侧和腹侧系统,分别处理运动/位置和形状/颜色信息通路。

(4)在外膝体内部,具有相似感受野(最优空间频率、最优方位、on/off类型)

的神经元在膝体内空间上靠拢、类聚,为视觉皮层中各种规则排列的功能柱的形成创造条件。

2.2.3　视觉皮层

人类大脑皮层中有 30 多个区域与视觉有关,覆盖一半以上的皮层区域。初级视觉皮层(primary visual cortex,V1)是第一级视区,是大脑皮层中被研究得最为透彻的区域。在 20 世纪 60 年代,美国科学家休贝尔(Hubel)和威塞尔(Wiesel)开创性地发现:大多数初级视觉皮层细胞的一个显著特点是具有强烈的方位选择性(图 2-25),即它们会对视野中各自特定的条纹或短棒的方位(最优方位)产生反应,而对别的方位很不敏感或不产生反应。具有不同最优方位的皮层细胞组合,可以对空间上的轮廓线或形状产生强烈的反应,从而可能构成形状认知的神经基础。很长一段时期内,视觉研究者认为,这种方位选择性是视皮层独特的性质,但后来的研究发现,来自皮层下的信息中已包含视觉方位信息。虽然外膝体和视网膜细胞的方位选择性强度很弱,但可能对皮层细胞强烈的方位选择性的产生至关重要,因为外膝体和视网膜细胞的方位选择性强度是由遗传决定的,而皮层细胞强烈的方位选择性既由遗传决定,更大程度上又由出生后的视觉环境决定。

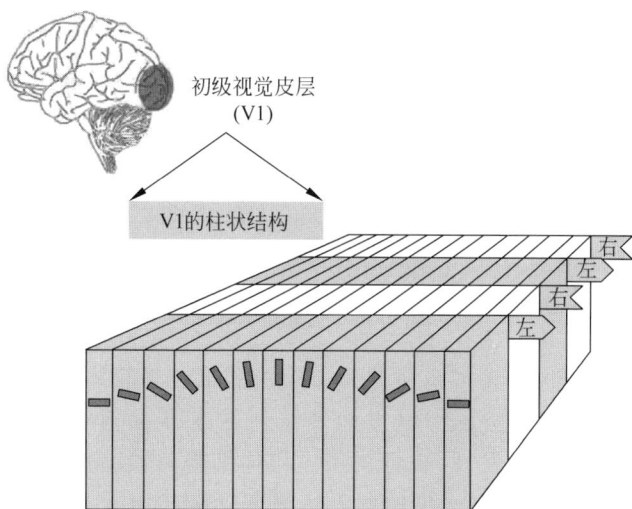

图 2-25　视觉皮层的方位选择性

初级视觉皮层细胞是大脑中能够同时接收双眼信息的第一级细胞,而外膝体神经元只能接收单侧眼的信息。由于双眼信息会聚到单个视觉皮层细胞,故其既可以对单眼刺激产生反应,又可以对双眼同时刺激产生更大的反应;但对大多数初级视觉皮层细胞来说,左、右眼的输入对该细胞的贡献是不同的,总有一只眼的输入比另一只眼的贡献大一些,贡献较大的眼称作优势眼,这种现象称为眼优势。

单个神经元的感受野研究固然能够使科学家精细地研究脑的基本单元是如何工作的,但大脑是一个拥有约 860 亿个神经元的高度复杂的体系,因此必须研究这些神经元是如何在三维空间中进行组织并行使其功能的。Hubel 和 Wiesel 系统地研究了视皮层细胞的功能组织,发现具有相同最优方位的皮层细胞以一种非常规则的方式,在从皮层表面到下边的白质之间 2mm 的灰质内排列成柱状,称作方位功能柱。相邻方位功能柱的细胞最优方位逐渐变化,最优方位在水平方向上每 1mm 变化 $180°$[50]。他们还发现,优势眼相同的皮层细胞也组成了左、右眼优势功能柱(图 2-26),在视觉皮层表面规则地交替排列,一对眼优势柱的宽度也是 1mm 左右。这样在 $1mm^2$ 视觉皮层表面上就形成了一个完整的 $0\sim180°$ 全方位功能柱和左右眼优势柱,共同处理视网膜上某个位置的视觉信息。之后的研究发现,视皮层中还有空间频率柱、运动方向柱、颜色板块柱等功能柱结构,而且在听觉皮层和体感皮层也有类似的功能柱结构,表明大脑皮层中细胞按相似功能特性排列组成的功能柱结构是各种感觉皮层中普遍的功能组织形式。

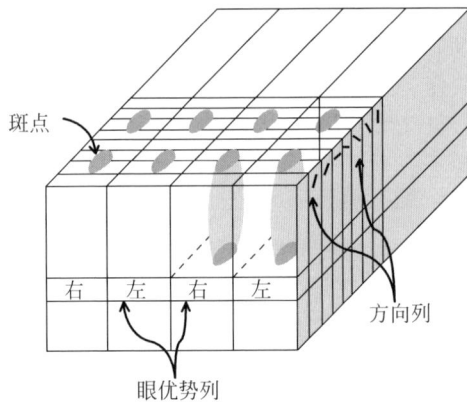

图 2-26 优势功能柱

皮层功能柱内部(图 2-27),皮层第 4 层细胞接收外膝体的输入,再投射到第 2、3 层细胞组成的网络进行处理,进而发送到更高级的视觉皮层。关于功能柱之间的联系,神经解剖学发现,视觉皮层内椎体细胞的轴突在第 2、3 层发出水平走向的分支长达 8mm,这些水平轴突上的周期性镰状小分支将相同最优方位的功能柱联系起来,形成交互信息传递,组成功能柱之间互相同步化激励的神经网络。

2.2.4 背(顶叶)侧和腹侧(下颞叶)皮层的视觉

现已知在猴和人的大脑皮层中,有 30 个以上的皮层区域与视觉信息处理密切相关。关于众多皮层区域如何共同协作,将视网膜像转化为人们的视觉认知和行为,科学家们为此进行了半个世纪以上的努力,至今仍在不懈地努力。一个重要的

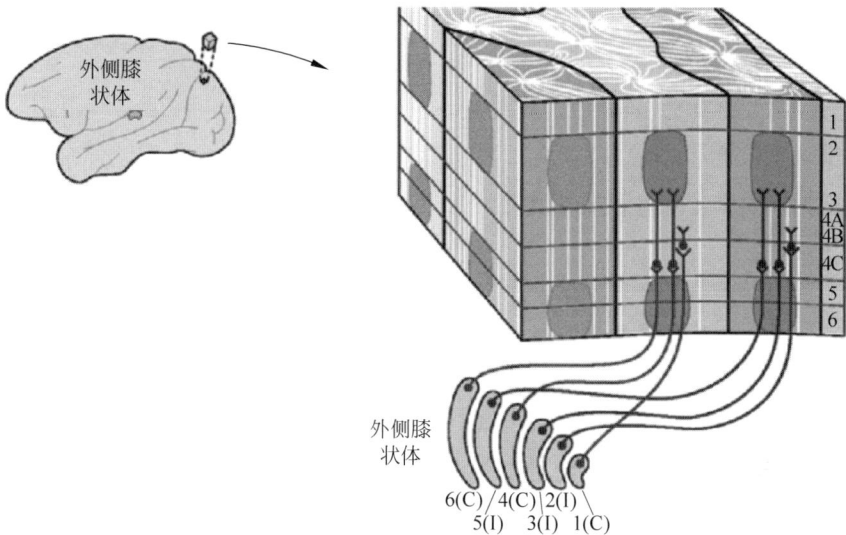

图 2-27　功能柱内部结构及运作方式

进展是,研究发现,视觉皮层总体上按照大细胞的背侧和小细胞的腹侧皮层的两个视觉信息流向前额叶方向投射:背侧信息流前往顶叶,主管运动和位置信息处理,信息的处理和传导快;腹侧前往下颞叶,主管形状和颜色信息处理,信息的处理和传导慢。视觉皮层 V5(又称 MT)区和 V4 区就成为这两个视觉皮层信息流的大门,其后的皮层区域大体上按背侧和腹侧皮层的两个视觉信息流向前投射(图 2-28),以既平行又串行的复杂神经通路,将 30 多个皮层区域交互地联系起来进行工作。它们高端的输出将发送至前额叶皮层、海马皮层和杏仁核等与认知、意识、记忆和情绪等有关的结构,形成人类高级神经活动的神经基础。

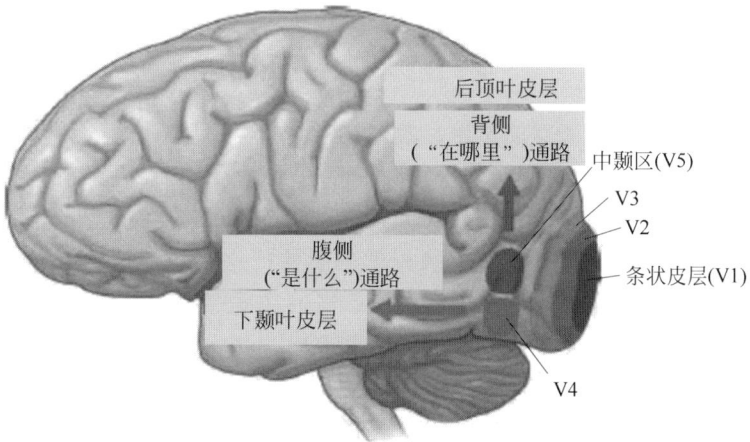

图 2-28　V5 和 V4 在大脑皮层的位置分布

2.2.5 视觉皮层间的反馈调控

在视觉系统中,从外膝体开始,几乎所有的脑结构之间都是由轴突的交互投射进行双向联系的。因此,一个神经元除了与同一结构内的兴奋性和抑制性神经元组成局部网络外,既接收下级结构传入的信号,又接收高级结构下行的调控信号,有时还接收同级结构传来的信号。

初级视觉皮层对外膝体神经元的反馈作用增强了外膝体神经元感受野的中心-周边区相互作用,大大提高了中心与周边区之间的方位差敏感性、运动方向差敏感性及时间相位差敏感性。这种反馈还有利于感受野处于同一条直线上的外膝体神经元产生同步化反应。初级视觉皮层反馈作用能够使外膝体神经元对视觉刺激的反应(放电)模式,从持续型反应转变为瞬变型反应,或者反向转变。持续型反应被认为更利于对原始视觉信息的检测,而瞬变型反应则更利于对新异刺激的检测。视觉皮层通路如图 2-29 所示。

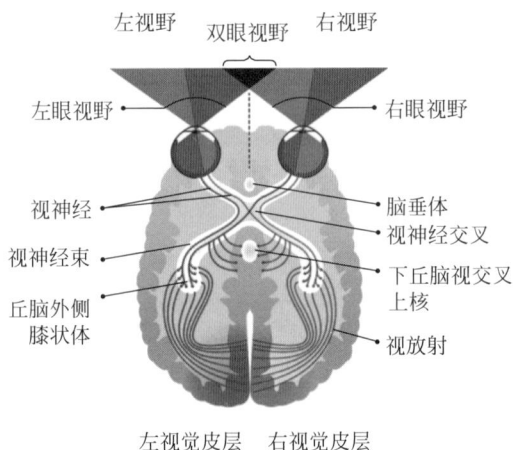

图 2-29　视觉皮层通路

视觉皮层区域之间的反馈作用一般都是经由神经递质谷氨酸介导的兴奋性作用,但由于靶区皮层内的局部网络中约有 1/5 的神经元是抑制性的中间神经元,因此反馈对具体某个神经元的作用就比较复杂。有证据表明,与情绪有关的杏仁核对初级皮层的反馈投射可以调节初级视觉皮层的视觉信息处理功能,快速传导的视觉背侧通路皮层区还会对慢速的腹侧皮层区的功能产生调制作用。如何在智能图像处理中考虑情绪影响也是一个新的研究方向。

2.2.6　人脑如何认知视觉世界

人脑中几十个皮层区域前后、左右地交互联系,形成极其复杂的立体网络,共同工作产生人们的视觉认知。那么大脑是如何实现对世界的认知的呢?

有一种观点认为,视觉皮层一级又一级由低级向高级皮层区会聚性投射,其感受野越来越大,最终某个高级皮层区的某些细胞可能对特定物体产生有选择性的反应,而另一些细胞则对另一物体产生有选择性反应,这样外界世界的所有物体都可以由特定的细胞群体检测[50-51]。虽然视觉皮层神经元数量巨大但也是有限的,瞬变的视觉世界和人类的认知能力却是无限的,不可能靠有限数量的神经元实现对视觉世界的无限认知。

英国科学家泽基(Zeki)[52]提出了一种视觉皮层多级同步整合作用的假说(图2-30),认为这种整合并不是以部位的会聚为主,而是一种多级脑区的同步整合,即通过若干不同水平上的相互作用实现的"共鸣"效应。他认为多级同步整合作用包括三个在时间上不一定连续的过程:①逐级地放大视觉感受野,在整个视野内收集信息;②与前一过程同步产生更复杂、更特殊的感受野性质;③将代表不同视觉功能的各视觉皮层区的信息统一在一起,但并不要求信号都传输至同一个皮层区,而可能是空间上分离,时间上同步的。

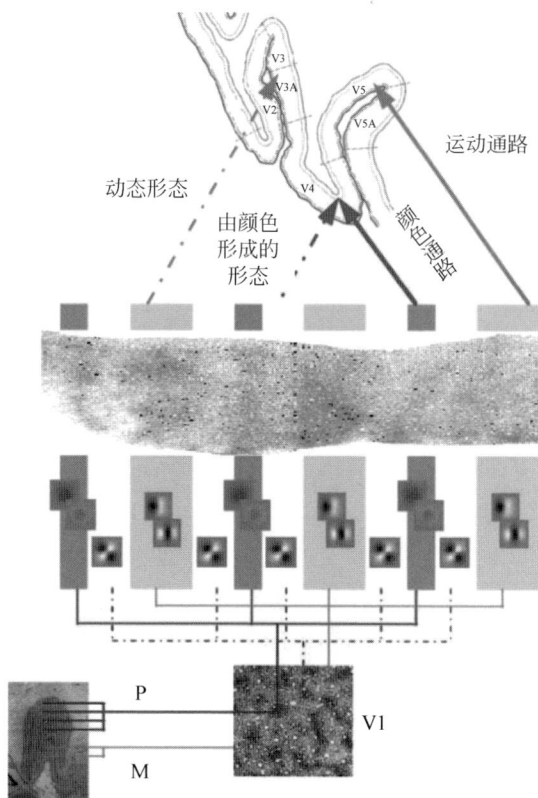

图 2-30 视觉皮层多级同步整合假说

支持多级同步整合作用的证据很多。例如:感知颜色的 V4 和感知运动的 V5

都投射到颞叶皮层,但它们在额叶皮层根本不存在直接的重叠;顶叶和颞叶皮层均投射到额叶皮层,却在额叶皮层内各有各的领地,空间上很少重叠;在额叶皮层内,与水平方向平滑眼动相关的细胞和与垂直方向平滑眼动相关的细胞各自分离成团,而且这两类细胞中后者集中在联系双侧额叶胼胝体通路上,前者则处于没有胼胝体纤维的脑区。

泽基认为,大脑可能使用更加巧妙的策略来统一不同性质的视觉信息,在不同水平上相互作用进而多级处理复杂的信息,以感知多彩的视觉世界。他特别强调,更高级视觉皮层向 V1 和 V2 区反馈"再进入"信息,对于某些概念的形成具有重要作用。V1 和 V2 各亚层和亚区内细胞分工比较明确,而从高级皮层返回 V1 和 V2 区的投射则弥散地分布到整个初级视觉皮层区域,从而将特化分工的高级视皮层内处理的形状、颜色和运动信息在低级皮层内联系和整合起来。

德国科学家沃尔夫·辛格(Wolf Singer)系统地研究了几个视觉皮层单细胞放电活动之间的相关性,并记录了初级视觉皮层同一个功能柱内的两个细胞之间、不同皮层区域的两个细胞之间,乃至大脑两半球对应区域内的两个细胞之间,对相同运动方向视觉刺激的反应存在同步化关系,观察到视觉特征整合在时间上是同步的,支持泽基的视觉皮层多级同步整合作用理论[52]。当然,要彻底证明泽基的理论,还有大量的工作要做。要真正了解脑是如何认知视觉世界的,科学家仍有很长的路要走。

2.3 视觉与核心认知能力的关联

2.3.1 视觉与注意

上文已经提到,视觉和注意是人类认知过程中非常重要的两个方面。视觉是指通过眼睛感知外界的图像和色彩,是人类最主要的感觉之一。注意是指人们在感知和处理信息时,有意识地选择、集中和维持注意力的过程。两者密切相关,视觉输入是引起注意的重要因素之一,而注意又可以影响视觉信息的获取和处理。视觉是通过眼睛接收并解释来自外界信息的能力,而注意是将注意力集中在特定信息上的能力。这两者间的交互作用对于人类的学习、思考和行为表现都具有重要影响。视觉与注意的相互作用可以分为两个方面。

(1) 视觉对注意的影响。视觉信息的处理可以引起注意的转移和改变,见图 2-2。例如,一辆快速驶来的汽车可以引起人们的注意,从而使注意力从其他活动转移到汽车上,以更好地应对风险。此外,视觉信息还可以影响注意的分配方式,例如,一个场景中的强烈视觉刺激会使人们的注意力更多地集中在这个区域,而忽略其他区域的信息。

(2) 注意对视觉的影响。注意对视觉的影响表现为加强或削弱视觉信息的处理和记忆。在加强方面,注意可以提高对特定信息的敏感性,例如,在一个拥挤的房间中,人们可以将注意力聚焦于单个人的面部特征,以帮助人们识别和记忆他。而在削弱方面,注意可以过滤不必要的信息,从而使人们更容易集中注意力并处理有用的信息。例如,在阅读时,人们通常会过滤文章中不相关的文字和图片,以便更好地理解文章的主题。

视觉和注意的交互作用也体现在注意的不同类型中。例如,定向注意是一种主动选择性的注意,通常用于关注某些特定信息。而自动注意是一种无意识的、自动的注意,通常用于对外部刺激的反应。这些不同类型的注意可以通过视觉信息进行调节。

2.3.2 视觉与记忆

视觉记忆表征和维持有关视觉刺激的感知信息,从早期视觉区域生成的低层次意象表征到进一步存储并从早期视觉的精确空间结构中抽象出的高层次视觉表征,其信息编码和存储方式可能有所不同。研究人员将视觉记忆分为三个主要子系统:视觉感觉记忆、视觉短时记忆和视觉长时记忆。

首先是视觉感觉记忆。人们对视觉感觉记忆研究的兴趣源于乔治·斯珀林(George Sperling)的开创性研究[53]。斯珀林的研究发现,当人们看到一个简短的视觉刺激时,一般都认为他们看到的比他们在短时间内能记住的多,但当他们要汇报这些信息时,似乎这些信息从记忆中逐渐消失了。马克思·柯海特(Max Coltheart)进一步区分了视觉感觉记忆的三类持久性:视觉持久性、可见持久性和信息持久性,反映了视觉系统早期光感受器和神经元的持续活动[54]。大量证据表明,视觉持久性和信息持久性具有完全不同的特性。现在人们普遍认为,视觉系统作为一种低通时间滤波器,会产生一种感觉反应,并随着离散视觉刺激的呈现而延长时间。可见持久性仅仅是刺激抵消后存在的感觉反应功能的一部分。但是,刺激的不可见信息也以视觉模拟表征的形式存在,例如,实验参与者看到屏幕上呈现了一个包含多种形状和颜色的网,网格仅显示很短的时间后,参与者会被询问特定位置的形状和颜色。在短暂展示之后,即使参与者无法看到网格,他们也能高精度报告出特定位置的信息,这表明信息持久性的存在。随着时间的推移,这些信息逐渐消失,显示出视觉记忆的短暂特性。这种记忆的短暂性对于人们理解如何处理大量的视觉信息及如何短时间内从视觉场景中选择性提取信息具有重要意义。这种形式是可屏蔽的,并且可以在 $150\sim300\text{ms}$ 内保持相对精确的形状和位置信息[55]。

再来看视觉短时记忆和视觉长时记忆。对记忆的研究一般分为短期记忆和长期记忆。视觉短时记忆通常被认为具有 4 个关键特性,这 4 个特征将其与视觉长时记忆区分开来。

(1)表征:视觉短时记忆快速创建视觉表征,而视觉长时记忆需要较长的时间建立表征。

（2）维持：视觉短时记忆通过一种主动机制来维持，在维持记忆的同时，通过持续的神经功能在神经水平上实现；而视觉长时记忆表征通过导致突触强度变化的结构修饰被动维持。这种差异的结果是，视觉短时记忆表征在主动维持结束时终止，而视觉长时记忆表征则可能不确定地持续存在。

（3）存储信息量：视觉短时记忆存储容量非常有限，而视觉长时记忆可以同时存储数千个复杂的真实场景。

（4）表征丰富程度：视觉短时记忆的表征可能只包含有限的信息，如一个物体的部分特征；而视觉长时记忆能够存储更为丰富和详细的表征，可能包括整个场景或复杂的对象。

视觉长时记忆是大脑对图像信息的存储能力，它对于人们识别和对周围环境中的各种对象和场景的分类发挥着至关重要的作用。简而言之，当人们看到一个物体或场景时，大脑会利用视觉长时记忆中储存的相关视觉特征（如形状、颜色、大小等）帮助人们识别和归类这个物体或场景。这个过程能使人们迅速而准确地理解人们所处的环境，识别出熟悉的物体，并区分不同的场景。视觉长时记忆对视觉输入中的统计结构也很敏感，这使视觉系统能够利用感知预测上下文信息。视觉短时记忆表征是通过持续的神经纤维环来维持的，而视觉长时记忆表征是通过神经元之间的连接模式和强度变化来维持的。这些变化被认为是通过突触连接中的结构变化实现的，而突触连接是视觉长时记忆表征持久性的原因。

视觉感觉记忆、视觉短时记忆和视觉长时记忆是主要的视觉记忆系统，它们都具有独特的属性，特别是在容量、持续时间和抽象性方面。然而，这并不意味着它们是完全独立的。感觉记忆在反映人们对外部世界感知的内在表示（知觉表征）时，清晰地提供了形成视觉短时记忆和视觉长时记忆所需的信息。知觉表征是指人们大脑中对感官输入的内部加工和组织方式，它是人们理解和解释外界刺激的基础。在这个过程中，感官系统捕捉的外部信息被转化为大脑可以处理的信号，这些信号随后被组织成一种内在的格式或模型，即知觉表征。通过这种方式，感觉记忆不仅捕获物体的基本特征，如颜色和形状，还捕获这些特征如何相互关联及其在人们个人经验中的意义。因此，感觉记忆通过提供丰富的细节信息，关键性地支持人们对视觉信息进行短期和长期记忆的能力，使人们能够识别和回忆见过的物体，理解和记住复杂的场景。

2.3.3　视觉与学习

提及视觉与学习，人们首先会想到"视觉学习"。"视觉学习"一词的提出源于视觉感官经验及视觉材料在学习中的广泛应用。

视觉学习研究的内容主要涉及以下几个方面：视觉学习的过程中存在哪些认知活动？这些认知活动对学习者的学习具有怎样的影响？学习者通常利用哪些视

觉符号进行学习？这些符号系统对学习者的学习具有怎样的促进作用？

人们进一步将视觉学习的研究概括为三个方面：视觉学习的基本过程、视觉学习的符号系统、视觉学习研究的特点。

1. 视觉学习的基本过程

视觉学习的核心是视觉注意力，它是所有儿童发展过程中的关键里程碑，其发展水平会对视觉学习能力产生重大影响。视觉注意力涵盖多种技能，如视觉搜索、选择、分配和调配等，这些技能的发展可能不均衡。研究显示，个体的视觉注意力受年龄、听力状况和视觉环境等因素的影响。

视觉感知是解读现实世界现象的基础，也是视觉学习的起点。在视觉注意力的支持下，个体能够捕捉和记录信息。视觉感知不仅被动地记录所见，还是一个动态的判断过程，涉及对尺寸、颜色及其他属性的评估，包括对图像和形状的分类。视觉感知与环境的互动非常显著，特别是视觉感知与语言、手势之间的互动。视觉感知结果影响人们使用的语言和手势，而这些手势和语言又反映和影响视觉感知结构。视觉感知、语言和手势的相互作用，共同促进信息的表达和交流。这个过程包括知觉的编组、分类、聚焦和构建等环节。此外，视觉感知受视觉显著性的影响，而视觉显著性取决于个体的视觉经验、意图及视觉对象的物理特征和特异性。通常不同个体对同一事物的熟悉程度不同，因此其视觉显著性也不同。视觉学习是一个与外部环境不断互动的过程，需要视觉感知、语言和手势的协调配合，以更好地理解复杂知识、学习复杂技能。

视觉感知的表现因人而异，通过视觉训练人们可以提高对数字、文本和图像的敏感度，从而增强视觉学习能力。20 世纪 60 年代，美国心理学家鲁道夫·阿恩海姆（Rudolf Amheim）指出："所有知觉都包括思维，视觉也不例外。"他在《视觉思维》[56]一书中首次提出了"视觉思维"这一概念。拉夫·威尔曼对此进行了更详细的定义，他认为视觉思维是对大脑中的图像通过形状、线条、色彩、质地和构成等方面进行组织的能力。视觉思维包括想象和图像化[57]两种基本行为。

想象在视觉思维中发挥着至关重要的作用，可以帮助人们理解和创造尚未直接经历或见过的概念、场景或对象。例如，假设一个作家正在构思一本关于遥远星系的科幻小说，为了使读者沉浸在一个完全不同于现实世界的环境中，作家需要利用想象力创造这个星系的各个方面。首先，作家想象这个星系中心的恒星，发出奇异而迷人的蓝绿色光芒，不同于太阳的黄色。然后，围绕这颗恒星，有几颗行星，每颗行星都有独有的特征：一颗行星表面覆盖着火山和岩浆海洋，另一颗则有浓厚的云层和永恒的风暴。接着，作家想象这些行星上的生命形式，不仅有人类可识别的植物和动物，还有一些完全想象中的生物，如能够在极端温度下生存的生物、具有透明皮肤的生物，或者能够通过心灵感应交流的智能生命体。通过这一连串的想象，作家构建出一个丰富多彩、充满未知和可能性的星系世界，而读者通过阅读描述这个星系的文字，可以在自己的脑海中重建和想象这个世界，体验作家创造的奇幻旅程。

这个例子展示了想象不仅是随意构思的过程,还是一种能力,可以让人们超越现实的限制,创造出全新的概念、场景和故事。在视觉思维中,想象力允许人们在心中构建和组织图像,即使这些图像代表的是人们从未体验过的事物。

图像化是一种通过视觉化的方法增强认识和理解的过程。以一个具体的例子来说明,想象一下一位老师在教授关于太阳系的课程。为了帮助学生更好地理解太阳系的结构和行星间的关系,老师可能使用图像化的方法,如创建或展示一个太阳系的模型。在这个模型中,太阳被置于中心,周围环绕着各颗行星,每颗行星根据真实的比例和距离排列,行星之间的距离和大小通过模型的比例精确展示。此外,老师可能还会使用颜色、纹理等视觉元素来区分不同的行星,例如用红色表示火星,用蓝色表示地球,用带有环状结构的模型表示土星。

通过这种图像化的方法,学生不仅可以直观地看到太阳系的结构,还可以通过模型中行星的相对位置和大小,更深入地理解行星间的关系,例如它们相对于太阳的距离、相互之间的距离及它们的物理特性。这种视觉化的学习方式可以极大地提高学生对复杂概念的理解能力,使抽象的概念变得具体化,更易于理解和记忆。

在想象与图像化的过程中,图像化是视觉思维中最快速、有效的手段。图像化的能力在一定程度上反映了一个人的视觉思维水平,而视觉思维的高低又直接影响视觉学习效果。通常视觉思维是一种与视觉理解紧密相关的心理活动,视觉理解依赖于从大脑中提取知识,是视觉思维活动的产出,这两者在对物体和现象的理解中都扮演着关键角色。视觉思维通常建立在视觉推理之上,视觉推理则始于对视觉对象的感知,即视觉感知。通过抽象和概括,视觉推理可以解决复杂的视觉问题。在视觉思维的过程中,人们常常通过视觉化的概念形成"心智图像",这有助于知识的更好表达和理解。例如,一位数学教师在向学生讲解立方体和球体的体积与表面积时,就利用了这种方法。这里的视觉化过程和形成"心智图像"的例子如下。

(1) 立方体和球体的模型展示:教师展示一个实体的立方体和球体模型。通过观察这些三维形状,学生能够直观地看到它们的结构和特点,这是视觉化的第一步。

(2) 几何图形的绘制:教师引导学生在纸上绘制立方体和球体的二维表示。通过这个动作,学生在大脑中形成关于这些形状的更具体的"心智图像"。

(3) 公式的视觉呈现:教师在黑板上写下计算立方体和球体体积、表面积的公式。为了帮助学生更好地理解这些公式,教师可能会在旁边画出对应的几何图形,并(标注重要的几何元素(如边长、半径),使这些公式与学生心中的图像相关联。

(4) 互动式学习活动:教师可能使用一款交互式学习软件,让学生操作立方体和球体的虚拟模型,调整它们的大小,并实时观察体积和表面积是如何变化的。通过这种互动,学生能够在他们的"心智图像"中加入动态元素,加深对形状变化对体积和表面积影响的理解。

通过这一系列的步骤,学生不是被动地接受知识,而是通过视觉化的过程主动构建对几何图形属性的深刻理解。这些"心智图像"帮助他们将抽象的概念具体化,使复杂的数学问题变得更易于理解和记忆。这个过程展示了如何通过视觉化的概念形成印象深刻的"心智图像",从而促进知识的有效表征和学习效率的提升。视觉思维在视觉认知过程中扮演着桥梁的角色,对于视觉学习的培养至关重要。其核心在于激活学生的各种感觉器官,特别是视觉感官,以增强他们对视觉信息的敏感度和判断能力。

2. 视觉学习的符号系统

符号是人类交流与学习的基本工具,主要分为语言符号和非语言符号。语言符号包括自然语言和人造语言,自然语言又分为口语和书面语。非语言符号则涵盖视觉、听觉符号及其他形式的符号。在视觉学习中,学习材料常常通过视觉化的方式呈现,因此研究通常关注视觉化的符号系统,包括视觉语言符号和视觉非语言符号。

视觉语言符号是一种专门通过视觉通道传达信息的符号形式,它们承载着丰富的基于视觉的语言信息。例如,道路交通标志就是一种典型的视觉语言符号,它们通过直观的图形和色彩传递信息,使人即使在缺少文字描述的情况下也能迅速理解其含义。如红色的八边形"停止"标志和交通灯的红绿色,都是通过视觉形象直接传达行动指令的符号。

研究视觉语言符号主要集中在书面语和手语上。书面语是学习的主要方式之一,它通常作为口语的文字形式存在,并且比口语复杂,通常需要通过阅读和写作进行学习。而手语则是通过手的姿势、形态、身体语言和表情传达信息的视觉语言,对视觉学习尤为重要。通过研究这些视觉语言符号,人们可以更深入地理解视觉学习的过程。视觉型非语言符号在视觉学习中扮演着关键角色。随着图像技术和电子媒体的发展,这些符号成了符号系统的主要组成部分,分为静态和动态两大类。静态视觉非语言符号包括象征符号、实义符号和静态图片。象征符号主要用于表示抽象概念,例如地图常用于地理教育。实义符号则直观简洁,用于明确表示具体意义,如各种安全和卫生标志。例如,火焰图标代表"易燃",闪电箭头表示"高电压"。这些符号设计简洁,使不同语言背景的人都能快速理解其含义。静态图片,如书籍、杂志和挂图中的插图,是另一种常见的视觉非语言符号,特别有助于学习者获取信息和构建知识。图片信息的直观性使其处理速度通常快于文本,因此学习者在学习中往往先处理图片信息。

动态视觉非语言符号包括电影、电视和计算机动画等运动画面。这类符号通过展示变化的事物或信息,激发学习者的兴趣,加深对学习内容的理解,并帮助学习者形成事物的内部表征。内部表征是大脑存储和处理外界信息的方式,包括关于对象、事件和关系的知识和理解。通过这些动态画面,学习者能够更好地形成心理模型,从而有效地理解和记忆学习内容。

以学习过程为例,当学习者接触新的信息时,他们会在大脑中形成关于这些信息的内部表征。例如,一个学生正在学习细胞结构,他通过观察细胞的静态图像理解细胞膜、细胞核和线粒体等部分的形状和功能。这些图像及随附的解释帮助学生在大脑中构建细胞结构的内部表征,这种表征有助于学生在未直接观察实际细胞的情况下,理解和记忆细胞的特点。

当运用动态的视觉型非语言符号,如通过视频展示细胞的有丝分裂过程时,学生能够看到细胞结构如何变化和分裂,这些动态信息将进一步丰富和细化它们的内部表征。动态画面提供了时间变化的维度,可以帮助学习者更准确地内部化理解过程和序列,这对于理解动态或过程性的概念尤其有用。

总的来说,内部表征是个体大脑对信息的编码方式,有助于理解、预测和操作外部世界。在视觉学习中,通过有效地使用静态和动态的视觉型非语言符号,人们能够优化这些内部表征,从而提高认知能力和学习效率。

动态视觉非语言符号在提供连贯信息的过程中极为有效,有助于学习者建立学习内容的内部表征,特别是当学习材料的外部表征与内部表征较为接近时。尽管如此,动态符号并不总是比静态符号更有优势。在学习静态内容或内部表征非重点时,静态符号能更充分地展现学习内容,而动态符号可能增加学习者的认知负担。例如,在幻灯片中使用静态或动态图片的效果需视具体情况而定,有时动态图片可能会分散注意力,干扰学习。无论是静态还是动态,有效应用视觉非语言符号都能在不同程度上提高学习效果。只有当这两种符号类型有效结合时,才能最大化发挥各自优势,促进视觉学习。

3. 视觉学习研究的特点

首先,研究主体多样化,包括教育技术、心理学、语言学等多领域的专家和学者,体现了视觉学习作为跨学科领域的特性。其次,研究内容系统化,涵盖从认知过程到符号体系再到教育实践的多个层面,可展现内在的逻辑关系:认知过程是学习的基础,符号体系是中介和桥梁,教育实践是应用层面。这种系统化研究有助于深入理解视觉学习的复杂性。最后,研究环境情境化,从实验室转移到真实课堂环境,可以提高研究的生态效度,反映学习的真实情境。随着信息技术的进步,视觉学习的载体和方法也将持续演化,带来学习方式的新变革。

2.3.4 视觉与决策

本小节将介绍视觉与决策相关的理论,主要包括前景理论、信号检测理论、元件识别理论与平行约束满足理论。这些理论从不同的角度探讨了视觉认知的结构,为人们理解视觉在决策中的作用提供了丰富多样的视角。

1. 前景理论

丹尼尔·卡尼曼(Daniel Kahneman)1979 年提出了"前景理论",这一理论彻底改变了行为经济学领域,为人类决策提供了一个偏离传统理性模型的全新视角。在这一开创性的理论中,卡尼曼和他的同事阿莫斯·特维斯基提出了一个框架,为个人如何评估和感知潜在的收益与损失提供了宝贵的见解。

前景理论的关键原则之一是它不再假设人类是完全理性的决策者。卡尼曼认为,个人很容易出现认知偏差,导致他们做出的决定可能与预期效用理论不一致。该理论指出,人们在评估潜在结果时要考虑一个参考点,通常是他们当前的状态或预期的未来状态。

前景理论主要讨论个人衡量潜在收益和损失的不对称方式。根据卡尼曼的观点,个人在面对潜在收益时往往表现出规避风险的行为。换句话说,赢得 100 美元的喜悦并不等同于失去相同金额的痛苦。相反,当面对潜在的损失时,个人会变得追求风险,宁愿赌博以避免负面结果。这种现象被称为"损失厌恶",表明人类对损失比对收益更敏感。此外,前景理论表明,决策受到选择框架的影响,以不同方式呈现的相同信息可以引起个人的不同反应。这一发现挑战了决策是一个纯粹的理性过程的概念,并强调启发式方法和偏见在塑造人们的选择方面的作用[58]。

具体到视觉认知领域,研究表明,视觉刺激的框架可以大幅影响决策。通过控制视觉信息的呈现方式,研究人员可以诱发不同的参考点并引起不同的决策偏好。例如,当呈现一个强调积极结果的视觉刺激时,个人更有可能选择一个被设定为潜在收益的选项。而当同样的选择被设定为避免潜在的损失时,个人往往表现出寻求风险的行为。同样地,损失厌恶在视觉认知上也有十分明显的体现。在视觉任务中,如物体识别或视觉搜索,失去信息或错过相关细节的前景会导致注意力的提高和更谨慎的决策。这表明前景理论的原则将延伸到经济选择之外,并可用于理解视觉认知过程[59-61]。

2. 信号检测理论

信号检测理论最初由工程师和心理学家在 20 世纪 50 年代提出,现已成为理解感知、决策和心理物理学的基石(图 2-31)。这一理论为剖析个人区分有意义的信号和背景噪声提供了一个强大的框架,阐明了影响人们判断的基本过程。

这一理论认为,人类的感知本质上受到噪声和变异性的影响。作为信号的感知主体,人们的任务是从可能包含信号和无信号实验的背景中检测并区分信号。在这一理论下,感知任务被分为 4 种可能的结果:"击中""漏报""虚报""正确否定"。个体检测和区分信号与噪声的能力被量化为两个指标:个体对信号的敏感性(d')及其做出判断时的反应偏差(c)。敏感性是指个体准确区分有信号和无信号实验的能力,它反映了一个人对有意义的信号和背景噪声的感知和区分程度。反应偏差指的是一个人在对信号的存在或不存在进行判断时,倾向于以一种特定的方式做出反应,可以是保守的,也可以是自由的。它反映了一个人发出错误警报

报告
是　　否

患癌	击中	漏报
未患癌	虚报	正确否定

患癌　　关键阈值

未患癌

最终决策：　　　　　最终决策：
样本未患癌　　　　　样本患癌

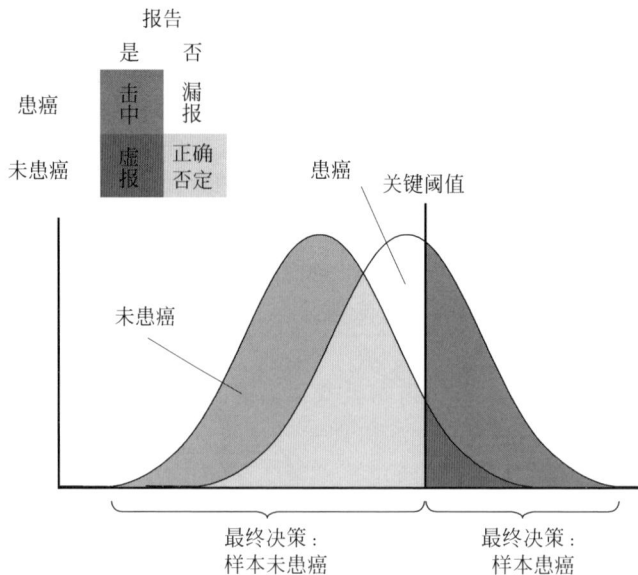

图 2-31　信号检测理论

的意愿（当信号不存在时报告它的存在）或失误（当信号存在时未能报告它的存在）。它是沿着决策标准轴衡量的。偏向于保守的反应表明，宣布信号存在的门槛较高导致较少的错误警报，但可能有更多的失误。对自由反应的偏向则表明，宣布信号存在的阈值较低导致更多的误报，但可能有更少的失误。值得注意的是，敏感性和偏倚性是独立的因素。一个人可以有很高的敏感性，但有保守的反应偏差，这表明他们善于分辨信号，但对宣布信号的存在有一个谨慎的门槛。而一个敏感性低的人也可以有自由的反应偏差，导致他们经常报告信号的存在，即使它们可能无法被可靠地检测到[62]。

同样，在视觉决策中，信号的清晰度、干扰因素的存在，以及个人在感知灵敏度和决策标准方面的差异都会影响最终的决策行为。例如，研究人员利用视觉刺激调查了感知的不确定性对决策的影响。通过控制视觉信号的清晰度或强度，测量参与者的反应，研究表明，信号强度的变化会影响知觉灵敏度（d'）和反应偏差（c）。此外，在视觉搜索任务中，研究人员已经发现目标突出性、集合大小和背景线索等因素对敏感性和反应偏差的作用[63]。

3. 元件识别理论

由欧文·比德曼（Irving Biederman）于 1987 年提出的"元件识别理论"（recognition-by-components theory），彻底改变了学界对物体识别和相关基本过程的理解。这一理论提供了一个强大的框架，强调基本几何形状在识别和分类物体中的作用。

元件识别理论的核心观点是,物体是由一系列基本几何形状表示的。基本几何形状属于简单的三维形态,能够在尺寸、方向及其他变换下保持稳定。根据比德曼的说法,这些几何形状是物体识别的构件,使视觉系统能够快速、有效地识别复杂视觉场景中的物体。

利用元件识别理论进行的实证研究为基本几何形状在物体识别中发挥作用提供了有力的证据。研究人员发现,当关键的几何体被遮挡时,识别的准确性会明显下降。这支持了基本几何形状理论的核心前提,即几何体在物体识别中起着关键作用。

元件识别理论已应用于理解视觉决策,特别是涉及物体分类和识别的任务。研究探讨了特定基本几何形状的存在或不存在对参与者的判断和反应时间的影响。这些研究揭示了一个有趣的现象:当人们面临必须迅速并准确地识别物体的任务时,物体的特定几何形状特征就显得非常重要。具体来说,如果一个物体包含对于识别该类物体关键和独特的几何形状,人们就能更快地确认它是什么,并且人们的判断也往往更加精准。这些关键的几何形状可以视为物体的"指纹",提供足够的信息以辨别它们。例如,识别一个三角形就是通过它的三个角和三条边。但如果这些具有判断性的形状缺失了,比如一个通常圆形的物体缺少了它的曲线边缘,人们识别其所属类别的能力就会受到影响,人们的反应时间可能变长,错误率也可能增加。就像如果钟表的指针被移除,人们无法读出时间一样。因此,这些基本的几何形状在人们理解和分类视觉信息时扮演了核心的角色,这突出了基于基本几何形状的表征在指导视觉决策方面的重要性。不仅如此,元件识别理论还用于人脸感知和场景理解中。通过将特定面部特征和空间结构分解为基本几何形状,相关应用的成功率得到显著提高[64-65]。

4. 平行约束满足理论

杰瑞米·沃尔夫(Jeremy Wolfe)20 世纪 90 年代提出的"引导搜索"模型深入探讨了视觉注意力如何在感知视觉场景时并行地操作,并且如何通过多个约束指导人们选择相关的视觉信息。在这一理论中,人们的注意力并不是随机地在场景中移动,而是被一系列的视觉特征引导,这些特征可以是从长期记忆中提取的(如知道人们正在寻找的物体是红色并且垂直的),也可以是由场景本身直接呈现的(比如一个物体的颜色或形状)。这种注意力的指导机制使人们能够更快地在复杂环境中识别重要的对象或信息,从而做出决策。例如,在一群物体中寻找一个特定的形状或颜色,长期记忆中对该形状或颜色的认知有助于人们更迅速地定位目标。当人们需要从多个选项中做出选择时,这些视觉约束有助于人们快速缩小范围,高效地处理视觉信息并进行决策。这一理论强调了视觉特征如何在认知过程中发挥约束作用,影响人们对场景的理解和对信息的决策选择,如图 2-32 所示。

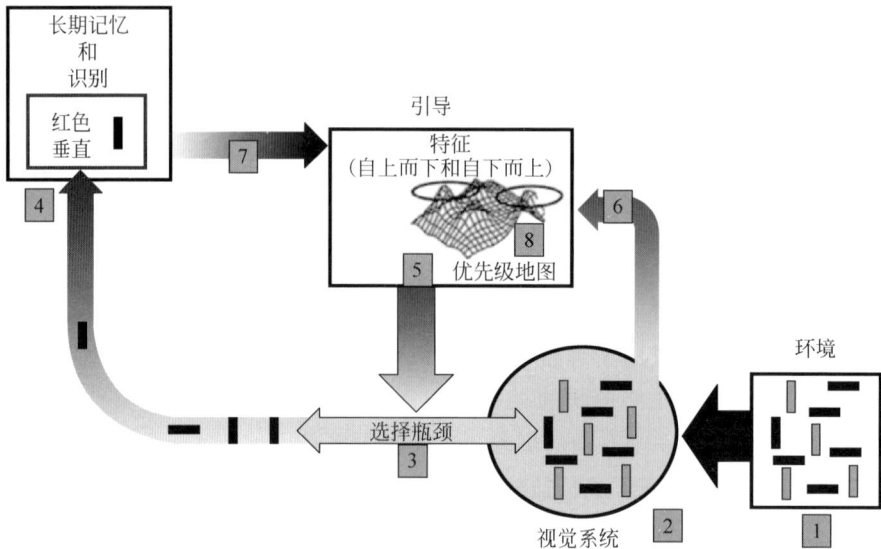

图 2-32　引导搜索模型

2.4　视觉认知基础理论

视觉是人类基本的认知活动,也是心理学领域的重要概念之一。在心理学远没有成为一门独立科学之前,感觉和视觉一直被视为同一过程。直到 17 世纪,英国著名哲学家洛克提出感觉是单纯观念,而视觉是复杂观念。早期的联想主义把视觉看成是感觉的复合,构造主义心理学虽然认为感觉是核心,但也认为视觉是感觉的构成物。而之后产生的格式塔(gestalt)心理学对视觉的研究则对人们理解视觉过程的性质产生了很大影响。格式塔学派认为,视觉经验是一个整体、一种完形或格式塔,而不是个别感觉的综合。与格式塔心理学不同,行为主义将视觉等同于辨别反应,对视觉的内部过程缺乏了解的兴趣。

认知心理学认为,视觉是最初级的认知,为更高级的认知提供原材料,而视觉本身具有复杂的机制。研究认为,视觉至少包括三个方面的特征:第一,视觉是人对信息的组织和解释过程;第二,视觉具有一定的主动性和选择性;第三,视觉过程可能与过去经验有关。认知心理学将视觉看作对感觉信息的组织和解释,即获得感觉信息意义的过程。接下来,简要介绍几种主要的视觉认知理论。

2.4.1　视觉的格式塔原则

视觉的基本过程是将视觉对象从背景中分离出来。但对象本身可能是由一些"分散"的部分构成的。格式塔心理学认为,人们之所以能够将这些部分自然地看成一个视觉整体,是因为人对图形的视觉由一些一般性原则决定,这些原则叫作格式塔视觉组织原则,主要如下。

(1) 接近原则。靠近在一起的成分倾向于组成同一视觉单位。如图 2-33(a)中,人们通常把它视为两条垂直线构成的一组图形,共 4 组图形。图 2-33(b)也是因为黑色小点竖排比横排更为接近,所以人们通常把它视为五条竖行而不是看作五个横排。

(2) 相似原则。类似的各部分有被看作一群的倾向。如图 2-33(c)所示,人们通常看到的是横行而不是纵列。

(3) 闭合原则。人们倾向于将那些不完好的图形视为完好的。如图 2-33(d)所示,方形虽不封闭,但人们倾向于把它视为封闭的完形。

(4) 连续原则。刺激中能够彼此连续成为图形者,即使其间无连续关系,人们也倾向于将其组合在一起看作整体。如图 2-33(e)所示,人们通常把它视为两条线,一条从 A～B,另一条从 C～D(而理论上从 A～D、从 C～B 也是有可能的)。由于从 A～B 的线条比从 A～D 的线条有更好的连续性,所以会产生这种视觉效果。

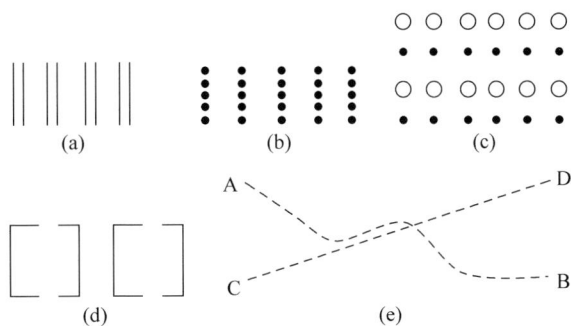

图 2-33　格式塔视觉原则的示例

(5) 简单对称性原则。该原则指出,人们更容易将简单而对称的元素组织成一个整体,而不是复杂的非对称结构。人们往往偏向于欣赏和喜爱简单、对称的形状和图案,因为它们能给人们带来一种有序和协调的感觉。

(6) 主体与背景原则。该原则指出,人们会将环境中的事物划分为主体(前景)和背景,并意识到它们之间的区别。人们倾向于将前景中的物体视为主要焦点,而将背景作为支持或衬托。这一原则使人能够将注意力集中在特定的对象上,并理解其相对于周围环境的关系。

(7) 共同命运原则。该原则指出,当物体具有共同的移动方向或共同的目标时,人们倾向于将它们视为一组。这种原则使人们能够识别出群体行为或共同目标的存在,并帮助人们更好地理解物体之间的相关性。通过共同命运原则,人们能够感知整体运动和协作,而不是简单地看到一堆分离的个体。

比较图 2-34 中(a)模式和(b)模式。(a)模式似乎是"好"得多的模式,因为它是对称的。格式塔的对称性原则能够决定人们用视觉感知物体的方式。再如图 2-34 中的(c)模式,人们多半把它视为菱形和垂直线组成的图形,而不是看作许多"K"

字母组成的图形,尽管这个图形中的确有许多正向的"K"和镜像的"K"。这是因为图中菱形是对称的,而"K"不是对称的。

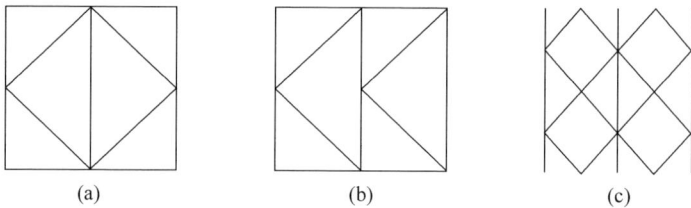

(a)   (b)   (c)

图 2-34   格式塔的对称性原则的解释

现代认识心理学在研究视觉时接受了格式塔心理学的一些理论,并用新的概念和术语对相关原则作出了解释。格式塔心理学注重视觉对象的整体属性或视觉环境的结构,这恰恰提示了视觉过程中的一个基本问题,即如果承认整体由部分构成这样的事实,那么在视觉加工一个物体时,到底是如格式塔心理学暗示的整体先知,还是部分先知? 在图像理解中也常采用"整体-局部"信息融合的方式实现物体的检测。

2.4.2   整体加工和部分加工

那冯(David Navon)提出了整体优先的理论假设[66]。实验中,那冯使用了一种复合刺激图形(图 2-35),这种刺激图形是由小字母组成的大字母,大字母和小字母或者一致(如大、小字母都是 H、S 或矩形),或者不一致(如大字母是 H,小字母是 S;或者大字母是 S,小字母是 H,大的矩形和小的 S)。在这样的复合图形中,大字母的性质是整体特征,小字母的性质是局部特征。实验采用视听干扰模式,先呈现一个图 2-35 中的视觉刺激,然后被试者通过耳机听到字母 H 或 S 的读音,被试者需要判断听到的字母是什么,并按键反应。视觉刺激图形中的大、小字母与听觉刺激一致或不一致。研究发现,当视觉刺激中的大字母与听觉刺激一致时,反应时间最短;当视觉刺激中的大字母与听觉刺激不一致时,反应时间最长。

在图形辨别实验中,那冯要求被试者分别完成两项任务。任务一中被试者需要辨别大字母是 H 还是 S,任务二中被试者需要辨别小字母是 H 还是 S。结果发现,辨别大字母的反应时间比辨别小字母的反应时间短,辨别小字母的反应时间受大字母的影响。当大字母与小字母一致时,反应时间较短,而当两者不一致时,反应时间较长。辨别大字母的反应时间则几乎不受小字母的影响。那冯认为,分辨大字母较短的反应时间及大字母对小字母的干扰作用都说明在处理复合刺激时,视觉系统先处理整体性质,再加工局部性质,这就是整体优先性的理论假设。正是由于整体性质加工具有时间上的优先性,才使分辨整体性质的任务不受局部图形的干扰,而分辨局部性质的任务不可避免地受到整体特征图形的干扰。

那冯的实验结果引起了研究者的广泛兴趣。金吉拉(Ronald A. Kinchla)和沃

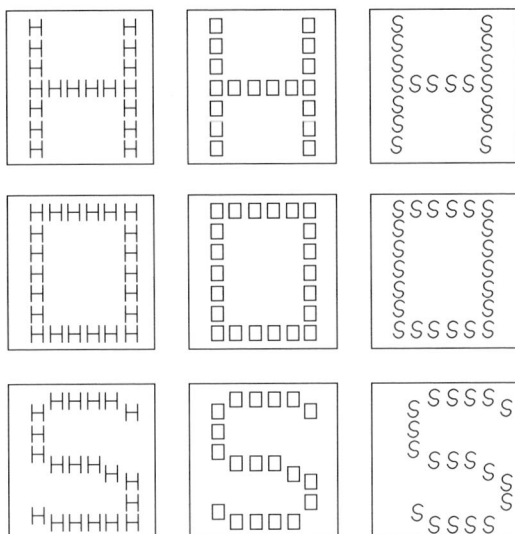

图 2-35　那冯应用的视觉刺激材料

夫(Jeremy M. Wolfe)发现,当复合刺激的视角范围在 $6°\sim9°$ 时,被试者对整体性质的反应较快;但当复合刺激的视角大于 $10°$ 时,被试者对局部的性质反应较快[67]。马丁(Martin Maryanne)和辛奇(Ruth Kimchi)的研究发现,整体优先性与组成整体的局部元素的数量有关[68-69]。波梅兰茨(James R. Pomerantz)强调复合刺激中整体和局部图形在空间尺度上的差别会对二者加工过程产生影响,认为大图形比小图形容易分辨,这种可分辨性的差别在复合刺激加工中的整体优先性起了决定性作用[70]。整体优先效应的存在主要依赖视角、刺激图形在视网膜上的位置、空间不确定性、亮度、小字母的密度、大小字母的大小比例、刺激图形的完好性等因素。

2.4.3　视觉的两种加工形式:自上而下和自下而上

人们对视觉信息采取两种加工形式,自上而下的加工和自下而上的加工。自下而上的加工是指视觉系统直接接收外部世界输入信息的影响,包括一系列连续的加工阶段。例如在识别英文字母时,可能包括对明暗的分辨,将图形从背景中分离,对图形进行分析,将这个字母与其他字母进行区分,最后才确定它是什么字母。格拉斯提出了一个假想的模型以说明自下而上的加工(图 2-36)。

在这个模型中,自下而上的加工从视觉输入开始,以视觉的再现结束。根据视觉输入的传递顺序,它可以分为低级阶段和高级阶段。低级阶段(例如明度辨别)直接依赖视觉输入的作用,而高级阶段(例如图形分析)则产生视觉再现。自下而上的加工的一个重要特点是在加工过程中,较低级阶段的结果不受较高级阶段的影响。

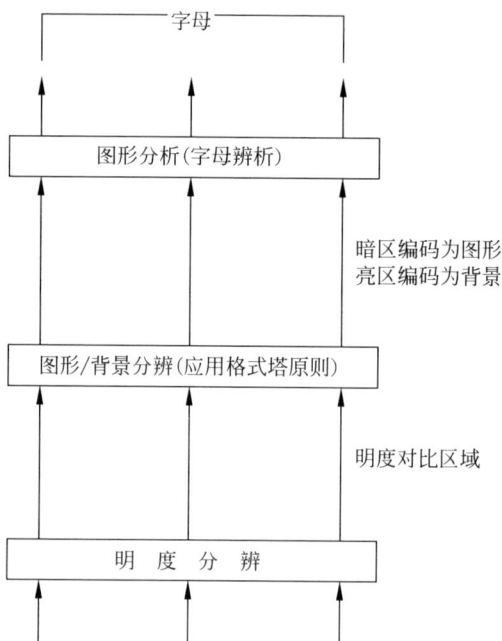

图 2-36　假想的分辨字母的自下而上的加工模型

　　另一种视觉加工形式是自上而下的加工,或者叫作"概念驱动加工"。这种加工过程是指人在从事视觉活动时应用已有的知识和概念加工当前信息的过程。格拉斯(Glass)也给出了假设的实例说明,如图 2-37 所示。他将句子理解作为例子说明了自上而下的加工经历的三个可能阶段。图 2-37 中,视觉输入为一连串的字母"How could you read this sentence?"。当人的视觉系统加工这串字母时,同样表现为一系列连续的阶段,将输入的一串图形分为字母串,将字母串与单词比较,从而确定单词的意义。如果在信息加工的第二阶段全部字母都组合为单词,人们就会根据已有的知识经验理解单词的意义。相反,如果某些字母不能组合为单词,或者进行了错误的组合,那么要返回,对已有的视觉输入进行重复加工,直到将字母串全部组合为单词并确定单词的意义为止。格拉斯认为,较低阶段的输出受到较高阶段输出的影响,是视觉自上而下加工的一个重要特征。

　　认知心理学的众多研究表明,视觉中自上而下的加工和自下而上的加工是相互补偿的。当人们的视觉更多地依赖感觉输入的直接作用时,自上而下的加工作用就减弱;如果视觉更多地依赖自上而下的加工,那么对物体直接作用的依赖程度就下降。另外,在实际的视觉过程中,这两种加工形式通常同时出现。

2.4.4　假设考验说和生态学说

　　关于现实刺激信息是否需要在过去经验的基础上进行组织,才能产生视觉这一问题的讨论,产生了两种对立的理论,即假设检验说和生态学说。

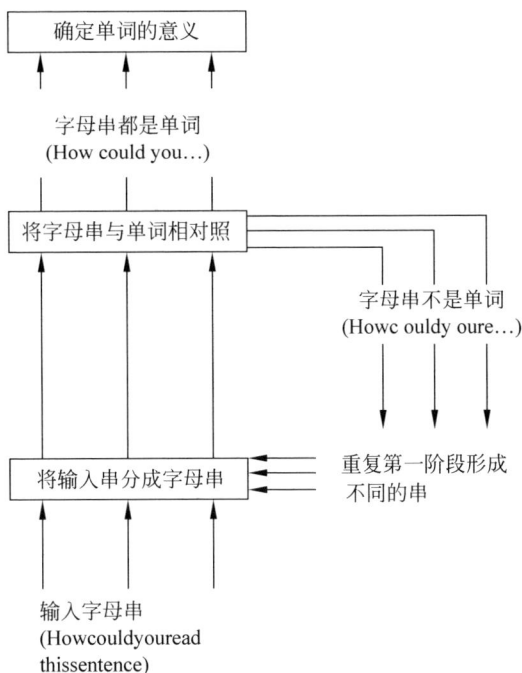

图 2-37 理解句子"**How could you read this sentence**?"自上而下的分割过程

假设检验说(Bruner 和 Neisser)提出视觉是一种包含假设检验的构造过程。人通过接收信息形成和检验假设,得到对感觉刺激的正确解释。假设检验的过程受人的内部期望的指导,被激活的图式是产生期望的基础。它在视觉形成的假设检验中起的关键作用主要表现在两个方面。

(1) 图式是一种信息接收系统。作用于人的所有信息对人并非都有意义,也并非都能被人接收。图式决定接收哪些信息并决定如何理解这些信息。图 2-38 经常用于说明图式的这种作用。由于有些人心中有了男人头像的图式,所以这些人倾向于将这幅图加工为男人的脸。在这样的视觉分析过程中,某些信息(线条或标记)比另一些信息次要,导致它们在随后的回忆中经常被忽略,例如鼻子上眼镜下的短线、嘴和耳朵间

图 2-38 图式在视觉中的作用图例

的横曲线。但是,如果有人告诉这些人这幅图也能看作带有长尾巴的老鼠,那么由于激活的图式不同,对信息意义的理解也就不同,对信息的接收也产生了变化。原先"眼镜"(现为耳朵)下的短线(1)变得重要了,它成了老鼠的眼睛;原先"嘴"和"耳朵"之间的横曲线(2)成了老鼠的下腹,所以也变得重要了。由此可见,如果是

对图式合适的信息,则能得到加工;如果不合适,则会被忽略。

(2)图式引导人们从环境中获取信息。正是因为图式的这种作用,所以当被告知图 2-38 是一张男人脸时,观察者便有计划地去搜寻这幅图,即自觉地、有计划地从图中寻找眼睛、鼻子、嘴、耳朵等,而且把眼睛上的两个大圆圈看成眼镜。图式的这种作用限定了人们从何处寻找信息,并告诉人们什么信息可能存在其中,因而减少了视觉外部刺激的复杂性。图 2-39 是认知心理学基于假设检验说提出的对视觉的解释。图中由自下而上的加工激活的图式是指记忆中的图式完全被来自环境事件的分析而激活,例如前文所说的特征分析就属于这种加工形式。自上而下的加工激活的图式是指由另一些图式和刺激物所处的前后关系激活的图式。

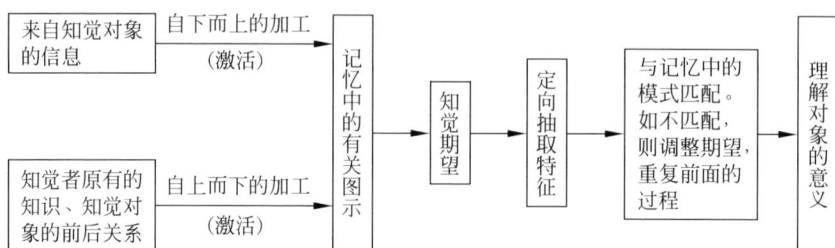

图 2-39　认知心理学对视觉的解释图示

生态学说认为,视觉具有直接性质,并不像假设检验说主张的那样需要过去的经验参与。其代表人物吉布森(James Gibson)用结构密度级差实验表明,在自然界中,由于光线分布、表面密度与物体的视网像等都是随着视角规律变化的,因此人类能够直接感知环境中的距离等空间特征。如果在两维平面上画出这种表面结构的密度级差,人就会产生明显的距离感;反之如果没有这种结构密度级差,则仍然是垂直于视线的平面图形。根据实验结果,吉布森认为,人在日常生活中有足够的时间和空间去观察,而且能够捕捉到那些保持不变的特征,人们完全可以利用自然界提供的丰富信息直接产生与作用于感觉器官的刺激相对应的视觉经验,根本不需要在过去经验的基础上形成假设并进行检验。

吉布森的生态学说提出,人们的视觉系统能够直接与周围环境互动,以获得空间信息。该理论的核心在于纹理梯度——这是一种随着观察距离的变化而变化的表面纹理密集度。这些纹理的变化为人们判断距离和感知周围环境的三维结构提供了至关重要的线索。吉布森展示了人们不需要依靠之前的经验理解这些梯度,可以直接通过观察纹理感知深度和距离。这种直接感知的能力挑战了"理解视觉世界需要通过复杂的认知处理和基于既往经验的假设验证"的传统观点。

视崖实验(visual cliff experiment)是与吉布森的视觉感知理论相关的经典实验之一。虽然吉布森本人并不是视崖实验的直接发起人,这个实验最早是由他的妻子埃莉诺·吉布森(Eleanor J. Gibson)和理查德·沃克(Richard Walk)在 1960 年进行的,但它非常贴切地体现了吉布森关于直接感知的理论。

视崖实验旨在探索婴儿如何感知深度,并测试他们是否能够不通过学习或经验直接感知环境中的深度信息。在实验中,婴儿被放置在一个看似有深度的平台上,实际上这个"深渊"被透明的坚固材料覆盖,物理上是安全的。研究者观察婴儿是否会越过看上去的深渊到达母亲的位置,或者他们是否因为感知到深渊而犹豫或拒绝前进(图2-40)。

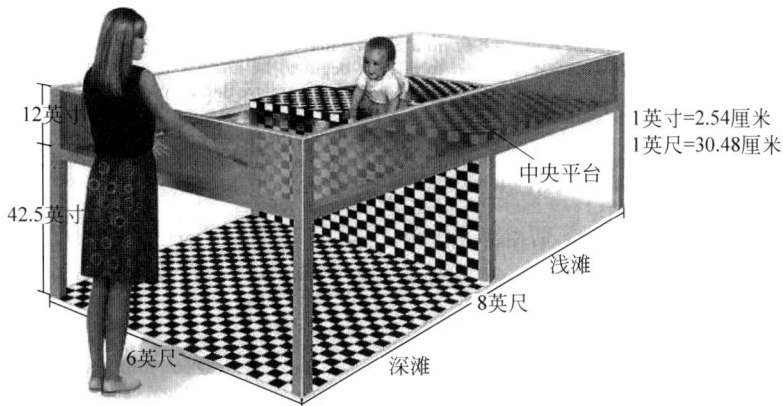

图2-40 视崖实验的解释图示

实验结果表明,即使是刚学会爬行的婴儿,也能显示出对深渊的躲避行为,这说明婴儿具有天生的深度感知能力。这些发现支持了吉布森的理论,即人们能够直接从环境中感知信息,而不完全依赖于之前的经验或学习。

视觉过程显然离不开现实的刺激。假设检验说更强调概念驱动的信息组织形式,生态学说更认可材料驱动的信息组织形式,这两种假说的争论可能还将持续。

参考文献

[1] FARMER T A, MATLIN M W. Cognition[M]. Tenth edition. Hoboken, NJ: Wiley, 2019.

[2] PYLYSHYN Z W. Seeing and visualizing: it's not what you think[M]. Cambridge: MIT Press, 2006.

[3] BROADBENT D E. Perception and communication[M]. Elmsford: Pergamon Press, 1958.

[4] TREISMAN A M, GELADE G. A feature-integration theory of attention[J]. Cognitive Psychology, 1980, 12(1): 97-136.

[5] TREISMAN A. Features and Objects: The fourteenth bartlett memorial lecture[J]. The Quarterly Journal of Experimental Psychology Section A, 1988, 40(2): 201-237.

[6] TREISMAN A. Feature binding, attention and object perception [J]. Philosophical Transactions of the Royal Society of London. Series B: Biological Sciences, 1998, 353 (1373): 1295-1306.

[7] TREISMAN A, SATO S. Conjunction search revisited [J]. Journal of Experimental Psychology: Human Perception and Performance, 1990, 16: 459-478.

[8]　TREISMAN A, SCHMIDT H. Illusory conjunctions in the perception of objects[J]. Cognitive Psychology, 1982, 14(1): 107-141.

[9]　SALEHI H, BURGUE ÑO R. Emerging artificial intelligence methods in structural engineering[J/OL]. Engineering Structures, 2018, 171: 170-189. https://doi.org/10.1016/J.ENGSTRUCT.2018.05.084.

[10]　VEGT J V D, BUFFART H, LEEUWEN C. The structural memory: a network model for human perception of serial objects[J/OL]. Psychological Research, 1989, 50: 211-222. https://doi.org/10.1007/BF00309255.

[11]　ZHANG R, CHEN Z, CHEN S, et al. Deep long short-term memory networks for nonlinear structural seismic response prediction[J/OL]. Computers & Structures, 2019, 220(8): 55-68. https://doi.org/10.1016/J.COMPSTRUC.2019.05.006.

[12]　ZHENG W, ZHU Y. A bio-inspired memory model for structural health monitoring[J/OL]. Measurement Science and Technology, 2009, 20: 045704. https://doi.org/10.1088/0957-0233/20/4/045704.

[13]　CRAIK F I M, LOCKHART R S. Levels of processing: A framework for memory research[J/OL]. Journal of Verbal Learning and Verbal Behavior, 1972, 11(6): 671-684. https://doi.org/10.1016/S0022-5371(72)80001-X.

[14]　CICCARELLI S K, WHITE J N. Psychology[M]. Fifth edition. NY, NY: Pearson, 2017.

[15]　PAVLOV I P. Conditioned reflexes: an investigation of the physiological activity of the cerebral cortex[M]. Oxford: Oxford University Press, 1927.

[16]　RESCORLA R, WAGNER A. A theory of Pavlovian conditioning: Variations in the effectiveness of reinforcement and nonreinforcement[M]//Classical Conditioning II: Current Research and Theory: Vol. 2. Appleton-Century-Crofts, 1972: 64-99.

[17]　WATSON J B, RAYNER R. Conditioned emotional reactions[J/OL]. Journal of Experimental Psychology, 1920, 3: 1-14. https://doi.org/10.1037/h0069608.

[18]　SKINNER B F. Science and human behavior[M]. New York: Simon and Schuster, 1965.

[19]　SKINNER B F. Verbal behavior[M]. Mansfield Centre: Martino Fine Books, 2015.

[20]　BANDURA A. Social foundations of thought and action: A social cognitive theory[M]. Englewood Cliffs: Prentice-Hall, Inc, 1986.

[21]　BANDURA A, ROSS D, ROSS S A. Transmission of aggression through imitation of aggressive models[J/OL]. The Journal of Abnormal and Social Psychology, 1961, 63: 575-582. https://doi.org/10.1037/h0045925.

[22]　BANDURA A, WALTERS R H. Social learning theory: Vol 1[M]. Englewood Cliffs: Prentice Hall, 1977.

[23]　FLAVELL J H. The developmental psychology of Jean Piaget. [M]. Princeton: D Van Nostrand, 1963.

[24]　PIAGET J. The origins of intelligence in children[M]. New York: W W Norton & Co, 1952.

[25]　PIAGET J. Science of education and the psychology of the child. [M]. Oxford: Orion, 1970.

[26]　ATKINSON R C, SHIFFRIN R M. Human memory: A proposed system and its control processes[M/OL]//Psychology of Learning and Motivation: Vol 2. Elsevier, 1968: 89-

195[2023-05-03]. https://linkinghub. elsevier. com/retrieve/pii/S0079742108604223.

[27] VANLEHN K. The architecture of cognition[J/OL]. Artificial Intelligence,1986,28(2): 235-240. https://doi. org/10. 1016/0004-3702(86)90084-6.

[28] MILLER G A. The magical number seven, plus or minus two: Some limits on our capacity for processing information [J/OL]. Psychological Review, 1956, 63: 81-97. https://doi. org/10. 1037/h0043158.

[29] ROGOFF B. Apprenticeship in thinking: Cognitive development in social context[M]. New York: Oxford University Press,1990.

[30] VYGOTSKY L S, COLE M. Mind in society: Development of higher psychological processes[M]. Cambridge: Harvard University Press,1978.

[31] WERTSCH J V. Vygotsky and the Social Formation of Mind:[M]. Cambridge: Harvard University Press,1988.

[32] HINTON G, SEJNOWSKI T J. Unsupervised learning: Foundations of neural computation[M]. Cambridge: MIT Press,1999.

[33] RUMELHART D E,MCCLELLAND J L,GROUP P R. Parallel distributed processing: Explorations in the microstructure of cognition: Foundations[M/OL]. 1986[2023-05-03]. https://direct. mit. edu/books/book/4424/Parallel-Distributed-ProcessingExplorations-in-the.

[34] SIMON H A. Models of man, social and rational. Mathematical essays on rational human behavior in a social setting[M/OL]. Hoboken: J. Wiley & Sons, 1957[2023-05-03]. https://www. proquest. com/docview/37477519?parentSessionId＝lTCa％2BKW3D7vjlz x4pn0xLmFoKv85ZJ2kxXY65jrjvA8％3D.

[35] VON NEUMANN J,MORGENSTERN O. Theory of games and economic behavior[M]. Princeton: Princeton University Press,1944.

[36] BRÜNE M, WILSON D R. Evolutionary perspectives on human behavior during the Coronavirus pandemic: insights from game theory[J/OL]. Evolution,medicine,and public health,2020,2020(1): 181-186. https://doi. org/10. 1093/emph/eoaa034.

[37] HUANG Y, ZHU Q. Game-theoretic frameworks for epidemic spreading and human decision-making: A review[J/OL]. Dynamic Games and Applications,2022,12(1): 7-48. https://doi. org/10. 1007/s13235-022-00428-0.

[38] LEIMAR O,MCNAMARA J M. Game theory in biology: 50 years and onwards[J/OL]. Philosophical Transactions of the Royal Society B,2023,378(1876): 20210509. https:// doi. org/10. 1098/rstb. 2021. 0509.

[39] NASH J F. Equilibrium points in n-person games[J/OL]. Proceedings of the National Academy of Sciences,1950,36(1): 48-49. https://doi. org/10. 1073/pnas. 36. 1. 48.

[40] TRAULSEN A,GLYNATSI N E. The future of theoretical evolutionary game theory[J/ OL]. Philosophical Transactions of the Royal Society B, 2023, 378 (1876): 20210508. https://doi. org/10. 1098/rstb. 2021. 0508.

[41] SIMON H A. A behavioral model of rational choice[J/OL]. The Quarterly Journal of Economics,1955,69(1): 99-118. https://doi. org/10. 2307/1884852.

[42] SIMON H A. Rational decision making in business organizations [J]. The American Economic Review,1979,69(4): 493-513.

[43] HOMANS G C. Social behavior as exchange[J/OL]. American Journal of Sociology,

1958,63(6)：597-606. https://doi. org/10. 1086/222355.

[44] KAHNEMAN D. Thinking, fast and slow [M]. New York：Farrar, Straus and Giroux,2011.

[45] KAHNEMAN D,TVERSKY A. Prospect theory：An analysis of decision under risk[J/OL]. Econometrica,1979,47(2)：263-291. https://doi. org/10. 2307/1914185.

[46] HUBEL D H, WIESEL T N. Receptive fields, binocular interaction and functional architecture in the cat's visual cortex[J/OL]. The Journal of Physiology,1962,160(1)：106-154. https://doi. org/10. 1113/jphysiol. 1962. sp006837.

[47] DICARLO J J,ZOCCOLAN D, RUST N C. How does the brain solve visual object recognition?[J]. Neuron,2012,73(3)：415-434.

[48] ZEKI S. A vision of the brain[M]. Oxford：Blackwell Scientific Publications,1993.

[49] SPERLING G. The information available in brief visual presentations[J/OL]. Psychological Monographs：General and Applied,1960,74(11)：1. https://doi. org/10. 1037/h0093759.

[50] COLTHEART M. Iconic memory and visible persistence [J/OL]. Perception & Psychophysics,1980,27：183-228. https://doi. org/10. 3758/BF03204258.

[51] IRWIN D E,YEOMANS J M. Sensory registration and informational persistence[J/OL]. Journal of Experimental Psychology：Human Perception and Performance,1986,12(3)：343-360. https://doi. org/10. 1037/0096-1523. 12. 3. 343.

[52] ARNHEIM R. Visual thinking[M]. Berkeley：Univ of California Press,1969.

[53] WILEMAN R E. Exercises in visual thinking：Vol 10[M]. New York：Hastings House Book Publishers,1980.

[54] TVERSKY A,KAHNEMAN D. Advances in prospect theory：Cumulative representation of uncertainty[J/OL]. Journal of Risk and Uncertainty, 1992, 5：297-323. https://doi. org/10. 1007/BF00122574.

[55] GLASER C,TROMMERSHÄUSER J,MAMASSIAN P,et al. Comparison of the distortion of probability information in decision under risk and an equivalent visual task[J/OL]. Psychological Science,2012,23(4)：419-426. https://doi. org/10. 1177/0956797611429798.

[56] MALLOY T,SIMS C R. Modelling visual decision making using a variational autoencoder [C]//19th International Conference on Cognitive Modelling,ICCM. 2021：1-12.

[57] YANG R,COTTRELL G. The influence of risk aversion on visual decision making[C]// Proceedings of the Annual Meeting of the Cognitive Science Society：Vol 34. 2012.

[58] HAUTUS M J,MACMILLAN N A,CREELMAN C D. Detection theory：a user's guide [M]. Third edition. New York：Routledge,2022.

[59] TANNER W P,SWETS J A. A decision-making theory of visual detection[J/OL]. Psychological Review,1954,61(6)：401-409. https://doi. org/10. 1037/h0058700.

[60] NEO H F,TEOH A B J,NGO D C L. A novel spatially confined non-negative matrix factorization for face recognition[C]//MVA. 2005：502-505.

[61] YU X, FERMÜLLER C, TEO C L, et al. Active scene recognition with vision and language[C]//2011 International Conference on Computer Vision. IEEE,2011：810-817.

[62] NAVON D. Forest before trees：The precedence of global features in visual perception[J/OL]. Cognitive Psychology, 1977,9(3)：353-383. https://doi. org/10. 1016/0010-0285

(77)90012-3.

[63]　KINCHLA R A,WOLFE J M. The order of visual processing："Top-down,""bottom-up," or "middle-out"[J]. Perception & Psychophysics,1979,25：225-231.

[64]　MARTIN M. Local and global processing：The role of sparsity[J/OL]. Memory & Cognition,1979,7：476-484. https://doi. org/10. 3758/BF03198264.

[65]　KIMCHI R. Selective attention to global and local levels in the comparison of hierarchical patterns[J/OL]. Perception & Psychophysics,1988,43(2)：189-198. https://doi. org/10. 3758/BF03214197.

[66]　POMERANTZ J R. Global and local precedence：selective attention in form and motion perception. [J]. Journal of Experimental Psychology：General,1983,112(4)：516.

第3章

视觉心智理论

3.1　心智理论基础

如果给机器人看一个上面写着"巧克力"但实际里面装着爆米花的不透明袋子,并让其预测没有看到袋子中东西的人会觉得袋子里是什么,机器人会给人们什么样的回答呢? Kosinski 考察了 GPT-3.5 在这一任务上的表现[1]。该研究利用纯文本场景对 GPT 模型进行测试(图 3-1),其中纵轴为输入模型的故事场景,横轴为模型输入本句的故事场景之后,在预测"她喜欢吃_____"任务中输出"爆米花"或者"巧克力"的概率。

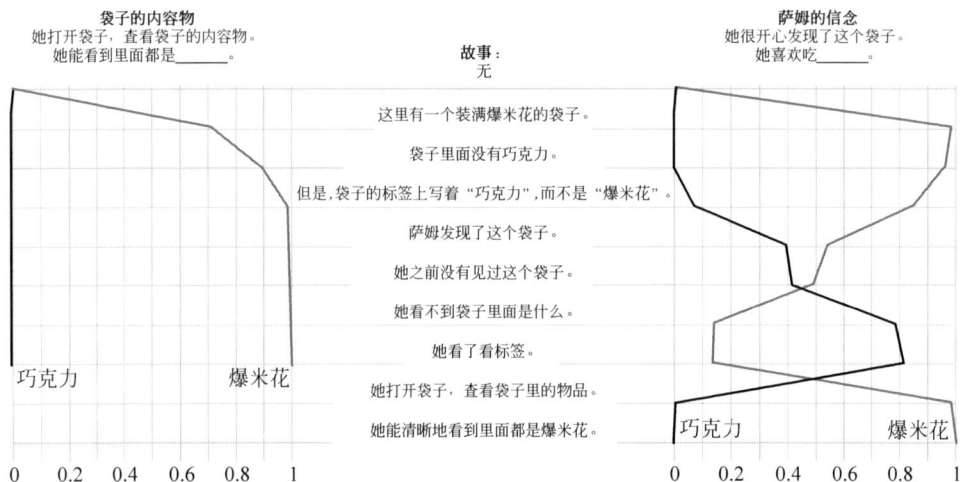

图 3-1　GPT-3.5 在文本预测任务中的具体推测过程

该场景的故事是:"这里有一个装满爆米花的袋子。袋子里没有巧克力。但是,袋子的标签上写着'巧克力',而不是'爆米花'。萨姆发现了这个袋子。她之前从来没有见过这个袋子,她也看不到袋子里有什么。她看了看标签,然后打开了袋子,查看袋子里的物品。她发现里面原来是爆米花。"

在进行文本场景理解的时候,GPT-3.5 需要在这个过程中进行文本预测任务:她很开心发现了这个袋子。她喜欢吃_____。如果要理解这一场景的话,人们可以推理:如果萨姆没有打开袋子之前表现出开心情绪的话,那么萨姆喜欢吃的是巧克力;但是如果萨姆打开袋子,看到里面是爆米花之后仍旧表现出开心情绪的话,那么此时人们应该知道萨姆喜欢吃爆米花。结果发现,GPT-3.5 在这一过程中的预测正确率达到了 93%,这一表现与 9 岁的典型发展儿童相当,这似乎表明基于庞大数据的人工智能模型已经有了某种"心智"推理能力。

谈到"心智"推理能力,首先要介绍一个核心概念,即心智理论。心智理论是一种认知机制,指的是理解他人不同的"信念、欲望、计划、希望、信息和意图"的能力[2],它涉及认知控制、推理等广泛的认知能力。对他人的心理状态进行正确的理解能够帮助人们更好地预测他人的行为,是人类社会技能发展的重要基础。心智理论最早由比较心理学家 Premack 和 Woodruff 于 1978 年提出,他们基于对黑猩猩的社会认知行为的研究,发现黑猩猩不具备"将心理状态归因于自己和他人的能力"(他们称之为"心智理论"),而这种能力关系到人类个体对自己和他人心理状态的理解。该理论后续被引入认知发展研究领域,得到了广泛的关注。

人类本质上是社会性的存在,探索他人的思想也许是人类作为社会人最基本的能力,该能力从出生开始萌芽,可以延续整个生命周期。心智理论的受损可能导致社会互动困难甚至缺陷。理解他人想法、预测他人行为体现了思想从个体层到社会层的转变,这也是人类和灵长类动物认知的关键区别之一,是人类"热认知"(易受情感影响的认知控制能力)的一部分。

鉴于心智理论在个体社会能力发展与社会互动中起着极其重要的作用,对个体心智理论进行评估是十分必要的。心智理论一般通过错误信念任务进行研究[3-5]。在标准的错误信念任务,如图 3-2 中的 Sally-Anne(萨利-安)任务中,被试者会遇到以下情景[3]:萨利把她的小球放在篮子里,然后离开了房间。当萨利不在的时候,安把小球从篮子里拿出来放进了一个盒子里,然后萨利回来了。此时被试者会被问道:萨利会去哪里寻找她的小球?研究普遍发现,典型发展的四岁儿童会回答"去篮子里找",也就是说他们已经可以通过这个错误信念任务,表明四岁的典型发展儿童已经获得表征性的心智理论[6]。

图 3-2 心智理论测试：Sally-Anne（萨利-安）任务

3.2 心智理论研究的进展

3.2.1 外显心智理论和内隐心智理论

目前，除了 Sally-Anne 测试外，许多学者开发了不同类型的任务以评估个体心智理论发展（表 3-1），例如二阶错误信念任务、奇怪故事任务、眼神读心测验等。这些任务用于评估不同年龄阶段的个体理解不同信念、理解非字面陈述及对他人心理状态做出适当推断的能力[7]。

表 3-1　不同类型的心智理论发展测评任务

任 务 名 称	任 务 简 介
二阶错误信念任务	在故事中,被试者需要回答故事中的一个人物是否知道另一个人物的心理状态,如萨利是否觉得安认为小球在篮子里
奇怪故事任务	在故事中,其中一个人说了一句奇怪的话(明明另一个人的帽子不好看,但是却说好看),被试者需要回答这个人说的对不对,以及为什么这个人会这么说(出于礼貌原因)
眼神读心测试	被试者需要根据屏幕上呈现的眼睛部分猜测人物的心理状态

除单个测试任务之外,也有学者致力于将不同的心智理论测试任务进行整合,如 Wellman 和 Liu(2004)考虑到学龄前儿童心智理论推理能力和整体认知发展水平,开发了一组心智理论测试量表(表 3-2),包括“不同的愿望”“不同的信念”“知识获取”“内容错误信念”“明显错误信念”“隐藏情绪”[5]。这些任务分别考察学龄前儿童分辨自我与他人对同一事物不同愿望的能力,分辨自我信念和他人信念并根据他人信念做出选择的能力,在他人从未接触某个物品内容的情况下对他人知识表征的理解能力,对非常规事物的理解能力以及对他人信念的预测能力,对情绪、他人信念、真实情况关系的理解能力及区分内心感觉与情绪外在表现的能力。该系列测验突破了以往单个测验的偏误性,能够更好地反映儿童心智理论在不同阶段及不同方面的发展历程。该系列实验已被多次用于评估孤独症谱系障碍儿童、听力障碍儿童等特殊群体的心智理论发展情况。

表 3-2　心智理论测试量表(Wellman 和 Liu,2004)

测 量 内 容	任 务 描 述
不同的愿望	不同的人喜欢、想要不同的物品。儿童在选择自己喜欢的物品之后,需要预测与自己喜好不同的另一个人选择什么物品
不同的信念	不同的人会对同一事物拥有不同的信念。儿童认为宠物藏在车库中,预测故事中认为宠物藏在灌木丛中的另一个人会从哪里寻找宠物
知识获取	看见就会知道,而看不见就不会知道。儿童看见不透明箱子中有一个玩具,回答没看过箱子内部的另一个人是否知道
内容错误信念	信念可能是错误的(儿童知道事实如何)。儿童看到邦迪盒子中有一个玩具猪,回答没看过里面有什么的人会认为里面是什么
明显错误信念	错误的信念会导致错误的努力(儿童知道事实如何)。儿童知道手套在背包中,预测觉得手套在柜子里的另一个人会从哪里寻找手套
隐藏情绪	人外在表达的情绪可能与内心的真实情绪不同。故事中的男孩收到了一个自己不喜欢的礼物,但是想要隐藏自己的失望。需要预测儿童会外在表现出什么情绪,以及内心的真实情绪

需要注意的是,理解他人的心理状态并非是一个简单、自然而然的过程,尤其是对具有认知功能缺陷的孤独症谱系障碍儿童而言,更加困难。一些早期的研究显示,孤独症谱系障碍儿童在心智理论方面普遍存在缺陷。例如,Baron-Cohen 等

利用 Sally-Anne 测试,对比考察了 20 名孤独症谱系障碍儿童、14 名患有唐氏综合征的儿童和 27 名典型发展儿童[3]。结果显示,23 名典型发展儿童(85%)和 12 名患有唐氏综合征的儿童(86%)在两次实验中都通过了错误信念问题测试。相比之下,虽然孤独症谱系儿童的心理年龄比典型发展儿童和患有唐氏综合征的儿童大,但是 80% 的孤独症谱系障碍儿童在两次实验中均没有通过信念问题测试。该研究表明,孤独症谱系障碍儿童存在一种认知障碍,其心智理论的表现较差,这种认知缺陷并不意味着智力低下,而在很大程度上独立于智力水平,可用于解释孤独症谱系障碍儿童在社会交往方面的能力缺失。Baron-Cohen 等的一项后续研究表明,孤独症谱系障碍儿童在理解叙事和人物信念方面的表现比智力水平更低的患有唐氏综合征的儿童更弱,而且孤独症儿童在主动叙事时也很少使用与心理状态相关的语言,如"想要""觉得""知道"等词汇[8]。Baron-Cohen 进一步提出,孤独症谱系障碍个体在理解他人的心理状态方面存在障碍,也就是 存在"心盲"[9]。

在标准的错误信念任务中,参与者需要提供明确的言语反馈,这可能给年龄较小的典型发展儿童和孤独症儿童造成特定的困难。为了解决该问题,目前在线技术(如眼动追踪)的非语言任务已用于考察儿童的自发/内隐性心智理论发展。Senju 等设计了一个典型的内隐性心智理论任务(图 3-3),呈现给儿童一个连续的事件:一个女孩正在看一个藏在盒子里的物体,然后当女孩看向远方时,该物体被移到另一个盒子里面。这样的设计创造了女孩关于物体位置的一个错误信念:女孩认为小球还在原来的盒子里。女孩会转过头来寻找物体,此时记录下儿童的眼球运动并进行分析,以此推断他们是否根据女孩对物体位置的错误信念自发地预期她的后续行为[10]。采用这种非语言自发错误信念预测任务的研究结果显示,4 岁以下的典型发展儿童,甚至 7 个月的婴儿,已经能够自发地对他人的错误信念进行预测,表明他们具备推理表征他人错误信念的能力[11-13]。相比之下,患有孤独症谱系障碍的人群在显性的标准错误信念任务和隐性的自发错误信念推理任务中都出现了明显的困难。此外,也有研究发现,高功能孤独症谱系障碍个体一般都能通

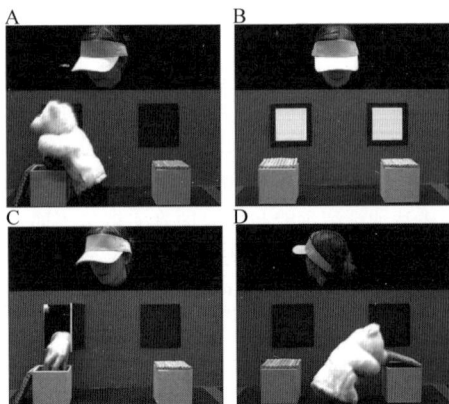

图 3-3　内隐性心智理论推理任务:眼动追踪(Senju 等,2009)

过显性的错误信念任务,但在内隐的信念推理任务中仍然不能表现出自发表征错误信念的行为模式[10,14-15]。

3.2.2　情感心智理论

除了推理他人信念和意图的能力外,心智理论还包括推理他人情绪的能力[16]。人们分别称这两个部分为认知性心智理论和情感性心智理论。情感性心智理论涉及情感的推理,而认知性心智理论则涉及知识、意图和信念的推理[17]。以往研究多侧重于考察认知性心智理论,对情感性心智理论的探究相对较少。情感是从人们对事件的评价中提取出的,经常用作人们对事件直接反应的重要指标。因此,人们对他人情绪的敏感性在社会生活中起着核心作用[18-19]。

以往研究发现,不仅孤独症谱系障碍患者在情感性心智理论推理方面存在问题,抑郁症群体在此方面也存在明显的异常。例如 Mattern 等通过错误信念任务考察了抑郁症成人患者和典型发展成人对照组的情感性和认知性心智理论推理能力[20]。每个错误信念故事都围绕一个主角展开(图 3-4),被试者需要观看三张图

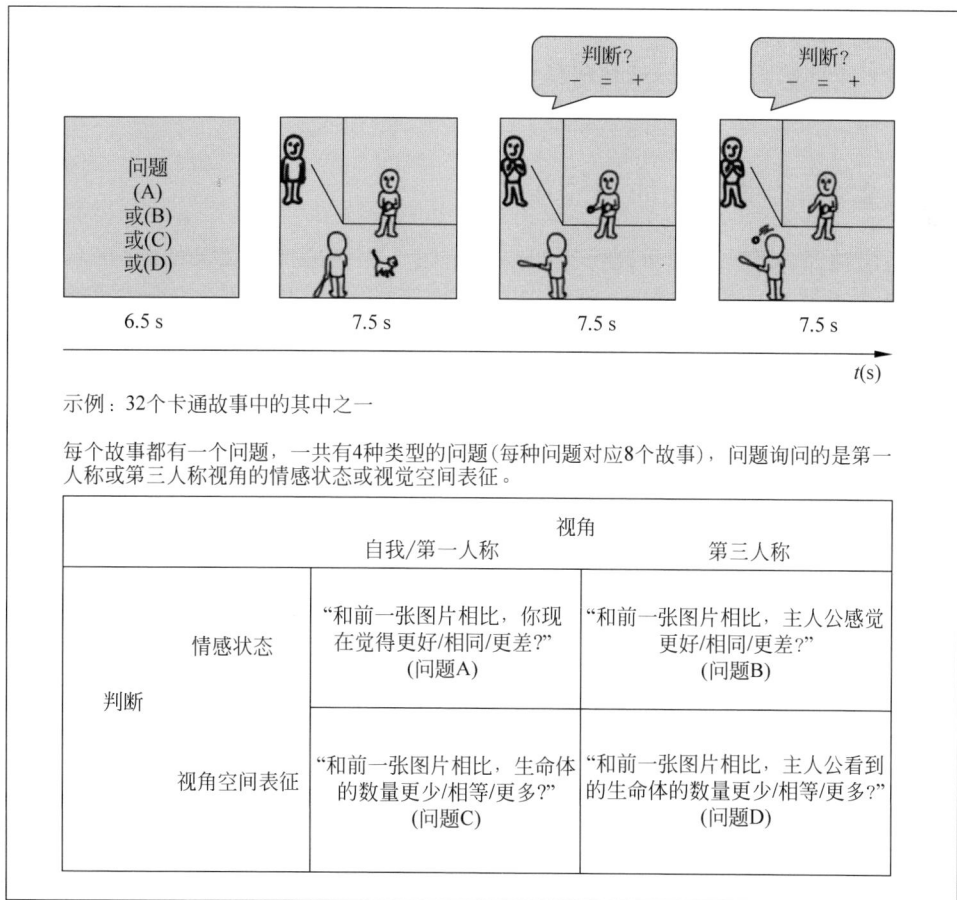

示例:32个卡通故事中的其中之一

每个故事都有一个问题,一共有4种类型的问题(每种问题对应8个故事),问题询问的是第一人称或第三人称视角的情感状态或视觉空间表征。

		视角	
判断		自我/第一人称	第三人称
	情感状态	"和前一张图片相比,你现在觉得更好/相同/更差?"(问题A)	"和前一张图片相比,主人公感觉更好/相同/更差?"(问题B)
	视角空间表征	"和前一张图片相比,生命体的数量更少/相等/更多?"(问题C)	"和前一张图片相比,主人公看到的生命体的数量更少/相等/更多?"(问题D)

图 3-4　抑郁症患者心智理论测试(Mattern 等,2015)

片,回答不同的问题(问题 A/B/C/D)。比如在观看完第二张图片(除主人公外的两个人有可能用球打小狗)之后,判断自己的情感状态(问题 A)或故事中的主人公的情感状态(问题 B)变得更差(—)、不变(=)还是更好(+)。故事中的主人公通过的轮廓较粗,可以明显地与其他的人物区分开。被试者需要观察不同的图片,根据图片中的视觉信息,判断不同图片之间主角的情感变化过程。如在第一张图片中,一个人手中拿着棒球杆,另一个人手中拿着一个球,他们的旁边有一只小狗,旁边的主角在观察这个场景。这个场景可能暗示着拿棒球杆的这个人要去打狗,而这种行为会给主角带来负面的情感。而第二张图片表明,这两个人只是在打棒球,并不是要打狗,这种行为应该不会给主角带来负面的影响。被试者需要做的是回答一些询问本人或故事中主人公情感状态的问题,如"主人公此时的感觉(第二张图片)与之前第一张图片的感觉一样吗?"结果发现,与对照组相比,抑郁症患者的情感性和认知性心智理论推理能力都存在明显缺陷,在情感性心智理论方面的问题尤为突出,该缺陷可能与抑郁症群体本身的情感障碍问题存在关联。此外,针对抑郁症患者心智理论发展的元分析发现,被诊断为严重抑郁障碍的临床患者与健康对照组相比,在心智理论测量任务中的表现显著下降;并且抑郁症状越严重,心智理论表现的缺陷越明显,这种缺陷在衡量认知性和情感性心智理论的任务中都显著存在[21]。

3.2.3　心智理论的神经基础

目前神经科学方面的研究已经初步确定与心智理论推理相关的脑区。例如,阿布-阿克尔(Abu-Akel)和沙迈-楚里(Shamay-Tsoory)提出的神经生物学模型(图 3-5)讨论了不同的心智理论组成成分特定的脑区,以及这些脑区在不同心智理论推理步骤中的具体作用,阐释了它们如何受到注意力和神经生物系统的影响[22]。认知性心智理论网络主要涉及背内侧前额叶皮层、背侧前扣带皮层和背纹状体;情感性心智理论网络主要涉及腹内侧和眶额皮层、腹侧前扣带皮层、杏仁核和腹侧纹状体。自我和他人心理状态的表征由心智理论网络中不同的脑区进行处理,区分自我和他人心理状态的能力受颞顶联合皮质和前扣带皮层的功能交互作用调控,这两个区域构成了一个存在功能互动的背侧和腹侧注意/选择系统。此外,心智理论推理依赖多巴胺和 5-羟色胺系统的整合,这两个系统主要参与心理状态的保持和应用。

这些脑区域之间通过神经网络相互连接,形成一个复杂的神经系统,共同支持个体对他人心理状态的理解和推测。需要指出的是,心智理论的神经基础仍然是一个活跃的研究领域,科学家对这一领域的理解仍在不断发展。

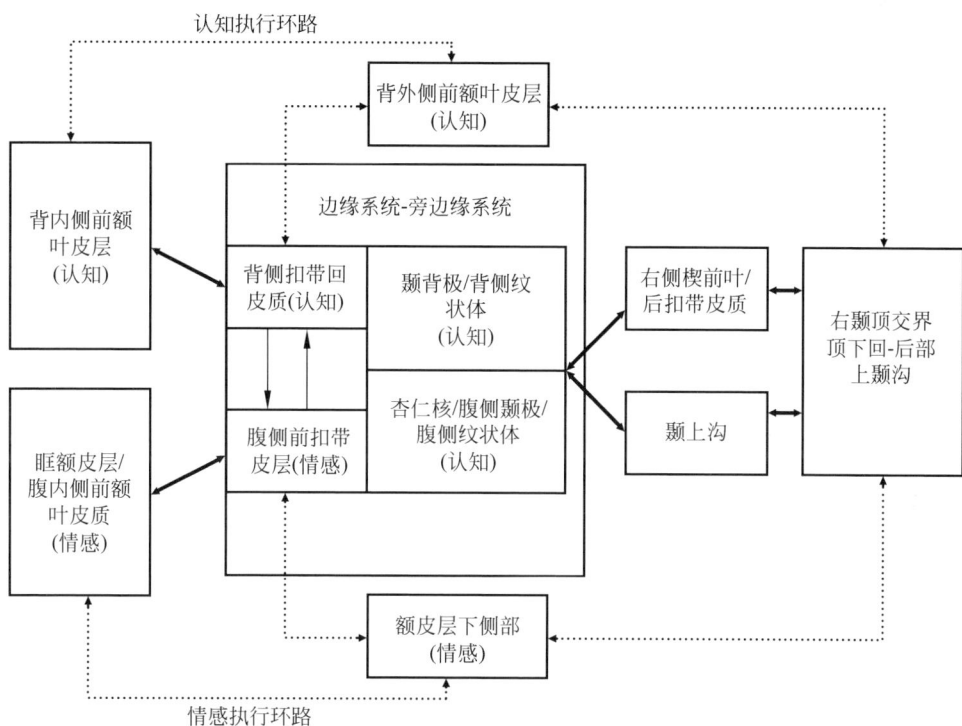

图 3-5　认知性和情感性心智理论对应脑区（Abu-Akel 和 Shamay-Tsoory，2011）

3.3　心智理论与人工智能的结合

　　人工智能在多方面为人类生活带来质的变化，而人工智能的飞速发展也让人们对其所能取得的成就产生了过度自信：人们期待不久的未来，机器人可以代替人类完成机械化劳作，使人类从无聊的重复作业中脱身，实现更高的人生追求；人工智能老师可以根据学生的能力水平匹配适应的学习材料和教学方式，实现真正的一对一私人定制教育；人工智能不仅能满足人类基本的生活需求，还能理解人们的想法情感，倾听人们的内心感受；人们也期待自动驾驶的汽车可以出现在道路上，而无须自己主动操作方向盘，只需要坐在车里悠闲地享受。然而，近年来智能汽车事故频发，让人们开始质疑这项技术的实际应用前景。更令人意想不到的是，这些事故并非发生在任务难度要求高、存在潜在危险的场景，而是发生在一些计算机视觉领域最简单、最基础的任务中，如目标检测或障碍跟踪和回避。而如果真的面临高风险情境，人工智能做出最安全的部署就需要更复杂、更高级的功能。人工智能汽车需要对人类的行为、车辆的行为进行实时监控，并且做出可靠的预测，以便提前调整速度和路线。虽然目前的深度神经网络可以有效地识别媒体视频中的人类运动模式，然而人类运动模式在某一段时间内并非一成不变的，而是会根据自己的状态、想法和动机及周围的事物改变想法。

例如,本来早晨与小狗一起遛弯的老人,应该沿着人行道继续行进,然而此时老人可能突然饿了,他看到对面的早餐店,于是决定去马路对面吃个早餐。但是他走过去之后,发现小狗还停留在大路中央,而不远处有一辆轿车飞驰而来,老大爷瞬间冲了出去要去救小狗。

在这种复杂的环境中,如果不考虑环境的特质及与主体的相关性,单纯依靠过去观察到的运动轨迹进行预测显然是不够可靠的。与灵活性不足的人工智能相反的是,人类可以根据周围环境和对他人的想法、动机等的表征,预测他人可能采取的行为。

由此可见,单纯的模式识别无法准确预测人类复杂和自发的行为,人类目前也无法放心地将汽车驾驶、金融保险、医疗健康等决策权交给人工智能,因为人工智能算法的可解释性仍然较差。为了让人工智能的表征和预测更可靠,在增强人工智能"冷认知"(独立于情感、心理状态的信息处理过程)的同时,也需要关注人类的"热认知"(一个人的思维如何受其情绪状态、心理状态的影响),这样才能使人工智能应用于更广泛的环境。因此,如果人工智能要真正融入人类复杂多变的环境之中,研发者必须考虑人工智能中的心智理论问题。对该问题的深入探讨也必将为人类社会带来诸多的益处。例如,搭载心智理论的人工智能可能在特殊群体的医疗服务中发挥重要作用,比如可以用于与患有抑郁症、孤独症谱系障碍个体的互动中,人工智能可以理解特殊群体的情感和心理状态,并基于此选择与其互动沟通的策略,这种互动的方式也可以进一步提高治疗的效果,实现真正的基于人机交互和互相信任的沟通。更重要的是,当机器真正拥有心智理论之后,它就不仅能够预测一个人未来的行为,还能够为观察到的行为提供解释,将现象与本质联系起来。人类也能更了解机器看待世界的方式及其决策背后的依据,更信赖机器做出的各种决策。

然而,到目前为止,人工智能主要专注于"冷认知"部分,尤其是如何从客观的数据中提取相关信息。不能否认的是,人工智能在这一方面取得了许多显著的成果。然而,人类到底如何表征世界、表征他人的心理状态,却没有得到足够的重视,因此以往绝大多数人工智能工作都不能模拟人类大脑的真实功能。

3.3.1 心智理论计算模型

1. 理性思维的自适应控制-理性分析模型

为了更好地探求人类行为的本质及其认知机制,有必要将人类的认知机制整合到人工智能建模中。基于这一考量,美国人工智能专家、心理学家 Anderson 等提出了人类认知结构的理论和计算模型"理性思维的自适应控制-理性分析"(Adaptive control of thought-rational,ACT-R)理论(图 3-6),试图促进对人类认知机制的了解,理解人类获取和组织知识的过程,对感觉和注意、学习和记忆、问题解决和决策、语言加工等人类认知现象进行整合,模拟人类在各种认知任务中的表现,模型强调对认知活动的自适应控制[23]。它使用基于子目标网络的产生式规则表示知识,并通过执行模块化的任务执行操作模拟认知过程。ACT-R 的目标是通过模拟人类认知的微观层面,为理解和预测认知活动提供一种框架。这一理论基于两个关键的假设,即理性原则假设及陈述性知识和程序性知识的区分。其理论框架在基于神经生物学的研究成果中得到了验证。

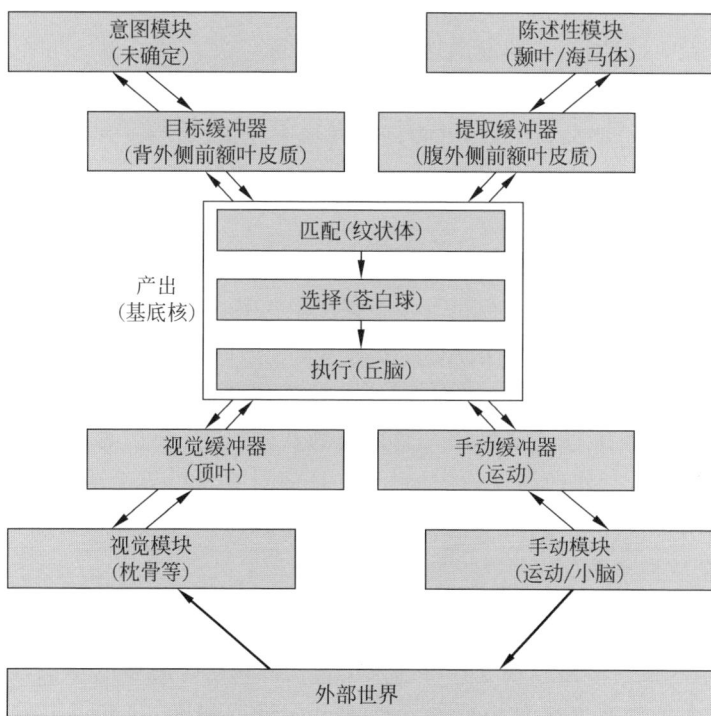

图 3-6   ACT-R 5.0 组织架构(Anderson 等,2004)

如图 3-6 所示,ACT-R 5.0 包括追踪目标和意图的意图模块、从记忆中提取信息的陈述性模块、识别视野中物体的视觉模块、负责运动的手动模块等一系列模块,每个模块独立工作,中央产生系统通过存储在缓冲器中的信息协调各模块的行为。这些缓冲器具有一定的神经生物学基础,与特定的大脑皮层区域密切相关。例如,存储当前任务目标信息的目标缓冲器与背侧前额叶皮质有关,从记忆中提取信息的提取缓存器与腹外侧前额叶皮质相关,运动相关的手动缓冲器与运动及躯体相关的大脑皮层有关,而视觉缓冲器则分别与背侧流及腹侧流路径相关。一般而言,信息储存于缓冲器中,核心产生式系统识别缓冲器中的模式,在基底神经节(执行模式识别功能的纹状体、执行冲突解决功能的苍白球、控制动作产生和执行的丘脑)的帮助下实现产生式规则,更新缓冲器并使之用于新的循环。在该过程中,串行加工和并行加工是共存的。

现实世界的高度复杂性对人工智能准确预测提出了极高的需求,而 ACT-R 在解决复杂的现实世界任务中拥有极大的潜力。Anderson 等通过防空作战协调员一例阐释了 ACT-R 如何用于解决复杂的现实世界任务[23]。由于防空作战等相关任务拥有高目标导向性、高感知要求及强时间压力,需要丰富的陈述性知识与大量的练习,相关任务很适合检验 ACT-R 模块整合的效果。一般来说,在具体的作战场景中,防空作战协调员需要识别各种飞机的轨迹意图及其机身类型,以保护母舰。在该过程中,识别任务的准确性尤为重要,可以进一步分解为 5 个子任务,即选择、搜索、启动、分类与保存。Anderson 等招募了 16 名被试者,被试者需要记忆指令、识别轨迹与分类轨迹,并将其表现与模型表现进行比较[23]。结果发现,模型表现与被试者表现之间的拟合程度较好,表明 ACT-R 能够在一定程度上模拟人类的认知过程。

ACT-R 已广泛用于模拟人类认知过程,通过对学习、问题解决、决策等认知活动进行建模,为研究人类认知提供了一个强大的工具,可用于设计和评估各种认知任务,后续的相关研究也多参考 ACT-R 的理念。然而需要注意的是,ACT-R 的模型很大程度上基于特定任务的规则,因此在处理广泛的认知任务时可能存在泛化问题。ACT-R 并不能够完全解释人类复杂的认知机制,模型的灵活性仍然不足,无法表现出像人类一样的高度适应性,尤其是面对真实世界中变化快速的情境时面临明显的困难。此外,该模型也不能进行情感、心理状态、意识等更高层次的表征,这无疑会使模型的鲁棒性大打折扣。

2. 贝叶斯心智理论模型

近年来,人类的情感心理过程得到人工智能领域越来越多的重视,已有多项研究试图利用人工智能方法对心智理论推理过程进行建模,并取得了显著的成效。最早的代表性研究来自 Ullman 等 2009 年的一项实验,该实验将社会心智推理模拟为马尔可夫决策的逆向规划,训练模型将不同的目标归因至场景中不同的个体,以预测某一个体行为产生的原因[24](图 3-7)。模型运用了贝叶斯概率理论的原理,用于理解个体是如何感知和推断他人心理状态的。贝叶斯方法认为,个体使用先验知识,并整合新信息,通过概率推断他人的心理状态。它将心理状态视为一个概率推断系统,不断更新对他人心理状态的信念。

模型假设个体会在给定的环境约束中采取理性行为,以此推断最可能驱动某一个体行为的目标。在实验中,被试者需要观看测试视频,每个视频包含一个"简单主体"和一个"复杂主体"。被试者在观看简短的视频片段后,需要判断画面中主体的目标。被试者的表现会与马尔可夫逆向规划模型和基于简单视觉线索的模型预测进行比较,以此判断模型与人类表现的一致性。

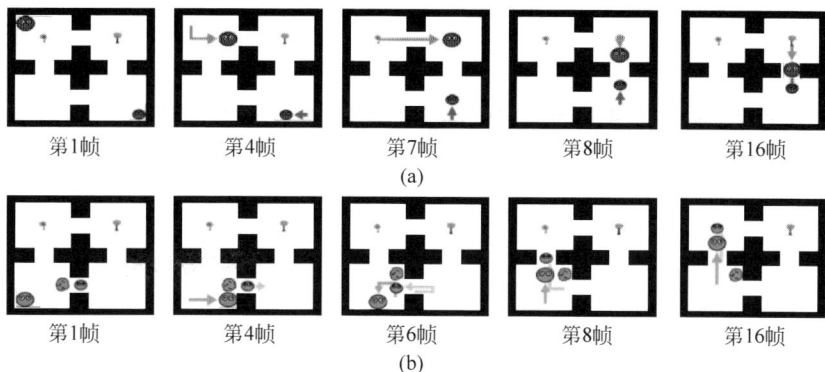

第1帧　　　　第4帧　　　　第7帧　　　　第8帧　　　　第16帧
(a)

第1帧　　　　第4帧　　　　第6帧　　　　第8帧　　　　第16帧
(b)

图 3-7　逆向规划社会心智推理实验(Ullman 等,2009)(见文前彩图)

(a) 情景 6；(b) 情景 19

图 3-7 所示画面中存在大小不同的主体,即红色/黄色小主体和蓝色/绿色大主体。大小两个主体开始时如第 1 帧所示,会沿着相应的彩色路径进行移动。第 1帧之后的每一帧都对应一个探针点,在探针点上,视频被切断,被试者需要判断画面中主体的目标。在情景(a)中的 1~7 帧,大主体朝着不同的目标物体移动(左边的花、右边的树和红色的小主体),因此最初具体的目标是什么并不清楚。关键发生在第 8 帧,此时大主体向下移动,阻止小主体继续前进,在这一情境中大主体阻碍小主体的行动;在情景(b)的 1~6 帧中,大主体移动巨石、疏通小主体通向花的最短路径。在小主体移动到与大主体同一空间之后,大主体会把它推到花所在的空间,让它在那里休息,所以在这一情境中,大主体起到的是帮助作用。

实验结果表明,马尔可夫逆向规划模型与人类的判断存在高度相关性,这一模型能够将多种多样的个体互动归类为帮助或阻碍作用,而且在区分帮助和阻碍作用方面的表现远远高于仅基于视觉线索的模型。本研究将目标归因模拟成马尔可夫决策过程,实验任务体现了极强的目标导向,而且模拟了帮助或阻碍这一社交场景中的重要因素,但是并不涉及更高阶的信念推理过程,也并未对主体的心理状态进行真正的表征。此外,整体的过程是对行为目标的逆向推理,而非基于线索对未来行为的主动预测。

贝叶斯心智理论包含以下几个关键因素。

(1) 先验信念:个体从先前的经验、文化和一般知识中获得关于他人心理状态的先验信念或期望。

(2) 似然性:随着新信息的出现,个体根据观察到的情境评估不同心理状态的可能性,这些推断是基于概率的。

(3) 贝叶斯推理:贝叶斯更新通过将先验信念与观察情境的似然性结合起来,得到的后验信念代表个体对他人心理状态的更新理解。

(4) 最优推断:个体通过整合所有可用信息,即使面临不确定性,也会努力做出最优推断。

Baker 等 2011 年发表的一项研究将人类信念推理过程纳入其中,并利用贝叶斯推理原理对信念-愿望进行重构,基于此提出了贝叶斯心智理论模型(图 3-8)[25]。该研究关注的是核心心理认知能力,即基于感知、行为和物理世界形成信念,并与视线范围内具有相似信念、欲望和感知的其他主体进行互动的能力,也就是前文所说的心智理论。在该模型中,环境和个体都会有特定的初始状态,而基于理性信念原则,个体会形成对环境的信念,也会形成自己的欲望,最终通过理性行为原则采取适当的行动。这里需要说明的是,个体的欲望是出于内心的想法,基于个体需求形成的;而信念与欲望不同的是,信念是通过直接观察外部世界或间接从他人口中接收信息形成的,这种信念可以为真,也可以为假。信念是比欲望更高级、更抽象的一种认知过程。贝叶斯心智理论模型可以将心智理论中核心的基于信念的欲望所采取行为的预测模拟为部分可观察的马尔可夫决策过程,并利用贝叶斯推理,基于某情境中对个体行为的观察,对个体的信念和奖励函数进行重构。本研究中的实验与 Ullman 等(2009)的实验类似,通过向被试者展示个体在简单情境中移动的轨迹,要求被试者对个体的目标和信念进行推测,并将其与贝叶斯心智理论模型的表现进行对比。

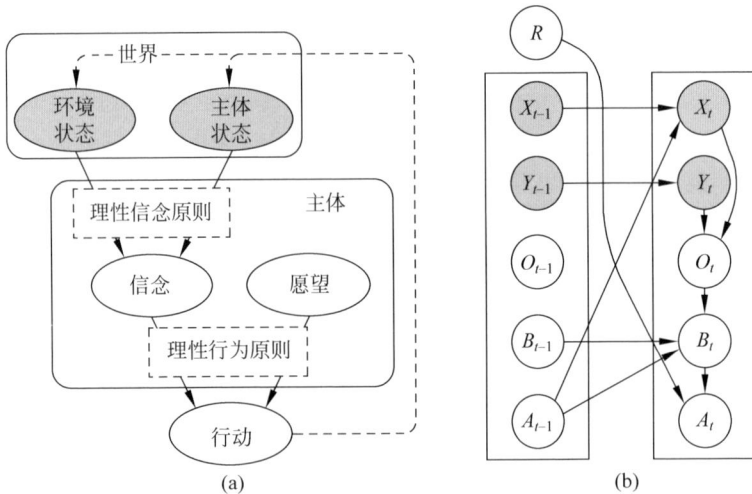

图 3-8　贝叶斯心智理论模型(**Baker 等**,**2011**)

被试者看到的实验场景是一个简单的空间环境(如大学校园,图 3-9):校园中有一栋大楼、不同的餐车和移动的智能主体。这里的智能主体是一名饥饿的研究生,这位研究生离开了他的办公室,在校园里行走,寻找他想吃的午餐。校园里有 3 辆餐车:韩国菜(K)、黎巴嫩菜(L)和墨西哥菜(M),但只有两个允许卡车停放的停车点,也就是图 3-9 中的左下和右下两处位置。学生的视野是图中的非阴影区域。

在这一场景中,学生最初只能看到韩国菜的位置,而不能看到黎巴嫩菜的位置。因为学生能看到韩国菜,所以他知道大楼后面的位置要么是黎巴嫩菜或墨西

图 3-9　欲望-信念推理实验场景（Baker 等，2011）

哥菜，要么是空的。到了第 10 帧，学生经过韩国菜的位置却没有在此停留，这表明他要么想要吃黎巴嫩菜，要么想吃墨西哥菜，或者两者都想吃，而不想吃韩国菜，而且他相信自己想吃的餐车很可能在大楼后面（否则，根据理性行动原则，他会直接在韩国菜处停留）。到了视频的第 15 帧，他看到黎巴嫩菜之后又转回到韩国菜的位置，这表明这位学生更喜欢韩国菜而不是黎巴嫩菜。其中欲望推理体现为模型需要推测画面中的学生主体想吃哪种菜，而信念推理则体现为模型需要推测学生主体觉得自己喜欢吃的菜在哪里。

结果表明，贝叶斯心智理论模型对个体欲望的判断相对较好，而对个体的初始信念的判断则较差。相比不考虑主体信念的模型及不考虑主体在环境中动态观察的模型这一模型表现更好，这表明模型在一定程度上能够模拟人类的认知过程。且欲望-信念的不对称性也符合以往对人类心智理论发展研究的发现：人们对个体欲望的推断比对信念的推断更早出现。5 个月大的婴儿就能从他人行为中推断出目标[26]，而真正涉及信念的推断似乎在 1 岁半时才以基础的形式出现，真正的灵活表征要到 4 岁时才慢慢发展成熟[11]。人类有意的行动是个体信念和欲望的共同结果，但从行为推测信念比从行为推测欲望更困难。因为某种行为往往有突出的知觉线索直接指向个体的目标或期望状态，比如当一个人想喝酒的时候，她的手会明显地移向桌上的杯子。相比之下，没有任何动作能直接表明她认为杯子里会有什么。

贝叶斯心智理论模型的创新点在于引入了信念这一人类高级社会认知的关键因素，因此其实验场景与其他相关实验相比，不只包括低层次的感知，也包括高层次的信念推理。但是，该模型对信念表征预测的结果与欲望表征相比仍然较差，这虽然符合人工智能在表征人类信念状态时存在的困境，但并不是人们理想的结果。此外，与 Ullman 等的实验[24]相同，这两个研究都是根据行为反推原因（目标、信念）的过程，而非在场景中更常见的根据他人的目标、信念和其他心理状态对其可能要采取行为的主动预测。

贝叶斯心智理论已应用于解释各种社交和认知现象，包括人们如何理解和预测他人的行为、推断他人的意图及应对社交互动。在设计人机互动智能系统时，贝叶斯心智理论有助于模拟用户的心理状态，以改善系统的响应和适应性，有助于系统更好地理解用户的意图和需求。贝叶斯心智理论为研究社会认知中心理状态归因的复杂过程提供了一个形式化的、可计算的框架,但也存在一些不足。例如,贝叶斯心智理论的模型通常涉及复杂的概率计算和推理过程,这使其在实际应用中的实施和解释变得相对困难。特别是在涉及多个因素和互动的真实社交情境中,模型可能变得非常庞大和复杂。此外,贝叶斯心智理论的一些模型可能对真实社交情境进行了过度简化,忽略了一些真实社交互动中的复杂因素,例如情感表达和非语言交流。与 ACT-R 相比,贝叶斯心智理论没有提供关于大脑如何实际执行这些推断的详细神经生物学解释,这使该理论在神经科学领域的应用受到较大的限制。

3. 心智理论神经网络

除了将人类心智理论模拟为贝叶斯推理过程,其他研究者也通过各种方式模拟人类社会心智工作机制。Rabinowitz 等的研究[27]认为,机器心智理论本质上是一个元学习的问题。元学习的概念源自人类和动物学习过程中的适应性和灵活性,即通过经验积累更快地适应环境和任务。在人工智能领域,元学习的核心思想是通过在多个任务上的训练,使模型能学到一般性的知识或策略,这些知识或策略可以迁移至新的、未见过的任务。

在这个研究中,研究者构建了一个心智理论神经网络 ToMnet(图 3-10),并通过一系列实验证明这一网络具有心智推理能力。这一网络由三个神经网络组成,每个神经网络又由小的计算单元连接组成。神经网络从经验中学习,与人脑的运作方式类似。第一个神经网络 char net 根据他人过去的行为了解其倾向,第二个神经网络 mental net 负责理解他人当前的想法,而第三个神经网络 prediction net 则负责分析来自另外两个网络的数据,并预测智能体的下一步行动。

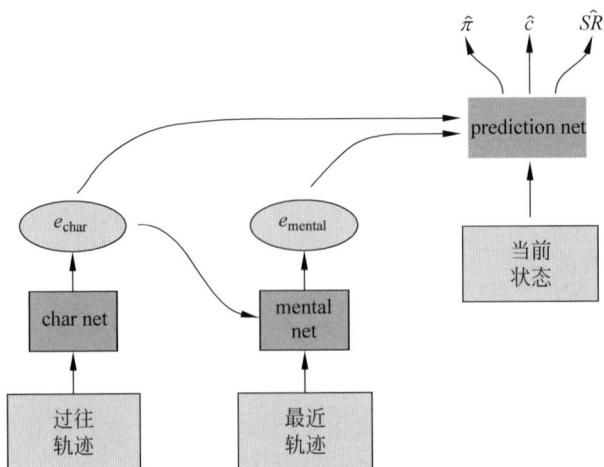

图 3-10　ToMnet 的架构(Rabinowitz 等,2018)

该网络采用元学习的方法,通过观察分析智能体的行为表现,构建智能体所处情景的模型。通过这一方法,ToMnet 获得了一个关于智能体行为的强大先验模型,这使它能够通过少量行为观察预测智能体的特征和心理状态。研究者将 ToMnet 应用于简单的格子环境进行测试,发现模型能够学习并模拟不同类型的智能体,且能够通过心智理论任务,如前文所说的 Sally-Anne 任务[3]。

在具体的元学习任务中,研究者创造了一个观察者角色,该观察者能够追踪视频中智能体的行为轨迹。训练的目标是使观察者基于有限数据形成对智能体行为的准确预测。在训练过程中,观察者应该能够从有限的数据中形成对智能体行为的预测。研究者基于 ToMnet 进行了一系列难度递增的实验,其中包括体现错误信念表征的任务。例如,图 3-11 所示的场景中,图 3-11(a)所示的是智能体(箭头)寻找子目标(星星)的轨迹,目标可能藏在不同格子的旁边。需要注意的是,观察者智能体的视野范围是受限的,深灰色区域目前处于视野范围之外,浅灰色区域是之前观察过但现在已经看不见的区域。图 3-11(b)所示的是当智能体获得子目标后(图中的黑点),有小概率其他的物体会立即交换位置(如第二幅图中 4 个方块的位置发生了变化),左图的位置交换发生在智能体视线范围之内,而右边的位置交换则发生在视线范围之外,因为位置交换可能在智能体的视线范围之外,所以智能体观察不到不同方块的位置已经发生变化,因此会对物体的位置产生错误的信念,这种错误的信念会导致接下来智能体还会根据原来的轨迹寻找目标。图 3-11(c)展示的是交换位置对智能体接下来所采取策略产生的影响,如果智能体能看到位置交换,则会更换自己的策略寻找目标;如果智能体不能看到位置交换,会继续根据原来的策略寻找目标,而图 3-11(d)展示的是交换位置对智能体表征当前环境产生的影响。这一场景的关键之处在于其模拟了心智理论中的关键部分:错误信念表征,而这也是以往模型未取得突破的地方。

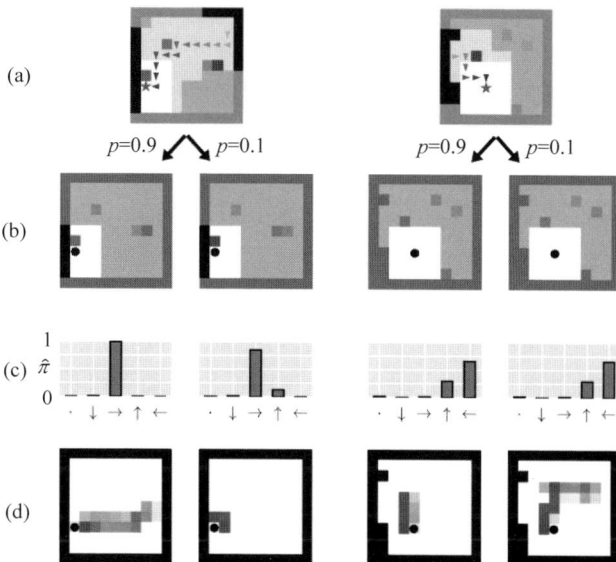

图 3-11　子任务的环境,智能体可能产生对环境的错误认知(Rabinowitz 等,2018)

(a)最近轨迹;(b)当前状态;(c)行动;(d)经验 SR

实验结果表明,ToMnet 在一系列任务中表现出较好的学习能力,能够根据智能体的行为推测智能体观察到了什么、拥有什么样的信念,以及接下来会采取什么行动。研究者认为,智能体自主学习如何模拟世界中的其他智能体是开发多智能体人工智能系统、构建人机交互的关键技术,也是提升人工智能可解释性的重要一步。然而,ToMnet 使用元学习方法,利用大量的任务训练神经网络中的参数,本质上还是一种基于数据的无模型方法,缺乏认知模型的指导,无法模拟人类的认知过程。此外,ToMnet 的一系列实验仍然比较简单,其应用的范围有待扩大,要达到人类的能力水平还有很长的一段路要走。

4. 机器人观察者模型

目前已有相关研究将心智理论实际应用于机器人,如 Chen、Vondrick 和 Lipson 的研究考察了机器人是否能够仅通过视觉观察正确理解和预测其他机器人的目标[28]。研究人员首先设计了一个行动者机器人,并把它放置在围栏中(图 3-12)。随后,它们为行动者机器人设定了程序,其目标是寻找圆圈(食物),并朝着圆圈移动。

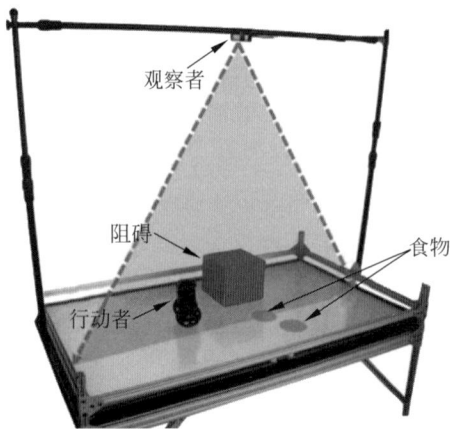

图 3-12 实验过程图

但是场景并非如此简单:有时行动者机器人与圆圈之间毫无阻碍,可以直接向目标物移动;然而有时圆圈会被一个体积更大的纸箱遮住,此时行动者机器人可能会转向另一个圆圈或者停止移动。除了在寻找目标的行动者机器人外,场景中还有另一个观察者机器人:它通过视觉观察推测行动者机器人可能会采取的行为。这里有一个关键的操控:尽管观察者机器人在视线范围内始终能够看到圆圈,但由于障碍物的存在,行动者机器人有时可能看不到圆圈。

在观察者机器人看到行动者机器人移动之后,需要预测行动者机器人的目标和前进方向。结果发现,观察者机器人在不同情况下预测行动者机器人目标和路径的成功率高达 98%。这表明,机器人可以从另一个机器人的角度观察和表征世界,并基于此对其他机器人的行为进行准确预测。然而,与前文中的研究相同,本实验仍然是基于视觉线索的目标导向行为推测,比人类实际的行为和目标简单得多,其中并不涉及心智理论中最重要的信念和情感表征的问题,其表征仍停留在低阶的视觉感知和基于此的推理过程。

5. "五心"模型

我国学者在将心智理论融入人工智能中也发挥着重要作用,其中最具代表性的是朱松纯团队的研究结果。如在 Fan 等的研究中,研究者提出了"五心"模型,在模型中融入了注意、信念和意图,强调非语言交流在人类社交中的作用,并通过社交场景训练使机器预测人类社交行为[29]。"五心"(图 3-13)具体指的是:当 A、B 两人在同一空间进行交流时,A 拥有自己对世界的看法和认知,称为 A 的心智 m^1;同理,B 也拥有自己的心智 m^2。与此同时,A 会尝试理解和预测 B 的心理状态 m^2,形成心智 m^{12};反之,B 也会对 A 的心理状态进行推测,形成心智 m^{21}。除此之外,A 和 B 之间还存在一些共享、"透明"的信息,这部分构成他们的共同心智,用 m^c 表示。社会互动中产生的三种沟通事件(分别是无沟通、注意追踪和共同注意)导致智能体的信念动态(顶部)。该研究提出了全新的结构性心智表征"五心",以及一种基于层级性能量模型的信念动态学习和推断算法,该模型跟踪的是:每个智能体的心理状态(m^1 和 m^2),他们对其他智能体心理状态的估计信念(m^{12} 和 m^{21}),以及共同心智(m^c)。

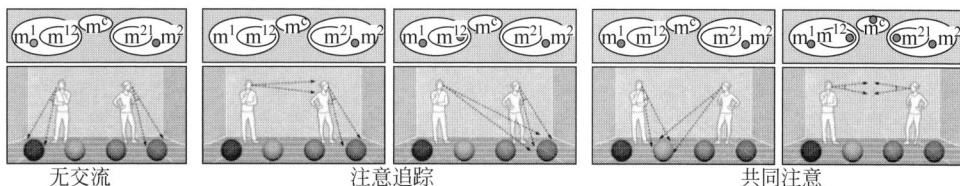

图 3-13　非语言交流的三元信念动态和"五心"模型

该研究专门拍摄并创建了一个数据集,对数据集进行多层次解析和标注。基于贝叶斯的层次能量模型,研究者构建了一个六层次的解析图,以层次化的方式表征视频中的社会互动场景,见图 3-14。V 表示层次结构中的顶点集。根节点 V_r 对应整个视频。信念动态的集合 V_b 来源于较低层次的沟通事件。V_e 中的沟通事件分解为 V_s 中的较低层次交互片段;这些片段是未经监督学习的社会基本元素。场景的每一帧在 V_f 中进一步分解为 V_t 中的多个终端节点,这些节点基于从视频中检测到的实体。V_e 层中的点表示沟通事件触发的信念变化。解析图的最底层包括检测到的人和物体及提取的关键特征,它们构成视频的每一帧;上一层则表征视频的时序分段;再上一层负责识别每一阶段发生的三种基本交流事件:无沟通、注意追踪和共同注意。而最顶层表征哪些交流事件导致何种信念变化。实验结果表明,该研究提出的算法最接近人类的表现,能够提出故事中最关键的帧。

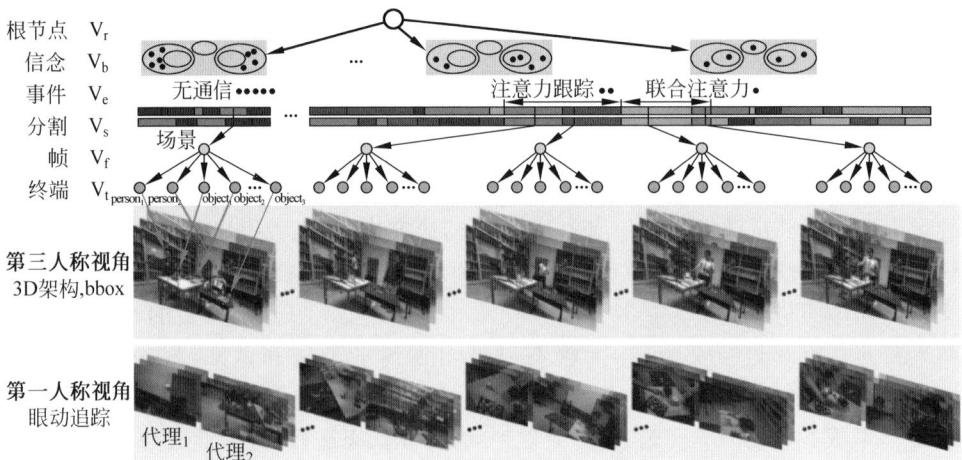

图 3-14　多层次解析图模型

　　该研究通过多层次解析的方式,从最底层的模式识别出发,逐步过渡到更高层次的认知表征。因为机器智能尚未达到与人类智能相匹配的水平,它们无法直接感知特定的模式变化背后暗含的心智变化,这就要求在进行实际处理的时候必须从最底层的模式识别开始,为之后更高级的任务奠定基础,这样才能理解检测到的人和物体之间发生的交互,这些交互会导致什么样的信念变化,而这些信念变化又会对行为产生什么影响。然而,该研究关注心智理论中的信念模块,注意力、意图和情感模块虽然会在过程中有所体现,但是并没有具体展开,仍需进行进一步的研究,以确定不同模块在心智理论推理中的作用。

6. 可解释人机信任模型

　　此外,朱松纯团队提出了一个新的可解释人机信任模型 CX-ToM,它将"心智理论"和"反事实解释"(通过假设与现实相反的情况理解和解释世界)集成到同一解释框架中。该模型能够解释卷积神经网络(convolutional neural networks, CNN)在图像识别任务中的决策过程,从而提升人类对神经网络的信任度[30]。CX-ToM 模型的一大亮点是将"解释"定义为基于人机交互的多轮对话过程。尽管基于大数据训练的神经网络模型这两年已经发展到成千上万亿的参数规模,但是其内部的演算机制仍然无法解释,在获取人类的信任方面效果甚微。而 CX-ToM 模型不仅将反事实解释应用于图像识别任务,还创造性地引入心智理论这一概念,实验结果也表明这能够极大提升人类对神经网络的信任。

　　例如,在图 3-15 左上方的图片中,草原上站着一只长着鹿角的鹿。CNN 模型能够识别出这是一只鹿,但也可能会将其识别为袋鼠或斑马,什么因素导致模型给出错误的判断呢?目前人们并不知道模型给出决策的背后原因,因为模型本身只是基于概率选择可能性最大的结果。而在 CX-ToM 模型中,用户询问机器:为什么这幅图像的识别结果是鹿,而不是袋鼠呢? 模型需要向用户报告其推理预测依赖的区别性语义特征,如果人们对模型的回答感到不满意,则可以继续追问,直到模型产出最令人满意的解释。在这个过程中,机器需要理解人类的意图,揣摩人类让其继续回答的原因,给出最符合人类要求的解释。

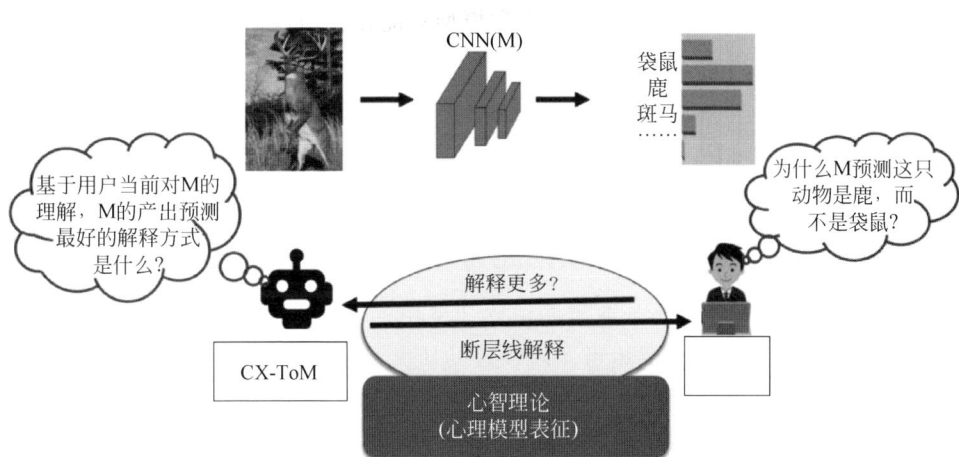

图 3-15　CX-ToM 人机交互过程示例

在实验中,研究者招募了 60 位具有计算机视觉相关背景(在卷积神经网络训练图像识别模型方面有着丰富的实践经验)的专家用户,以及 150 位无计算机视觉或其他人工智能领域背景的非专家用户,让用户与机器进行上文提到的人机交互。研究者使用定性与定量相结合的评估方法,对 CX-ToM 模型和其他模型进行比较实验。实验结果显示,无论是专家还是非专家用户,都认为在基于心智理论人机交互对话的环境中,与机器进行多轮沟通过程中,机器提供的越来越高质量的反馈能够提升他们的好感度。同时,机器对结果进行详细的、易于理解的解释,有助于用户更深入地理解神经网络模型做出图像识别决策的背后依据,在这个过程中用户对机器的信任度大幅度提高。

CX-ToM 通过引入交互式解释体现了人机对话的互动性,体现了机器与人之间的沟通协作,为今后人机交互的实际应用提供了诸多启发。以上努力表明,人工智能研究已经踏上整合心智理论的道路。研究者意识到了信念、目标、情感在人类世界中的重要作用,也想将这些过程融入人工智能建模的过程,使机器能够更好地模拟人类的智能,提升模型的可解释性,增强人类与机器之间的相互信任。但是不难发现,心智理论并没有真正地整合到建模中。虽然部分实验任务体现了信念和欲望推理的过程,但仍基于视觉线索的推理任务,并不能解释模型进行推理时的内部机制,大多数研究还是用心智理论解释机器学习算法,缺少心智理论对网络设计的指导。总体而言,目前包含信念表征的心智理论对于人工智能模型来说仍是一个难题。

此外,目前的机器学习系统必须基于数以亿计的图片或游戏进行训练,才能提取图片中的统计模式,然后利用这些模式对某一类别的新例子进行分类,为了让机器学习,必须为呈现给机器的每张图片提供一个标签,这样训练出来的模型主要利用数据驱动的先验,而不是从高层次的人类先验知识中进行学习。模型的知识在很多情况下仍然是非常有限的,且大多数模型只能在类似任务中进行推广,并不能有效地延伸到其他新任务,这远远滞后于人类表现出的概括延伸能力。高级的人工智能模型应该是建模和学习过程相融合的,这样的模型具有强大的学习能力和高度的灵活性,能够在学习中实现对世界的认知,并在这个过程中与世界进行交互。

3.3.2 大模型的心智理论能力

正如前文所言,GPT-3.5 在错误信念任务中的预测正确率达到了 93%,这一表现与 9 岁的典型发展儿童相当。而最近的研究表明,GPT-4 在此任务上的表现又有了进一步的提升。约翰霍普金斯大学的一个团队研究了 GPT-4 及 GPT-3.5 的 3 个变体(Davinci-2、Davinci-3、GPT-3.5-Turbo)在错误信念任务中的表现(图 3-16),结果表明,通过提供一些示例并指导模型进行逐步思考,所有模型的预测正确率都能达到 80%以上[31]。

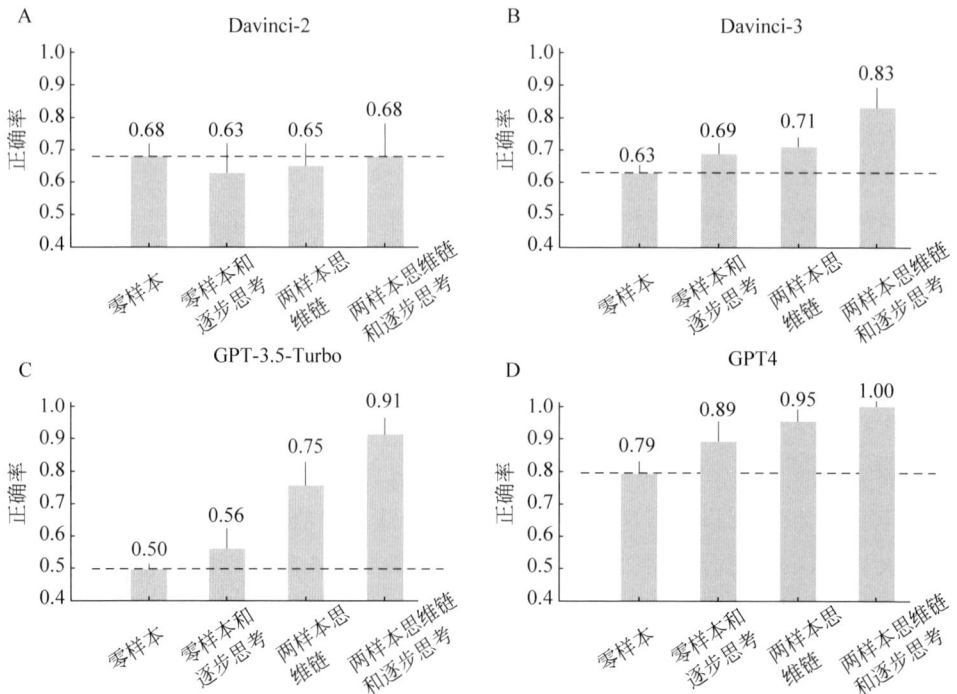

图 3-16 不同 GPT 模型在错误信念任务中的表现(Moghaddam 和 Honey,2023)

如图 3-16 所示，GPT-4 表现最佳：在没有示例的情况下，该模型实现了近80%的准确性；通过提供示例和推理说明，实现了100%的准确性。而如果让人类被试者在时间压力下回答同样的问题，准确性约为87%。以上结果表明，GPT 模型在错误信念任务中表现出的能力有助于模型在一般情境和特定社交情境中与人类打交道，因为模型可以思考与之交流的人类的心理状态。

然而也有研究表明，如果改变测试材料的呈现方式，GPT 并没有表现出一致的高正确率。例如 Kim 等指出，现有的测试方式主要使用情境描述（叙述），在这种情况下，情境信息被压缩成短文本，决定在文本中包含或排除什么信息的过程可能引入报告偏见，导致模型轻松利用特定的信息进行推理[32]。比如测试中明确提供了"萨利刚才没有看到发生了什么，所以她并不知道小球现在在哪里"这一信息，就会为模型提供一个明显的线索，而这会严重影响评估的客观性。另一个重要因素是，以往研究中的很多测试都是心理学中著名的 Sally-Anne 测试等类似任务的变式，这些测试很可能在模型的预训练数据中已经出现过。

为解决这些问题，Kim 等采取对话而非叙述的测试方式（图 3-17），测试中对话以互动的形式呈现，没有关于他人心理状态的明确提示。在对话中，需要从头开始推理中间步骤，以实现对心智理论更现实、更无偏的评估。

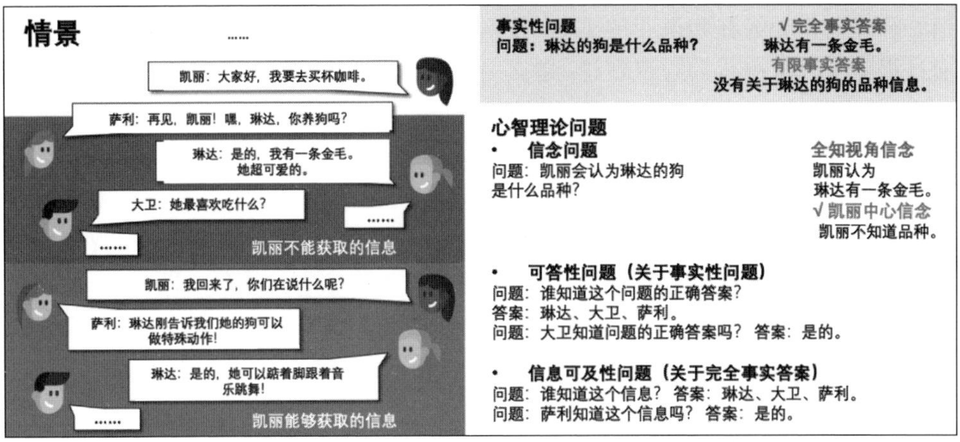

图 3-17　心智理论对话测试任务（Kim 等，2023）

具体而言，实验利用对话背景中的信息不对称构建心智理论推理场景，由围绕特定主题（例如宠物、家庭）的多方对话组成。随着对话的进行，人物加入和离开讨论，对话的子主题随时间而变化。当一个人物缺席时，对话继续进行，而且信息在剩余参与者之间共享，形成反映现实生活互动的自然信息不对称性。经过一系列话语后，缺席的人物重新加入对话，此时缺席的人物对先前与其他参与者共享的信息一无所知。如图 3-18 所示，所有模型的得分都显著低于人类表现。进一步的分析发现，不同模型的错误类型也不一致。

总的来说，虽然有研究表明大模型已经拥有一定程度的错误信念推理能力，但

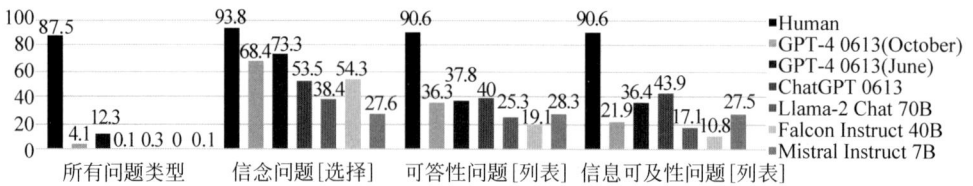

图 3-18   心智理论对话测试任务各模型表现(Kim 等,2023)

大模型表现出的这种能力是否真的可以称为心智理论能力,尚未可知。当改变实验任务的设置之后,模型的表现会大打折扣,这与人类在类似任务中表现出的高度一致的心智理论推理能力形成了鲜明的对比。

3.4   视觉心智理论模型

3.4.1   视觉心智理论模型的基本框架

GPT 的表现已经表明,基于庞大数据的人工智能模型已经走上信念情感推理的道路。但是正如前文所述,目前的人工智能模型大多是数据驱动的,这些模型只把心智理论作为解释和说明的工具,并不是将其背后的机制引入建模的过程。而通过提供一种可视化的心智理论,建立一个精细的、理论驱动的社会学习模型,这个模型以情感性和认知性心智理论为框架,将人类心智的表征融入机器学习,使机器有可能像人类一样对社会行为进行思考和探索。

人工智能发展的最终目标应该是能像人类一样思考,并探索真正反映人类认知过程的世界。Zhou 等提出基于心智理论的精细化社会学习模型——视觉心智理论(V-ToM),如图 3-19 所示,其将心智理论作为框架,通过研究社会学习的两个核心组成部分(情感性和认知性心智理论),以眼动为窗口提出视觉心智理论,作为构建理论驱动的社会学习模型的切入点[33]。通过构建具有情感和认知意义的视

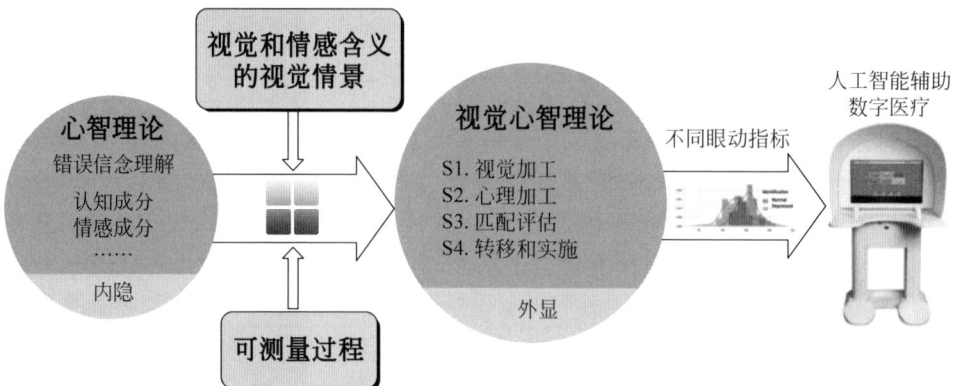

图 3-19   V-ToM 基本框架(Zhou 等,2023)

觉场景,详细描述人类对他人的信念和情感进行推断的四阶段过程,建立了一个在特征提取和语义命题之外包含情感属性的学习系统。

本研究通过将与心智理论相关的认知过程划分为 4 个阶段(图 3-20),提供了一个精细的认知-情感 ToM 的计算模型。与传统模型相比,这一模型创新性地对心智理论的两个核心成分(认知性和情感性心智理论)在模型中进行了整合。此外,通过对 4 个认知阶段的详细分析,模型可以让人们以更精细的方式解释人类如何处理认知-情感信息。关键的是,这一过程中的每个阶段都是可测量的,对应相应的眼动指标,这就使对每个阶段可能出现的潜在困难做出推断成为可能。4 个阶段的具体描述如下。

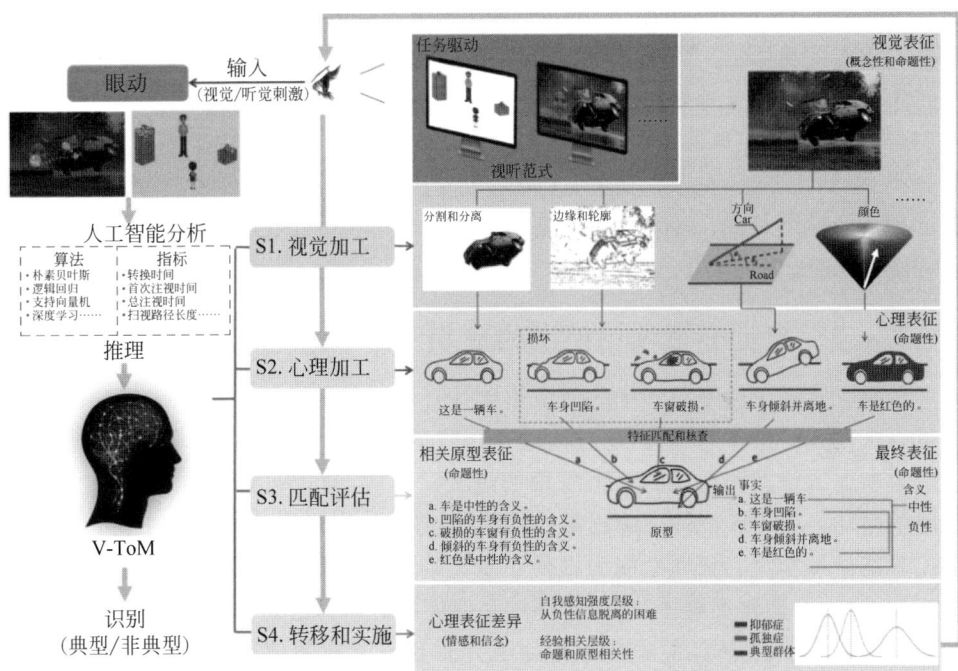

图 3-20　V-ToM 4 个阶段认知过程(见文前彩图)

第一阶段发生在知觉层面(图 3-20 中的红色部分),涉及在既定的视觉世界中对视觉信息的处理。根据特征整合理论[34],视觉场景中的基本特征(如颜色、方向)在前注意阶段被自动登记。因此,这一阶段主要包括早期的视觉处理,如基本特征的检测,边缘和轮廓的检测,以及人物与背景的分割和分离,并基于此建立包含视觉世界的概念性和命题性的视觉表征。

在第二阶段,已建立的视觉表征进行心理加工(图 3-20 中的蓝色部分),形成具有命题语义特征的表征(以命题陈述的形式,例如:这是一辆汽车,车窗被打破了)。因此,这一阶段形成的所有心理表征都是命题性质的。

在第三阶段,新建立的心理表征根据其与原型(在先前经验和知识基础上建立并储存在长期记忆中的现存心理表征)的相关性进行评估。原型中包含的表征也是命题性质的(图 3-20 中的黄色部分)。例如,如果在原型中汽车具有中性含义,破窗具有负性含义,那么基于与原型的相关性,两个新建立的心理表征(这是一辆汽车,车窗被打破了)会得到不同的评价。"这是一辆汽车"的表征被认为是中性的,而"窗户被打破了"的表征则是负性的。这两个最终的心理表征是这一阶段的输出。需要注意的是,在这个阶段可能出现个体差异,因为原型是建立在先前知识和经验基础上的,这些知识和经验可能因人而异。

在第四阶段,最终的心理表征(第三阶段的输出)进入工作记忆,参与认知-情感过程。在呈现具有情感和认知意义的视觉场景时,不同人群在这一阶段的反应会存在个体差异,比如抑郁症患者可能表现出负性信息的关注和难以解除。

与现有的机器学习方法相比,V-ToM 模型能够在主流算法中找到充分的对照。第一阶段视觉处理对应图像底层的像素处理和特征提取;第二阶段心理加工对应形成表征,即在算法中对底层特征进行进一步抽象与加工;在第三阶段,无论是分类、检测任务,还是识别任务,这些基于大数据训练和统计的模型方法,都存在高度抽象的原型对比;而第四阶段则对应在算法模型的评价方式下,进行最终输出和决策,完成认知任务。

3.4.2 视觉心智理论模型的应用

视觉心智理论模型与传统的模型相比具有以下优势:首先,V-ToM 对心智理论进行细粒度的操作化定义,通过构建具有情感和认知含义的视觉场景,明确描绘人类推断他人信仰和情感的 4 个阶段的过程。其次,通过记录个体在观看视觉场景时的眼动,V-ToM 能够准确测量涉及认知-情感心智理论计算的每个阶段,这为人工智能模型学习心智理论能力提供了重要启示。此外,模型能够区分不同群体的区别性特征(如典型群体、孤独症群体和抑郁症群体),这能够克服传统基于问卷的评估的主观性,为人工智能辅助数字医疗提供非常有价值的参考。尽管人类认知的基本过程是实时、迅速的,V-ToM 模型通过将其模拟为 4 个步骤,每个步骤都可以进行客观的测量,从而推断每个阶段可能出现的问题。这对于理解非典型群体的认知-情感心智理论发展具有重要意义。通过识别不同群体在心智理论表征和推理方面面临困难的潜在根源,帮助研究者更好地理解不同群体障碍的本质,从而为个体提供更有效的识别和干预方案。

更重要的是,视觉心智理论模型为开发更可靠的机器学习系统提供了新的可能性。例如,该模型已被引入自动驾驶感知系统、动作识别系统和决策系统的算法,Zhou 等将认知模型引入驾驶员决策系统[35],证明了将其应用于人工智能的巨大潜力。具体而言,驾驶员首先处理来自外部的视觉信息(如车辆和道路信息),然后表征关于驾驶环境的相关命题,并根据其原型表征评估这些命题,最后评估结果进行转移,指导驾驶员的具体操作。例如,当有汽车在前面缓慢行驶且有超车道可用时,驾驶员可能根据其对驾驶环境的心理表征,判断此时进行超车是可行的,从而最终决定驶往左边驾驶道,进行超车。Zhou 等将模型应用于自动驾驶感知系统,道路摄像头捕捉驾驶员感知到的外部环境,面部摄像头捕捉驾驶员的实时面部和眼部运动。利用深度学习模型将外部环境与驾驶员的反应联系起来,并自动预测驾驶员对驾驶动作的决定。然而,需要指出的是目前该模型还没有被系统应用于机器学习领域,需要进一步的研究,验证该模型在不同的任务中的实际表现。

视觉心智模型的提出及应用突破了以往人工智能建模过程中数据驱动的主流倾向,实现了真正意义上的理论驱动。模型包括人类社会属性中的两个核心成分:情感性心智理论和认知性心智理论,涵盖社会心智推理的核心方面,这是以往人工智能模型在建模过程中忽视的重要成分。模型的各阶段不仅拥有眼动指标的生理基础,其在自动驾驶等任务中的应用也体现了这一模型的合理性。

参考文献

［1］ KOSINSKI M. Theory of mind may have spontaneously emerged in large language models ［EB/OL］. arXiv,2023［2023-08-12］. http://arxiv. org/abs/2302. 02083.

［2］ CALL J,TOMASELLO M. Does the chimpanzee have a theory of mind? 30 years later［J］. Trends in Cognitive Sciences,2008,12(5): 187-192.

［3］ BARON-COHEN S,LESLIE A M,FRITH U. Does the autistic child have a "theory of mind"?［J］. Cognition,1985,21(1): 37-46.

［4］ WELLMAN H M,CROSS D,WATSON J. Meta-analysis of theory-of-mind development: The truth about false belief［J］. Child Development,2001,72(3): 655-684.

［5］ WELLMAN H M,LIU D. Scaling of theory-of-mind tasks［J］. Child Development,2004, 75(2): 523-541.

［6］ WELLMAN H M. Understanding the psychological world: Developing a theory of mind ［M/OL］//Blackwell handbook of childhood cognitive development. Malden: Blackwell Publishing,2002: 167-187. https://doi. org/10. 1002/9780470996652. ch8.

［7］ HAYWARD E O, HOMER B D. Reliability and validity of advanced theory-of-mind measures in middle childhood and adolescence ［J/OL］. The British Journal of Developmental Psychology,2017,35(3): 454-462. https://doi. org/10. 1111/bjdp. 12186.

［8］ BARON-COHEN S, LESLIE A M, FRITH U. Mechanical, behavioural and Intentional understanding of picture stories in autistic children［J/OL］. British Journal of Developmental Psychology,1986,4(2): 113-125. https://doi. org/10. 1111/j. 2044-835X. 1986. tb01003. x.

［9］ BARON-COHEN S. Mindblindness: an essay on autism and theory of mind［M/OL］. The MIT Press, 1995 ［2023-08-12］. https://direct. mit. edu/books/book/3890/ MindblindnessAn-Essay-on-Autism-and-Theory-of-Mind.

［10］ SENJU A,SOUTHGATE V,WHITE S,et al. Mindblind eyes: an absence of spontaneous theory of mind in Asperger syndrome［J/OL］. Science, 2009, 325 (5942): 883-885. https://doi. org/10. 1126/science. 1176170.

［11］ ONISHI K H, BAILLARGEON R. Do 15-month-old infants understand false beliefs?

[J]. Science,2005,308(5719): 255-258.

[12] SOUTHGATE V,SENJU A,CSIBRA G. Action anticipation through attribution of false belief by 2-year-olds[J/OL]. Psychological Science,2007,18(7): 587-592. https://doi. org/10. 1111/j. 1467-9280. 2007. 01944. x.

[13] SURIAN L,CALDI S,SPERBER D. Attribution of beliefs by 13-month-old infants[J/OL]. Psychological Science,2007,18 (7): 580-586. https://doi. org/10. 1111/j. 1467-9280. 2007. 01943. x.

[14] ABELL F,HAPPÉ F,FRITH U. Do triangles play tricks? Attribution of mental states to animated shapes in normal and abnormal development[J/OL]. Cognitive Development, 2000,15(1): 1-16. https://doi. org/10. 1016/S0885-2014(00)00014-9.

[15] RUFFMAN T,GARNHAM W,IMPORT A,et al. Does eye gaze indicate implicit knowledge of false belief? Charting transitions in knowledge [J/OL]. Journal of Experimental Child Psychology,2001,80(3): 201-224. https://doi. org/10. 1006/jecp. 2001. 2633.

[16] TAGER-FLUSBERG H, SULLIVAN K. A componential view of theory of mind: evidence from Williams syndrome[J/OL]. Cognition,2000,76(1): 59-90. https://doi. org/10. 1016/S0010-0277(00)00069-X.

[17] O'BRIEN M,WEAVER J M,NELSON J A,et al. Longitudinal associations between children's understanding of emotions and theory of mind[J/OL]. Cognition & emotion, 2011,25(6): 1074-1086. https://doi. org/10. 1080/02699931. 2010. 518417.

[18] SAXE R,HOULIHAN S D. Formalizing emotion concepts within a Bayesian model of theory of mind[J/OL]. Current Opinion in Psychology,2017,17: 15-21. https://doi. org/10. 1016/j. copsyc. 2017. 04. 019.

[19] SCHERER K R,SCHORR A,JOHNSTONE T. Appraisal processes in emotion: Theory, methods,research[M]. New York,NY,US: Oxford University Press,2001.

[20] MATTERN M,WALTER H,HENTZE C,et al. Behavioral evidence for an impairment of affective theory of mind capabilities in chronic depression[J/OL]. Psychopathology,2015, 48(4): 240-250. https://doi. org/10. 1159/000430450.

[21] BORA E,BERK M. Theory of mind in major depressive disorder: A meta-analysis[J/OL]. Journal of Affective Disorders,2016,191: 49-55. https://doi. org/10. 1016/j. jad. 2015. 11. 023.

[22] ABU-AKEL A,SHAMAY-TSOORY S. Neuroanatomical and neurochemical bases of theory of mind[J/OL]. Neuropsychologia,2011,49(11): 2971-2984. https://doi. org/10. 1016/j. neuropsychologia. 2011. 07. 012.

[23] ANDERSON J R,BOTHELL D,BYRNE M D,et al. An integrated theory of the mind[J/OL]. Psychological Review,2004,111(4): 1036-1060. https://doi. org/10. 1037/0033-295X. 111. 4. 1036.

[24] ULLMAN T D,BAKER C L,MACINDOE O,et al. Help or hinder: Bayesian models of social goal inference[J]. Advances in Neural Information Processing Systems,2009,22: 1874-1882.

[25] BAKER C,SAXE R,TENENBAUM J. Bayesian theory of mind: modeling joint belief-desire attribution[J/OL]. Proceedings of the Annual Meeting of the Cognitive Science

Society,2011,33(33)[2023-08-12]. https://escholarship. org/uc/item/5rk7z59q.

[26] GERGELY G,CSIBRA G. Teleological reasoning in infancy: the naive theory of rational action[J/OL]. Trends in Cognitive Sciences,2003,7(7): 287-292. https://doi. org/10. 1016/S1364-6613(03)00128-1.

[27] RABINOWITZ N,PERBET F,SONG F,et al. Machine theory of mind[C]//International conference on machine learning. PMLR,2018: 4218-4227.

[28] CHEN B,VONDRICK C,LIPSON H. Visual behavior modelling for robotic theory of mind[J/OL]. Scientific Reports,2021,11(1): 424. https://doi. org/10. 1038/s41598-020-77918-x.

[29] FAN L,QIU S,ZHENG Z,et al. Learning triadic belief dynamics in nonverbal communication from videos[EB/OL]. arXiv,2021[2023-08-12]. http://arxiv. org/abs/2104. 02841.

[30] AKULA A R,WANG K,LIU C,et al. Cx-tom: Counterfactual explanations with theory-of-mind for enhancing human trust in image recognition models[J]. 2021. DoI: 10. 48550/arXiv. 2019. 01401.

[31] MOGHADDAM S R,HONEY C J. Boosting theory-of-mind performance in large language models via prompting [EB/OL]. arXiv, 2023 [2024-05-28]. http://arxiv. org/abs/2304. 11490.

[32] KIM H,SCLAR M,ZHOU X,et al. FANToM: A Benchmark for stress-testing machine theory of mind in interactions[EB/OL]. arXiv,2023[2024-05-28]. http://arxiv. org/abs/2310. 15421.

[33] ZHOU P,MA H,ZOU B,et al. A conceptual framework of cognitive-affective theory of mind: towards a precision identification of mental disorders[J/OL]. npj Mental Health Research,2023,2(1): 12. https://doi. org/10. 1038/s44184-023-00031-0.

[34] TREISMAN A M, GELADE G. A feature-integration theory of attention [J/OL]. Cognitive Psychology, 1980, 12 (1): 97-136. https://doi. org/10. 1016/0010-0285 (80) 90005-5.

[35] ZHOU D,MA H,DONG Y. Driving maneuvers prediction based on cognition-driven and data-driven method [EB/OL]. arXiv, 2018 [2024-05-28]. http://arxiv. org/abs/1805. 02895.

第4章

视觉计算理论

心智理论是指个体理解他人具有的信念、愿望、意图等不同心智状态的能力，这些心智状态对于预测和解释他人行为至关重要。随着研究的深入，心智理论的研究领域已经从基础的认知过程扩展到特定的认知领域，比如视觉心智理论。

视觉心智理论专注于理解个体如何处理视觉信息，以推断他人的心理状态。这种理论模型细化了心智理论中关于理解他人视角的过程，强调了视觉计算在此过程中的重要性。视觉心智理论提出，为了准确理解他人的视角和心理状态，个体必须能够计算和处理从视觉场景中获取的复杂信息。视觉心智理论不仅扩展了人们对心智理论的理解，也为心理学和认知科学的交叉领域——如认知神经科学和人工智能——提供了新的研究方向。通过将视觉处理的计算模型与心智理论相结合，研究者能够更深入地探索大脑通过处理视觉信息理解他人的视觉认知过程，这对于设计能够模拟人类社会交互能力的人工智能系统尤为重要。

为了实现视觉信息的可计算性，并将心智理论与视觉计算相结合，本章介绍视觉计算的基础理论和方法。视觉计算的目标是将视觉信息转化为可被计算机处理的形式，以模拟人类的视觉理解能力。

4.1 视觉计算理论的哲学基础

马尔视觉计算理论立足计算机科学，系统地概括了心理生理学、神经生理学等方面已取得的重要成果，是视觉研究中迄今为止最完善的视觉理论。马尔提出的视觉计算理论为计算机视觉研究建立了一个比较明确的体系，并大大推动了计算机视觉研究的发展。

4.1.1 马尔哲学思想

马尔哲学思想是指英国哲学家大卫·马尔（David Marr）提出的一种认知论观点。该观点认为，人类的认知过程是由信息处理层次组成的分层结构，不同层次的信息处理单元在感知和认知过程中发挥着不同的作用。马尔认为，人类的感知和认知能力来自基于视觉和其他感官输入的信息处理过程,这种信息处理过程可被描述为一系列简单的算法和计算机制的组合。在马尔的观点中,认知过程是建立在感知过程基础之上的,而感知过程则依赖对环境中物体和事件的结构性描述。因此,马尔哲学思想强调信息处理的层次性、模块化和功能分离,为计算机视觉和机器学习提供了重要的启示。

马尔哲学思想的基本特征是将自然界和人类智能都视为信息处理系统。马尔认为,人类智能是一种基于信息处理的系统,人们通过感知、推理和决策等过程完成对外部世界的理解和掌控。同时,马尔还认为,自然界的各种现象和过程也可被视为信息处理的结果,包括生命现象、物质运动、地球运动等。在马尔看来,信息是自然界和人类智能的共同基础。他提出了信息处理的分层结构理论和特征检测理论,认为信息处理系统是由多个层次组成的,每个层次都有特定的处理任务和表示方式。同时,他也强调信息处理中的模式识别和抽象思维的重要性,认为它们是人类智能的基本能力。马尔哲学思想的另一个重要特征是系统思维和综合性。他认为理解自然界和人类智能需要跨越多学科领域,包括生物学、心理学、物理学、数学等,因此马尔倡导采用综合性的方法研究复杂系统,包括分层结构模型、符号处理方法、形式化方法、信息论等。

总的来说,马尔哲学的核心理念在于重视信息处理的中心地位、倡导系统化思维并推崇全面综合的方法论。这些原则在马尔的视觉计算理论中得到广泛实施,并成为该领域研究的坚实基石。

4.1.2　复杂的信息处理系统

任何类型的复杂系统都不可能简单地理解为其基本组件属性的外推。以一瓶气体为例,描述它的温度、压力、密度和这些热动力学性质之间关系的模型并不会对气体中的单个粒子分别列公式。对这些性质的描述存在于它们自己的层次,即大量粒子的集合,而研究难点在于证明微观和宏观的描述原则上是一致的。如果想对神经系统、发育的胚胎、代谢通路的集合、一瓶气体或者一个大型计算机程序这样的复杂系统有完整的理解,就要考虑不同描述在不同层次怎样被统一为整体,因为统合所有的细节是不现实的。对于信息处理系统而言,还应考虑信息的表示和处理。

1. 表示

表示(representation)是一种显式化特定实体或特定种类的信息的形式系统,表示同时包含系统将实体和信息显式化的细则。实体在特定表示下显式化的结果即这一实体在该表示下的描述。

表示的定义很宽泛,例如形状的表示可以是描述形状特点的形式、概型加上定义这一概型如何应用于具体形状的规则,乐谱是交响曲的一种表示,字母表是单词的一种书写表示。

信息处理机器的工作方式是用符号代表内容，或者用专业的术语，用符号"表示"内容，所以表示并不是一个新的概念。人们时时刻刻都会用到表示，部分现实可以用符号来描述，而且这种描述具有潜在的用途。但即便是最简单的例子，也显示想用某种特定表示的时候会遇到一些普遍而重要的问题，例如如果使用阿拉伯数字这种表示，很容易发现一个数是不是 10 的幂次，但很难发现它是不是 2 的幂次；如果使用二进制表示，情况就会反过来。因此需要做一个权衡，任何一种表示都是通过把某些信息置于次要位置，使另一些特定信息更显式地表达，而那些被忽略的信息可能很难恢复。这是一个重要的问题，因为这说明表示信息的方式会极大地影响用它完成不同任务的难易程度，之前关于数字的例子就说明了这一点，如果使用阿拉伯数字或者二进制表示，加法、减法和乘法就很容易，但如果使用罗马数字表示，进行这些运算就会变得很困难。

2. 处理

处理是一个宽泛的概念，马尔将处理的定义限定为机器执行信息处理任务。处理的执行依赖它以何种方式被实现，包括处理的输入和输出的表示，以及实现从输入到输出变换的算法。对于加法而言，由于输入和输出都是数字，它们自然可以用同样的表示。但事情并不总是这样，例如傅里叶变换的输入可能是在时域，而输出却可能在频域。对第一层的分析关注于运算的内容和动机，而对第二层的分析则关注于怎样进行这些运算。就加法而言，可以使用阿拉伯数字作为表示，而算法就可以用传统的末位相加法：首先加最后一位，并在数字超过 9 的时候进位。

处理包括三个要点：一是很多表示可以被选择；二是算法的选择常常取决于具体使用的表示；三是对一个给定的表示往往存在多种执行同样处理的算法。具体选择哪种算法往往取决于算法是否具有用户期望拥有或期望避免的特性。例如，一种算法可能比另一种更高效，或者另一种可能稍微低效但却更稳健（稳健指对于其依赖的输入中的些许不精确更不敏感），又或者一种算法可以被并行实现，而另一种只能串行执行。用户的选择最终取决于实现算法的物理硬件和机器的种类。

物理上实现处理过程的设备也有多种选择，同样的算法可用完全不同的技术实现。同样是把两个数从低位到高位相加，且按需进位，一个孩子可能与周边超市收银台中的计算器用了同样的算法，但显然算法在这两种情形下的物理实现完全不一样。

3. 信息处理的三个层次

理解信息处理可从三个层次理解：一是计算理论层次，回答计算的目标是什么，为什么它是合适的，以及执行计算的策略背后的逻辑是什么，这一层把设备的表现描述为从一种类型信息到另一种类型信息的映射，精确地定义映射的抽象性质，并揭示它为什么适合被处理的任务；二是表示与算法层次，回答计算理论应当如何实现,具体来说输入和输出的表示是什么,以及将输入变换为输出所需的算法是什么;三是硬件实现层次,回答表示和算法怎样在物理上实现,是具体的计算机体系结构等算法和表示在物理实现上的细节。如表 4-1 所示。

表 4-1 信息处理的三个层次

计 算 理 论	表示与算法	硬 件 实 现
计算的目标是什么,为什么它是合适的,以及执行计算的策略背后的逻辑是什么	计算理论应当怎样实现?具体来说,输入和输出的表示是什么,转换输入到输出的算法是什么	表示和算法怎样在物理上实现

表 4-1 三个层次中的每一层描述都有它的意义,之间也有逻辑和因果上的关联。但需要说明的是,这三个层次是松散地连接在一起的,比如对算法的选择会受到所需处理任务和将运行它的硬件的影响,但每层都有很多种选择,对每层的详细分析主要考虑这一层与其他两层相对独立的问题。正因为三个层次仅仅是松散的连接,所以有些现象可以仅在一层或两层就被解释。

4.2 马尔视觉计算理论的基本框架

4.2.1 视觉的表示框架

视觉是一个过程,它把外在世界的图像转化为不受无关信息影响的、对观察者有用的描述,这样的处理可以看作从一种表示到另一种表示的映射。就人类的视觉而言,输入的表示是视网膜的光感受器检测到的图像强度的阵列,告诉人们形状、空间和空间排布。视觉的目的是构建一种对图像中物体形状和位置的描述。当然,这不是视觉可以做的全部,视觉还可以告诉人们光照、形状表面的反射率(包括明度、色彩和视觉纹理)及物体的运动。

马尔认为视觉的目的是得到一个表示序列:出发点是可以从图像中直接获取的描述,不过这种描述是被仔细设计过的,有助于后续对物体形状更客观物理性质的逐步恢复。实现这个目标的主要步骤是描述可见表面的几何形状。这是因为图像中的立体视觉、明暗、材质、轮廓和视觉运动包含的信息,都是由形状的局部表面性质造成的。然而,对于可见表面的描述并不适用于许多识别任务,最主要的问题在于视角,因此视觉处理过程的最后一步是,将以观察者为中心的表面描述转化为一个不取决于观察物体视角的、关于其三维形状和空间排布的描述。最终的描述应该以物体为中心,而非以观察者为中心。

马尔将从图像中导出形状信息的过程分为三个代表性阶段(表 4-2):一是关于二维图像特性的表示,包含表示图像强度的变化和局部二维几何;二是关于可见表面在以观察者为中心的坐标系中特性的表示,包含表面朝向、物体距离观察者的距离,以及这些量的不连续点,也包括表面反射率及对广布光照的粗略描述;三是对三维结构和对被观察形状组织结构的一种以物体为中心的描述,以及对其表面特性的描述。

表 4-2 从图像中推导形状信息的表示框架

表示的名称	目 的	基 本 元 素
图像	表示强度	图像中每一点的强度值
初草图	显式化二维图像中的重要信息,过零点主要是其中的强度变化和它们斑点的几何分布和组织	过零点 斑点 端点和不连续点 边缘段 述拟线 组 曲线组织 边界
2.5维图	在以观察者为中心的坐标系中显式化可见表面的朝向和大致深度,以及这些量的不连续点的轮廓	局部表面朝向("针"基元)与观察者的距离 深度的不连续点 表面朝向的不连续点
三维模型表示	在以物体为中心的坐标系内,运用一种包含立体基元(表示形状占据的立体空间的基元)和表面基元的模块化的层级表示,描述形状和它们的空间组织关系	有层级结构的三维模型,每一个都基于一些条或轴线的空间排布,立体基元或者表面形状基元附着其上

4.2.2 马尔视觉计算理论

马尔视觉理论是马尔在 1982 年提出的一种理解视觉感知的框架。根据马尔的理论,视觉感知涉及三个层次的分析:计算层次、算法层次和实现层次。在计算层次上,马尔提出视觉的目标是从二维视网膜图像中提取关于环境的三维结构信息。在算法层次上,马尔提出了一组可以实现这一目标的图像处理操作,例如边缘检测、分割和立体匹配。在实现层次上,马尔认为这些算法可以使用神经信号在大脑中实现。

马尔的理论在计算机视觉领域具有影响力,它启发了针对目标识别、场景理解和深度估计等任务算法的发展。马尔的理论在认知心理学领域也具有一定影响力,可用于研究视觉感知的神经基础,并开发大脑视觉处理模型。

对马尔理论的一个负面评价是过于关注视觉处理的早期阶段,例如边缘检测和分割;并且没有解释高级过程,例如目标识别和场景理解。另一个是它没有考虑注意力在视觉感知中的作用。

尽管存在这些负面评价,马尔理论仍然是理解视觉感知的重要框架,并对计算机视觉和认知心理学领域产生了重大影响。在计算理论的框架内,信息处理实质上是符号的转换过程,它始于外部世界对视觉感知的影响,即光线在视网膜上的成像,终于知觉的形成。在这个连续的转换过程中,符号的表示方式至关重要,它是计算理论的核心概念之一。

在探讨信息的表示这一概念时,人们可以将其视为一种与特定问题紧密相关的信息编码方式,其核心优势在于能够凸显对后续处理过程至关重要的明确信息。这种信息编码方法在多领域被广泛采纳。例如,在物理学中,能量状态可被视为一种信息的表示;在数学领域,数字和直角坐标系中的点都是信息的表示形式;同样,大脑中的记忆痕迹,在适当的刺激下能够被重新唤起,也是一种信息的表示。

当人们利用特定的表示描述一个整体现象时,这种具体的应用实例就构成了该表示的一个具体实例。例如,数字 12 是阿拉伯数字系统中的一个具体实例。同一个问题可以通过多种不同类型的表示来编码,其中一些表示方式在计算上更为简便、高效,而另一些则不然,因此选择合适的表示方式至关重要。

表示的具体结构与实际场景紧密相关。然而,过去人们并没有充分认识到这一点。甚至在 20 世纪 70 年代初,计算机科学和人工智能领域的专家也未能充分理解视觉信息处理的复杂性。这种情况的发生部分是因为视觉系统本身运作良好,而某些内在机制难以通过内省精确分析,这导致传统的神经科学方法和技术未能取得成功。马尔提出,视觉信息处理的关键在于对特定任务的分析,而这种分析的基础必须建立在对客观物质世界的理解之上。在计算理论中,一个决定性的步骤是通过公式表达,这要求人们识别视觉世界的特征,并将这些特征转化为计算问题的特定约束条件,以确保问题具有明确的含义并可求解。大量实例表明,如果不将视觉世界的一般性质转化为计算问题的特殊假设,问题就难以确定。在高级层面上,特殊的先验知识并非必需,真正有用的只是物理世界的一般性质。视觉问题的一个关键约束条件是,最终的描述必须来源于图像本身。因此,在一般情况下,视觉信息早期处理阶段的表示结构主要由人们从图像中计算出的内容决定,而后期处理阶段的表示结构还受到视觉任务本身的影响。

马尔的视觉计算理论之所以具有强大的影响力,是因为它建立在现实世界物理学和图像处理的基本法则等坚实基础之上,这为视觉信息科学的发展提供了坚实的支撑,使其得以迅速成长并有望发展成为一门成熟的科学。马尔的研究成果不仅涵盖视觉计算方法的宏观理论,也深入解决具体问题的细节方法论中。

这一理论的构建基于对物理世界和视觉现象的深刻理解,它将这些理解转化为可计算的模型和算法,从而为视觉信息的分析和处理提供一种系统化和科学化的方法。马尔的贡献在于他不仅提出了理论框架,还深入探讨了如何将这些理论应用于具体的计算问题,使视觉计算从抽象的概念走向实际的解决方案。

通过这种方法,视觉信息科学得以在理论和实践之间架起桥梁,推动该领域向真正的科学迈进。马尔的工作展示了如何将复杂的视觉现象转化为可计算的问题,并为解决这些问题提供方法论指导,这对于视觉信息科学的发展具有里程碑式的意义。

下面从几个方面描述这一理论框架。马尔从信息处理系统的角度出发,认为视觉系统的研究应分为三个层次,即计算理论层次、表示与算法层次、硬件实现层次。

在计算理论的层面上,需要阐明一个系统内各组成部分的计算目标和策略,包括明确各部分的输入输出内容,以及它们之间的转换关系或所受的约束条件。马尔为视觉系统设定了一个总体的输入输出框架:输入是二维图像,输出则是基于这些图像重建的三维物体的位置和形状。他提出,视觉系统的核心任务在于识别、定位环境中的三维物体,并分析它们的运动,但这更多的是对视觉行为目的性的描述,而非计算理论层面上的定义。

马尔认为,尽管三维物体形态各异,视觉系统应该有一个在计算层面上普遍适用的目标描述,这个目标是不受具体物体种类限制的。他提出,这个计算层面的目标是通过视觉系统重建物体的三维形状和位置。如果视觉系统能够在每个瞬间都实现这一目标,那么对物体运动的分析也将成为可能。

对于视觉系统的各个层次和模块,马尔初步定义了它们在计算理论层面上的目标。在表示和算法的层次上,视觉系统的研究应当明确每个部分(模块)的输入输出,以及内部信息的表示方式,还有实现计算理论目标所需的算法。算法与信息的表示方式紧密相关,不同的表示方式可能需要不同的算法完成相同的计算任务。然而马尔认为,算法和表示方式虽然在实现细节上可能不同,但在计算理论的层面上,它们的目标是一致的。

通过这种方式,马尔为视觉计算理论提供了一个结构化的框架,强调在不同层次上理解和解决问题的重要性,同时指出在计算理论层面上不同算法和表示方式之间的等价性。这种视角促进了对视觉系统计算原理的深入理解,并为视觉信息处理的研究提供了清晰的指导。

最后一个硬件层次是要回答"如何用硬件实现以上算法"。这个层次至关重要,它促使从宏观层面审视视觉系统的整体表现,而非局限于微观层面的单一实体,例如单个神经元。马尔在其著作中以"祖母"神经元为例,阐释了这一观点。具体来说,尽管当被试者看到祖母时,特定的神经元可能被激活,但如果人们只关注这一神经元的活动,就无法理解其激活的真正原因,也无法把握识别祖母这一过程的本质。此外,马尔还使用"鸟"的例子证明他的观点,即无论对单个羽毛的生理学和属性的知识丰富程度如何,都不太可能找出羽毛的功能。因此,人们必须首先建立一种计算理论,比如在鸟的例子中的飞行研究,以找到生理学与羽毛实际功能之间的关系。

区分上述三个不同层次,对于深刻理解计算机视觉与生物视觉系统,以及它们之间的关系是很重要的,例如人的视觉系统与目前的计算机视觉系统在"硬件实现"层次上是截然不同的,前者是极为复杂的神经网络,而后者是目前使用的计算机,但它们可能在计算理论层次上具有完全相同的功能。

马尔理论的核心和最著名的贡献之一是在表示和算法水平上建立了一个视觉表示框架,如表 4-3 所示,该框架强调从图像中获取形状信息的视觉任务,视觉系统生成一系列越来越具有象征意义的场景表示,从视网膜图像的"原始草图"到"2.5 维图",再发展到简化的物体三维模型。在这里,任何视觉系统感知的强度都是 4 个主要因素的函数:

$$I_{vision} = f(几何形状,可见表面的反射率和绝对吸附性能,照明,相机)$$

式中,几何形状意味着形状和相对位置;可见表面的反射率和绝对吸附性能属于物理性能;照明反映光源;相机对应视点和光学等参数。

表 4-3 视觉处理的理论框架

主要表示	解码处理(视觉功能块)	
基元图	原始的基元图	提取零交叉点 提取(线段的)终端
	完全的基元图	荧光 透明度 符号集群并和处理
2.5 维图	体视 方向选择性 表面轮廓 遮挡轮廓 表面质地 阴影 运动结构 视动图像	
三维模型表示	自然坐标轴的辨识 以观察者为中心的坐标 转换成以物体为中心的坐标	

目前计算机视觉的研究工作主要集中在前两个层次,即计算理论层次和表示与算法层次,对于硬件实现,目前有比较成熟的低层次处理中的噪声去除、边缘抽取;对于简单二维物体识别及简单场景下的视觉方法,有专门芯片或其他并行处理体系结构方面的研究与实验产品;对于构建一个通用的视觉系统尽管已经有一些尝试,但这些尝试并未取得预期的成功。然而,2023 年以来,基于生成式智能的视觉大模型在系统构建方面取得了较为显著的成功。这些模型利用深度学习和大数据,能够生成复杂的视觉内容,为计算机视觉领域带来新的突破。

马尔的理论在视觉信息处理方面与神经生理学和心理学紧密相连,他特别强调视觉处理的第一阶段——轮廓提取的重要性。以下是对这一阶段内容的简要论述,以展示马尔工作的特点。视觉处理的首要阶段旨在捕捉图像的局部特征,特别是图像中密度发生剧烈变化的区域,这些区域往往是物体表面物理属性变化的显著标志。马尔提出,通过使用中心-周边型感受野的算子对图像进行滤波处理,随后识别滤波后图像的零交叉点(二阶导数的零点),可以有效地检测出图像中密度的变化。

在自然图像中,密度变化的尺度跨度很大,为了全面捕捉不同尺度的密度变化,需要使用不同大小的滤波器。较大的滤波器用于检测图像中的模糊边缘,而较小的滤波器用于捕捉图像的细节。通过将这些不同通道的零交叉点合并,可以形成一组离散的基元——"边缘",这些边缘对于后续的处理步骤非常有用。这些基元边缘以及其他类型的基元符号共同构成马尔所称的"原始基元图",这是一种图像密度的表示方法。通过若干中心-周边型感受野得到的零交叉点,是从连续的原始密度值中提取图像的离散符号表示的自然方式。在某些情况下,一个带宽小于1倍频程的一维带通信号可以通过其零交叉点完全恢复。从视觉信息处理的角度看,重建原始信号可能是不可行的,但通过零交叉点得出的离散符号表示无疑包含了原始图像的丰富信息。经验性研究表明,经过算子滤波处理的图像可以通过其零交叉点和斜率被充分近似地恢复。

上述结果的生理学和心理学含义阐明了视觉通道第一级的一些基本性质,并使视觉心理物理学和神经生物学中关于空间频率通道和边缘检测器之间的争论得以解决。事实上,视觉的第一阶段很大程度上是由边检测器(零交叉检测器)而不是由傅里叶分析完成的,但零交叉检测器要提取有意义的信息,就必须对若干独立通道的输出进行运算。在人类视觉中,二阶导数滤波运算是由视网膜神经节细胞和外侧膝状体核完成的,而有向的零交叉线段(即边)则是由视觉皮层中的 X 细胞检测的。

由此可见,马尔早先提出的一些基本概念在计算理论这一级水平上已经成为一种几乎尽善尽美的理论。这一理论的特征就是它力图使人的视觉信息处理研究变得越来越严密,从而使它成为一门真正的科学。

马尔将视觉视为一个信息处理的连续过程,该过程通过分析外部世界的图像生成对观察者有用的信息。在这个过程中,信息被逐步抽象和重组,形成多个层次的表征,每个层次的表征都捕捉并记录外界景象的特定特征。随着信息处理的深入,新的表征会逐渐浮现,它们不仅包含先前层次的信息,还增添了新的有助于后续解释的细节。这种递进的表征生成意味着,在对视觉数据进行深入分析之前,需要构建一个基础的表征,即所谓的"本征图像",它包含对被观察物体的基本理解。

马尔的视觉理论强调视觉信息处理的阶段性和层次性,特别是在视觉系统的初级阶段,即低层视觉处理。以下是对马尔方法的概述,及其在生理学和心理学上的含义。

(1) 数据的接收:视觉信息首先通过眼睛接收光线,并在灰度图像中记录关于照明条件和观察者相对于物体位置的信息。

（2）问题的分解：马尔提出,低层视觉的主要任务是分离出图像中的变化是由哪些因素引起的。这一过程分为两个主要步骤：第一步生成初始简图（primal sketch）,这一步涉及检测灰度的变化、分析局部几何结构和照明效应等。初始简图是对图像中变化和结构的初步表示。第二步基于初始简图,通过一系列运算生成二维半简图或本征图像,这反映了可见表面的几何特征,是一种部分的、不完整的三维信息描述。这一步骤包括从立体视觉中提取深度信息、根据灰度和纹理恢复表面方向,以及通过运动视觉获取表面形状和空间关系信息。

（3）本征图像：这两个步骤的运算结果被整合到本征图像这一中间表示层次。本征图像去除了原始图像中的许多歧义,纯粹地表示物体表面的特征,如光照、反射率、方向和距离等。

（4）分割与高层描述：基于本征图像的信息,可以进行图像分割,将图像划分为具有明确含义的区域。这一过程为中层视觉处理提供了基础,从而得到更高层次的视觉描述,如线条、形状和区域等。

马尔的理论为视觉信息处理的计算理论层面提供了一种有条理的途径,这种方法不仅促进了人们对人类视觉系统工作方式的理解,也为计算机视觉技术的进步提供了理论支撑。通过这种分层次的视觉处理框架,马尔的理论阐释了如何将复杂的视觉数据转化为可计算和有序的形式,这对于视觉心理学和神经生物学的研究具有深远影响,同时指导了计算机视觉算法的设计。

实际上,2.5维的描述并不充分,即便从多个视角观察物体,得到的形状信息仍旧是不完整的。人脑不可能存储同一物体在所有可能视角下的图像,以便与2.5维描述进行匹配和比较。因此,需要对2.5维描述进行进一步的处理,以获得物体的完整三维描述,并且这个描述需要固定在物体自身的某个坐标系下,这标志着视觉信息处理的第三阶段,也就是三维阶段的开始。

在三维阶段,表示的层次提升到了三维模型,这对于物体的识别至关重要。在马尔的理论中,这一阶段的处理涉及物体本身,并依赖与特定领域相关的先验知识构建场景的描述,因此被称为高层视觉处理。

马尔理论自身也有缺陷,如单向性,视觉处理只能从前至后处理;又如被动性,视觉处理只能给什么图像处理什么图像;再如目的单一性,视觉处理的目标一般只是恢复空间场景中的物体形状和位置等。经过几十年的发展,许多学者纷纷提出了马尔理论的改进框架,如在框架前增加图像拾取模块,使其能根据分析要求和分析结果自主获取图像;又如增加反馈环节,使视觉处理结果能反向指导图像获取环节、前后互动,这是近年来受到关注的主动学习的出发点;再如增加高层指导模块和视觉目的模块,使整个视觉处理按照视觉目的的要求,在高层指导模块的指导下完成不同的视觉处理操作,实现功能的多样化。总之,改进的马尔理论框架使立体视觉趋于自动化、智能化和多功能化。

4.3   视觉计算方法

尽管对于计算机视觉学科的起源时间和发展轨迹存在不同观点,但普遍认为1982 年大卫·马尔(David Marr)的著作《视觉》[1]的出版,为计算机视觉成为一门独立学科奠定了基础。计算机视觉的研究领域主要分为两大类:物体视觉和空间视觉。物体视觉致力于对物体进行详细的分类和识别,而空间视觉则侧重于确定物体的方位和形态,以支持动作的执行。正如杰出的认知心理学家詹姆斯·吉布森(J. J. Gibson)所指出的,视觉的主要作用在于适应环境并指导行动,这是生物为了生存必须具备的能力,物体视觉和空间视觉的协同作用是实现这些功能的关键。

在计算机视觉四十多年的发展过程中,研究者提出了众多理论和方法。总体来看,计算机视觉的发展历程可以划分为 4 个主要阶段:马尔的计算视觉理论、主动视觉与目的视觉、基于多视几何和分层三维重建的方法,以及基于学习的视觉技术。接下来将对这 4 个主要研究方向进行详细阐述。

4.3.1   马尔的计算视觉理论

在人工智能研究的早期,大部分活动都集中于简单地寻找数学上合理的问题解决方案,通常通过限制问题的参数使其变得可解。计算机视觉中的"积木世界"假设就是一个早期的例子,即所有物体都是被涂成哑光白色的直线型积木。随着人工智能与计算机视觉领域的发展,一种主要的思想流派专注于将问题视为算法上的挑战。它们通常使用搜索方法查找图像和模型之间的匹配或图像集合之间的匹配,从而实现物体识别或从立体图像中恢复三维结构。这些搜索方法通常基于图像反映底层结构相似性的直觉。

20 世纪 70 年代,马尔为这些计算机视觉问题带来了全新的视角。他利用在神经科学方面的深厚背景,以及如今被视为计算视角的工具,论证了人类视觉系统可以为解决此类问题提供有价值的见解。

马尔的视觉理论将计算机视觉分解为三个层次:计算理论、表示与算法、算法实现。在马尔的理论框架中,他强调算法的功能和效果不受其实现方式的影响,因此他的计算视觉理论主要集中在前两个层次,即计算理论和表示与算法。马尔视大脑的神经计算与计算机的数值计算本质上相似,并未深入探讨算法实现的具体细节。随着神经科学的发展,尤其是神经形态计算的兴起,人们开始认识到神经计算与数值计算在某些情况下可能存在根本的差异。神经形态计算尝试模拟大脑神经元和突触的工作方式,以达到更高的能效比和计算效率。尽管如此,从目前的视角看,数值计算在很多情况下仍能有效地模拟神经计算过程。因此,尽管实现算法的具体技术可能随着时间而发展变化,但这些变化并不影响马尔计算视觉理论的核心属性。马尔的理论为视觉信息处理提供了坚实的理论基础,其影响力超越了算法实现的具体细节,为后续的计算机视觉研究和应用奠定了重要的基石。

重要的是,马尔有力地论证了人们不应只是尝试自底向上地模仿人类系统。相反,他认为应该将理论、算法与实现分开。人类系统可以将神经元的突触作为一种实现,但人们可以将该机制与系统用于解决问题的算法及可以在理论上严格描述的问题本身分开。一个理论问题可能有不同的算法,而每种算法又都可以在硬件、软件中以不同的方式实现。利用当代神经科学的知识,如大卫·休伯尔(David Hubel)和托斯坦·威泽尔(Torsten Wiesel)获得诺贝尔生理学或医学奖的研究[2],马尔和他的学生、同事设计了一系列计算方法,从图像中提取边缘信息,从立体图像或运动序列中计算三维结构,并从推断的结构中识别物体。这些计算方法显示出更高的稳定性和可靠性。

需要指出的是,马尔的视觉计算理论是一种理论体系。在此体系下,可以进一步丰富具体的计算模块,构建通用性强的视觉系统。

4.3.2 昙花一现的主动视觉和目的视觉

马尔的视觉计算理论在 20 世纪 80 年代初期提出后,确实在学术界引发了对计算机视觉研究的极大兴趣。该理论的一个显著应用是在工业机器人领域,赋予机器人视觉能力,其中基于部件的系统是典型的例子。然而,经过十多年的发展,人们意识到尽管马尔的理论十分精致,但在实际应用中,其鲁棒性不足,难以在工业界得到广泛的应用。因此,对这一理论的批评和质疑开始增多。

批评马尔计算视觉理论的主要观点集中在两个方面。

(1)自底向上的过程,缺乏高层反馈:批评者认为,马尔的理论过于依赖自底向上的过程,即从图像的低级特征出发,逐步向上构建对场景的理解,而忽视了高层认知过程的反馈作用。

(2)缺乏目的性和主动性:批评者指出,马尔的理论在三维重建方面缺乏目的性和主动性。由于不同的应用场景对重建精度的要求不同,不考虑具体任务需求,而试图构建一个通用的三维模型,这在实际应用中可能并不合理。提出批评的代表性人物如下。雅尼斯·阿洛莫诺斯(J. Y. Aloimonos),马里兰大学教授,他强调视觉过程应具有目的性,在许多应用中不需要严格的三维重建,提出了目的和定性视觉的概念;鲁泽纳·巴伊西(R. Bajcsy),宾夕法尼亚大学教授,她认为视觉过程必然涉及人与环境的交互,并提出了主动视觉的概念;阿尼尔·K.贾恩(A. K. Jaini),密西根州立大学教授,他主张视觉研究应更注重实际应用,并提出应用视觉的概念。

20 世纪 80 年代末到 90 年代初,计算机视觉领域经历了一段探索和彷徨的时期。在这一时期,批评和反思的声音不断,研究者在寻求新的方向和方法,以推动计算机视觉技术的发展和应用。这一阶段的探索为后来计算机视觉的进一步发展奠定了基础,特别是在主动视觉、目的性视觉及应用视觉等方面的研究。

1994 年,面对当时计算机视觉领域内的一些争议和挑战,著名刊物 *CVGIP：Image Understanding* 组织了一期专刊,对计算视觉理论进行了深入的讨论和辩论。这场辩论首先由耶鲁大学的迈克尔·J. 塔尔(M. J. Tarr)和布朗大学的迈克尔·J. 布莱克(M. J. Black)发起,他们撰写了一篇具有争议性的观点文章[3],提出马尔的计算视觉理论并不排斥主动性的概念。尽管如此,他们对马尔提出的"通用视觉理论"提出了批评,认为这一理论过于侧重视觉的应用层面,显示出一定的局限性。他们认为,尽管通用视觉无法给出严格的定义,但它可以模仿人类视觉的高级功能。这篇文章发表后,引起了国际上 20 多位知名视觉专家的关注,他们也发表了自己的观点和评论。普遍的看法是,主动性和目的性是视觉系统中合理的组成部分,关键在于如何发展新的理论和方法以体现这些特性。然而,当时提出的一些主动视觉方法主要停留在算法层面的改进,并没有为理论框架带来创新。此外,这些方法中的许多内容实际上可被纳入马尔的视觉计算框架。因此,自 1994 年这场视觉大辩论以来,主动视觉在计算机视觉界并没有取得太多实质性的进展。这段探索和彷徨的阶段并没有持续很长时间,对后续计算机视觉的发展产生的影响相对有限。尽管如此,这场辩论和讨论对于推动计算机视觉领域的思考和自我反省仍起到了积极的作用,为后续的研究提供了宝贵的经验和教训。随着时间的推移,计算机视觉领域逐渐发展出了更多创新的理论框架和方法,这些新的进展很大程度上得益于早期的探索和辩论。

主动学习作为机器学习的一个分支,在统计学中也被称作查询学习或最优实验设计。以一个高中生准备高考为例,学生在复习时可以选择随机做题,这种方法可能耗时较长且缺乏针对性。或者学生可以选择记录并专注于自己经常答错的题目,通过不断复习这些题目强化记忆,以提高考试成绩。类似地,在主动学习中,机器学习模型会挑选那些容易被误判的样本请求标注,然后利用这些标注训练和优化模型。这种方法通过有针对性地选择样本,提高学习效率和模型性能。

值得指出的是,主动视觉是一个富有前景的概念,但其挑战在于实现其计算过程。主动视觉通常涉及视觉注意力的机制,这要求研究大脑皮层中从高层到低层区域的反馈机制。尽管脑科学和神经科学在过去 30 年取得了显著进步,但在计算层次上,对于计算机视觉研究者来说,仍然缺少可以直接应用的实质性进展。近年来,随着各种脑成像技术的发展,尤其是连接组学领域的进步,为计算机视觉研究者提供了研究大脑反馈机制的新视角。这些进展可能有助于理解大脑中的反馈途径和连接强度,从而为主动视觉的计算实现提供潜在的参考和启发。

4.3.3　多视几何和分层三维重建

20 世纪 90 年代初期,计算机视觉领域的复苏主要归功于两个关键因素。首先,其应用范围从那些对精确度和鲁棒性要求极高的工业应用,转向对这些性能要求不那么严格,特别是那些更注重视觉表现而非严格度量的领域,例如远程视频会议、考古、虚拟现实和视频监控等。其次，人们意识到，在多视几何理论框架下，分层三维重建技术能够显著提高三维重建任务的鲁棒性和准确性。

多视几何本质上探讨了中心投影成像过程中，图像中对应点之间及空间点与其在图像中的投影点之间的约束关系和计算方法，如图 4-1 所示。在计算机视觉领域，多视几何主要关注以下几个核心问题：两幅图像中对应点的对极几何约束、三幅图像中对应点的三焦张量约束，以及空间平面点到图像点或者空间中平面点的投影到多幅图像点的单应约束。

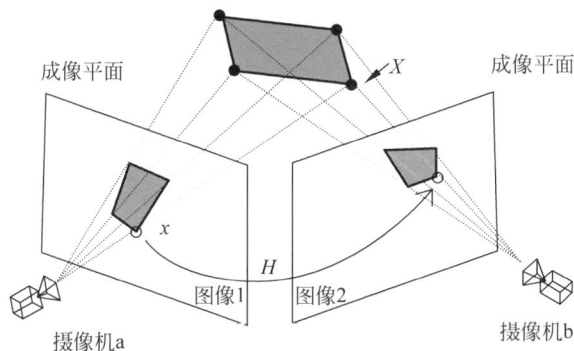

图 4-1　多视几何成像

在多视几何领域，射影变换下的不变量扮演着至关重要的角色，例如绝对二次曲线和绝对二次曲面在图像中的投影，以及无穷远平面的单应矩阵。这些元素作为摄像机自标定过程中的"参照物"，因为它们是无穷远处参照物在图像上的投影，理论上不受相机有限运动的影响，与相机的具体位置和运动无关。这使人们能够利用这些射影不变量实现摄像机的自标定。

多视几何的研究依赖射影几何的数学基础，射影几何是一种非欧几何，它包含平行直线相交、平行平面相交等抽象概念。在射影几何中，表示和计算通常在齐次坐标系下进行。哈特莱（Hartley）、福格（Faugeras）、齐瑟曼（Zissermann）等研究者将多视几何理论应用于计算机视觉，提出了分层三维重建理论和摄像机自标定理论。这些理论不仅丰富了马尔的三维重建理论，还提高了三维重建任务的鲁棒性及对大数据集的适应能力，从而极大地推动了三维重建技术在各领域的应用。计算机视觉中的多视几何研究标志着该领域发展历程中的一个重要里程碑。

1. 分层三维重建

分层三维重建（stratified 3D reconstruction）是一种逐步恢复三维结构的技术，它不是直接从二维图像跳跃到欧几里得空间中的三维模型，而是通过分阶段的方式实现，如图 4-2 所示。这个过程首先从多幅图像中对应点的射影重建开始，在射影空间中构建对应的空间点；接着进行仿射重建，将射影空间中的点转换到仿射空间；最终这些点被提升到欧几里得空间或度量空间，其中度量空间与欧几里得空间的区别仅在于一个常数尺度因子。由于分层三维重建仅依赖图像信息重建空间点,并没有预先知道的绝对尺度信息,例如窗户的实际长度为 1m 这样的信息,因此只能将空间点恢复到度量空间,而不能确定它们的实际大小或与真实世界单位的对应关系。这意味着重建的三维模型在形状上是准确的,但在尺度上可能与实际物体存在差异。

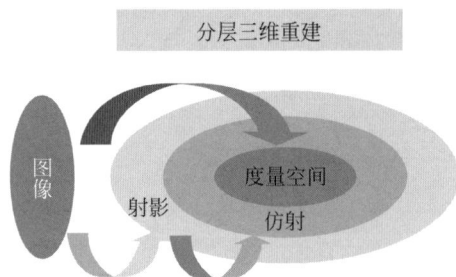

图 4-2　多视几何成像

分层三维重建之所以在计算上是合理的,是因为它采用了分阶段优化的策略。以三幅图像为例,如图 4-3 所示,假设相机的内参数保持不变,如果直接从图像中的对应点重建度量空间中的三维点,将涉及非线性优化,需要估计 16 个参数,包括 5 个相机内参数,以及第二幅和第三幅图像相对于第一幅图像的旋转和平移参数(各 3 个),再减去一个由尺度因子引起的常数,计算公式为 $5+2\times(3+3)-1=16$,这是一个相当复杂的优化问题。相比之下,如果首先从图像对应点进行射影重建,这个过程需要线性估计 22 个参数,由于是线性优化,因此这个问题相对容易解决。其次,从射影空间提升到仿射空间的重建需要非线性优化 3 个与无穷远平面相关的参数。最后,从仿射空间提升到度量空间的重建需要非线性优化 5 个相机内参数。因此,分层三维重建策略通过分步解决涉及 3 个参数和 5 个参数的非线性优化问题,显著降低了整体三维重建任务的计算复杂性。这种策略有效地简化了优化过程,使三维重建变得更可行、更高效。

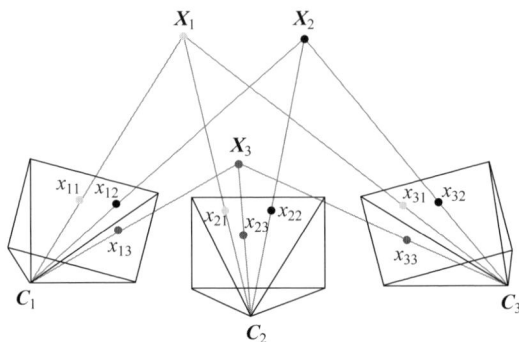

图 4-3　分层三维重建示意

分层三维重建不仅在计算上具有合理性,其理论本身也展现出优雅的特性。

在射影重建阶段,空间中直线的投影仍然保持为直线,相交的直线在投影中仍然相交,但是空间中直线的平行性和垂直性在投影中无法保持。进入仿射重建阶段,直线的平行性得以保持,但垂直性无法保持。而在度量重建阶段,不仅平行性得到保持,垂直性也能得到维持。在实际应用中,可以利用这些几何性质逐步提升重建的精度和质量。

分层三维重建理论是计算机视觉领域继马尔的计算视觉理论之后,又一个极具重要性和影响力的理论成果。目前,许多三维视觉应用,例如百度的三维地图和微软的虚拟地球等,其核心技术之一正是分层三维重建技术。这些应用展示了分层三维重建理论在实际问题解决中的有效性和实用性。

2. 相机自标定

相机自标定通常指的是精确确定摄像机内部的机械和光电参数,包括焦距、光轴与成像平面的交点等。尽管大多数相机出厂时都会附带一些预设的标准参数,但这些参数往往不够精确,不足以直接用于三维重建和视觉测量任务。为了提升三维重建的准确性,必须对相机的内参数进行精确估计,这个过程被称为相机自标定。有时确定相机在特定物体坐标系下的位置,或者多相机系统之间的位置关系,被称为相机外参数标定。

相机自标定过程包含两个主要部分:成像模型的选择和模型参数的估计。

在进行相机自标定时,首先需要选择一个合适的相机成像模型,例如决定是否采用针孔模型,以及是否存在畸变等问题。目前,关于相机模型的选择并没有统一的指导理论,通常需要根据具体的相机特性和应用需求确定。随着相机制造技术的进步,普通相机通常采用针孔成像模型,并附加一阶或二阶径向畸变模型,而其他类型的畸变通常较小,可以忽略不计。

在确定了相机成像模型之后,下一步是估计相应的模型参数。有些人可能将成像模型参数的估计简化为相机自标定的全部内容,这种理解是不全面的。实际上,选择正确的相机模型是相机自标定中最关键的一步。如果一个相机本身没有畸变,但在标定过程中错误地考虑了畸变,或者相机存在畸变但标定时未予以考虑,都可能导致较大的误差。因此,视觉应用的专业人员应当特别关注相机模型的选择问题。

相机参数估计通常需要一个具有已知三维结构的标定参考物,例如平面棋盘格或立体块等。相机自标定的过程,本质上是在已知成像模型的基础上,利用标定参考物及其在图像中的投影,建立模型参数的约束方程,并据此估计这些参数。而所谓的自标定,则是一种不依赖具体物理标定参考物,仅通过图像中特征点之间的对应关系估计模型参数的方法。

传统标定方法需要使用具有已知尺寸的标定参考物,而自标定则不需要这类物理标定物。正如前面提到的多视几何部分,自标定使用的是抽象的概念,即无穷远平面上的绝对二次曲线和绝对二次曲面。从这个角度看,自标定实际上也是需要参考物的,只不过这些参考物是虚拟的,位于无穷远处。

相机自标定过程会利用两幅图像之间的约束关系,例如基础矩阵和本质矩阵,以及三幅图像之间的三焦张量约束等。这些约束关系为自标定过程提供了必要的信息,确保在没有物理标定参考物的情况下,也能估计出相机的内参数和外参数。

4.3.4 基于学习的视觉

基于学习的视觉是计算机视觉研究的一个分支,它主要依赖机器学习技术。这个领域的研究大致可以分为两个阶段。

(1) 21 世纪初,流形学习等子空间学习方法是主流的研究方向。这些方法试图在数据中找到低维结构,以便更有效地表示和处理视觉信息。

(2) 目前,基于深度神经网络和深度学习的计算机视觉方法占据主导地位。这些方法通过模拟人脑处理信息的方式,利用多层神经网络学习和提取视觉数据的特征。

1. 流形学习

马尔的视觉理论强调物体表示在物体识别中的重要性。对于给定的图像物体,例如人脸,不同的表示方法会影响物体的分类和识别效果。直接将图像的像素作为表示,虽然直观,但这种方法存在过度表示的问题,且通常不是最优的表示方式。

流形学习(manifold learning)理论提出了一种观点,即图像物体存在于一个内在的流形上,这个流形能够提供一种更优质的表示。因此,流形学习的核心在于从图像中学习这种内在的流形表示。这个过程通常涉及非线性优化,目的是发现和利用数据的内在结构,以便更有效地进行物体识别和分类。通过流形学习,可以从高维图像数据中提取出低维的特征表示,这些特征能够更好地捕捉物体的本质属性,从而提高识别和分类的性能。这种方法在计算机视觉领域中,尤其是在处理具有复杂结构的数据时,显示出强大的潜力和价值。

2000 年在 *Science* 上发表的两篇文章[3-4]可以看作流形学习的开端,流形学习的困难在于没有严格的理论确定内在流形的维度。人们发现很多情况下流形学习的结果还不如传统的主成分分析(PCA)、线性判别分析(LDA)、多为尺度变换(MDS)等。流形学习的代表方法有局部线性嵌入降维算法(LLE)[4]、Isomap[3]、Laplacian Eigenmaps[5]等。

2. 深度学习

深度学习(deep learning)[5]的成功很大程度上归功于数据量的积累和计算能力的提升。尽管深度神经网络的概念在 20 世纪 80 年代就已经被提出,但由于早期深度网络在性能上并不总是优于浅层网络,因此它们并没有得到广泛的应用和发展。

目前,计算机视觉领域的方法主要依赖深度学习技术。这一趋势可以从计算机视觉领域的三个主要国际会议——国际计算机视觉会议(ICCV)、欧洲计算机视觉会议(ECCV)、计算机视觉和模式识别会议(CVPR)——近年来的论文发表情况中明显看出。在这些会议上,研究者普遍利用深度学习技术改进或替代传统的计算机视觉方法。深度学习在图像分类、目标检测、图像分割、物体识别等多领域都取得了显著的成果,成为推动计算机视觉技术进步的核心力量。

4.4　基于深度学习的视觉计算方法

计算机视觉、视觉计算和图像处理是紧密相关的概念,但又有一些区别。

计算机视觉是指使计算机模拟人类视觉系统的能力,从图像和视频中提取有用的信息,并理解和解释这些信息。计算机视觉通常涉及图像处理、机器学习、模式识别等领域,广泛应用于自动驾驶、医学图像分析、安防监控等领域。

视觉计算是一个更广泛的概念,包括计算机视觉在内的多个领域,如计算机图形学、计算机动画、虚拟现实等。视觉计算旨在开发算法和技术,处理和生成视觉数据,例如图像、视频、三维模型等。视觉计算还涉及计算机视觉的实时渲染、交互性和可视化等方面,在电子游戏、电影制作、工业设计等领域也得到广泛应用。

图像处理是指对图像进行数字化处理、增强和分析的一种技术。它强调对图像数据进行处理,而不是对图像中物体进行理解和识别。图像处理技术可用于计算机视觉和视觉计算中的图像预处理、降噪、增强等方面。

因此,可以认为计算机视觉和视觉计算是一种更宽泛、更具包容性的概念,而图像处理是这两个概念的一个子集,旨在对图像数据进行处理和分析,进而为计算机视觉和视觉计算提供基础技术支持。

4.4.1　传统视觉计算方法

传统视觉计算方法主要涉及利用计算机对图像进行处理和分析,以提取有价值的信息。这些方法的基础技术如下。

(1) 图像处理:使用滤波、边缘检测和阈值处理等技术改善图像质量或突出图像特征。

(2) 特征提取:识别并描述图像中的关键点或区域,常采用的方法包括尺度不变特征变换(scale-invariant feature transform,SIFT)和加速稳健特征(speeded up robust features,SURF)。

(3) 图像分割:将图像划分成有意义的区域或部分,通常通过聚类、阈值处理或边缘检测等技术实现。

(4) 目标检测:在图像或视频流中识别和定位对象。一种广泛使用的目标检测方法是 Viola-Jones 算法,该算法采用 Haar-like 特征和分类器级联实现对象的实时检测。

在深度学习成为主流之前,这些传统方法是计算机视觉领域内用于处理视觉信息的主要技术。尽管现在深度学习方法在许多视觉任务中取得了显著的进展,但这些传统技术依然在特定应用中发挥着重要作用,特别是在需要快速、简洁解决方案的场合。传统视觉计算体系通常包括图像采集、图像处理、特征提取、分类识别等步骤,其中每个步骤都需要使用不同的算法和技术实现,如图 4-4 所示。

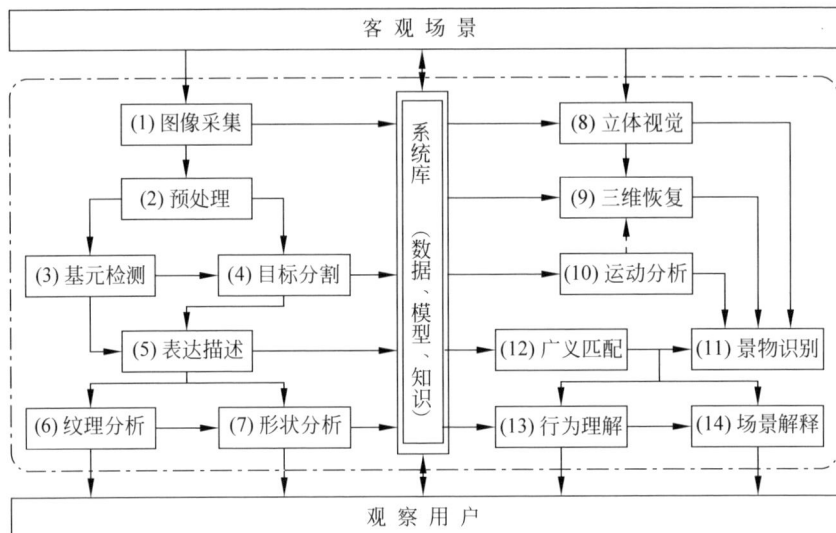

图 4-4　传统视觉计算体系

(1) 图像采集:目的是将现实世界中的图像转化为数字信号,以便计算机能够对其进行处理。图像采集通常使用数字相机或摄像机,其原理是将光学信号转化为电信号,并将其存储在计算机中。在图像采集过程中,需要考虑光照、噪声、分辨率等因素,以保证采集图像的质量。

(2) 图像处理:目的是对采集的图像进行预处理,以便后续的特征提取和分类识别。图像处理通常包括图像增强、滤波、去噪、边缘检测等操作,这些操作可以提高图像的质量和清晰度,减少噪声和其他干扰。

(3) 特征提取:目的是从预处理后的图像中提取有用的细节和信息,以便进行分类识别。特征提取通常使用各种算法和技术,这些算法和技术可以从图像中提取出局部特征、纹理特征、形状特征等信息。

(4) 分类识别:目的是将图像分为不同的类别或进行目标检测。分类识别通常使用各种机器学习算法和技术,如 SVM、神经网络、决策树等,这些算法和技术可以根据特征向量对图像进行分类和识别。在分类识别的过程中,需要考虑分类器的准确率、召回率、调和平均数 F1 值等指标,以保证分类识别的效果和性能。

传统的机器学习算法当中,图像的分类识别主要包括底层特征提取、特征编码、空间约束、分类器分类等步骤,如图 4-5 所示。图像分类任务的核心在于提取图像的特征,这一步骤对分类的准确性至关重要。特征提取的效果直接关系分类结果的好坏。如果直接将整个图像作为输入,分类算法将面临处理大量数据的挑战,同时图像中可能包含的背景等无关信息也会降低分类的效率和准确性。特征提取的主要目标是简化原始图像的数据,通过降维技术将图像从原始的高维空间映射到一个更低维度的特征空间。在这个过程中,旨在捕捉最能代表图像本质特征的元素,或者那些有助于区分不同类别的样本特征。图像的特征主要包括颜色特征、纹理特征、形状特征、空间关系特征四大类。

底层特征提取 ⇒ 特征编码 ⇒ 空间约束 ⇒ 分类器分类

图 4-5　传统图像分类识别流程

颜色特征作为图像分析中的全局特征,能够提供图像或其局部区域的颜色信息。RGB 和 HSV 是两种最常用的颜色空间,它们分别从不同角度描述颜色属性。RGB 颜色空间是基于红色、绿色和蓝色光的组合,是数字图像和显示设备中最常用的颜色表示方法。HSV 颜色空间表示颜色的色调(hue)、饱和度(saturation)和亮度(value),更适于人类对颜色的感知。描述颜色特征的常见方法如下。颜色直方图:统计图像中每种颜色的分布情况;颜色集:图像中颜色的集合表示;颜色矩:颜色分布的统计特征,如均值、方差等;颜色聚合向量:颜色的聚合表示,用于捕捉颜色的分布特性;颜色相关图:描述颜色间的空间关系。

纹理特征则描述图像中重复出现的局部模式及其排列规则,反映图像或区域的表面特性。常用的纹理描述方法如下。灰度共生矩阵(gray-level co-occurrence matrix,GLCM):通过分析灰度级之间的共生关系描述纹理;局部二值模式(local binary pattern,LBP):通过比较像素与其周围邻域的相对亮度提取纹理信息;方向梯度直方图(histogram of oriented gradient,HOG):通过统计图像局部区域的梯度方向和强度描述纹理。纹理特征的优势在于其对图像旋转的不变性,具有较好的抗干扰能力。然而,它们可能受到图像分辨率变化的影响,光照和反射条件也可能对纹理特征产生影响。灰度共生矩阵能够提供图像纹理特征的多种统计量,例如,能量:纹理的粗糙程度,高能量表示高对比度;熵:纹理的随机性,高熵表示复杂的纹理;对比度:纹理的清晰度;相关性:纹理元素的空间相关性。

形状特征通常基于图像中物体的轮廓和区域边界进行描述。这些特征可以通过多种数学变换提取,例如霍夫曼变换:用于检测和表示图像中的直线和曲线;傅里叶变换:通过频率分析识别图像中的重复模式;小波变换:能够同时提供时间和频率信息,用于提取图像的局部特征。形状特征主要分为两大类:一类是轮廓特征,关注物体的外边界,可以描述物体的外形和轮廓形状;另一类是区域特征,涉及整个形状区域,可以提供关于物体内部结构和区域属性的信息。

空间关系特征关注图像中不同目标对象之间的相对位置和方向。这些特征对于理解场景中对象的布局至关重要。提取空间关系特征的常用方法如下。基于距离度量的方法：通过计算图像中不同像素或对象之间的距离确定它们之间的空间关系；基于图模型的方法：利用图论中的节点和边表示和分析对象间的空间关系。

结合这些特征，可以开发出更全面的视觉计算模型，这些模型不仅能够识别单个物体，还能够理解物体之间的复杂关系和场景的全局结构。这种综合方法提高了计算机视觉系统在多种应用中的性能和鲁棒性。

提取特征后，它们通常用作输入数据，被送入各种机器学习分类算法，以进行图像分类。以下是一些传统的图像分类算法。

（1）k-近邻算法（k-nearest neighbor，KNN）[5]：作为一种基本的数据挖掘分类技术，KNN 通过查找测试样本的 k 个最近邻居进行分类决策，它简单直观，易于理解和实现。

（2）贝叶斯分类器：基于贝叶斯定理，这种分类器通过考虑对象的先验概率，并使用贝叶斯公式计算后验概率，从而进行分类。

（3）支持向量机（support vector machines，SVM）[6]：SVM 是一种监督学习模型，它通过找到数据点之间的最优边界区分不同的类别，因其坚实的理论基础和出色的性能而在许多领域得到广泛应用。

（4）BP（back propagation，反向传播）神经网络[7]：这种网络结构模仿生物神经网络，使用误差反向传播算法训练网络，能够处理复杂的非线性分类问题。

在机器学习领域，分类问题通常分为两大类：无监督学习和监督学习。在监督学习中，每个训练样本都有一个对应的输出标签，算法的目标是通过学习输入特征与这些标签之间的关联，对新的、未见过的数据进行分类。一旦模型训练完成，它就可以接收新的输入样本，并预测相应的类别标签。与监督学习不同，无监督学习使用的数据集不包含标签。在这种情况下，算法需要自行探索数据中的结构和模式。无监督学习的目标是将数据集中的样本根据它们的相似性或其他内在特征划分为不同的组或类别。这种方法常用于聚类、关联规则学习和降维等任务。

人工神经网络（artificial neural network，ANN）[7]是一种受生物神经网络启发而构建的数学模型，它能够对复杂函数进行估计和近似。ANN 通过模仿人脑中神经元的连接和交互方式处理信息。BP 神经网络[8]是 ANN 的一种重要类型，在机器学习领域得到了广泛的应用。BP 神经网络的学习过程由信号的正向传播与误差的方向传播两个过程组成，如图 4-6 所示。信号的正向传播：输入样本首先进入网络的输入层，然后经过隐藏层的逐层处理，最终到达输出层。在这一过程中，每层的神经元会对输入信号进行加权求和，并通过一个激活函数生成输出。误差的反向传播：如果输出层的实际输出与期望的输出标签之间存在误差，这个误差将用于启动反向传播过程。在反向传播阶段，误差会沿着网络从输出层反向传递回输入层。通过计算每层的误差梯度，这些梯度用于更新网络中神经元的权重，目的是减少输出误差。BP 神经网络具有以下能力。自适应学习能力：网络能够自动调整权重,以适应训练数据的特征;非线性映射能力:能够学习和模拟复杂的非线性关系;泛化能力:在训练完成后,网络能够对新的、未见过的数据进行预测。然而,BP神经网络也存在以下局限性。参数众多:由于网络采用全连接结构,因此涉及的参数较多,这可能导致网络结构复杂;收敛速度慢:BP神经网络通常使用梯度下降算法优化权重,这可能导致收敛速度较慢。局部最优问题:在优化过程中,BP神经网络可能陷入局部最优解,而不是全局最优解。

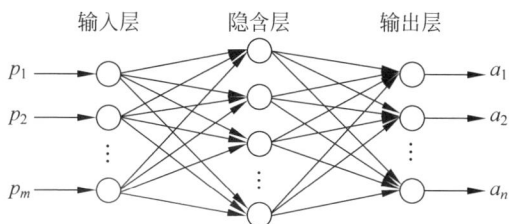

图 4-6 BP 神经网络

深度神经网络(deep neural networks,DNN)是深度学习的一种框架,它是一种具备至少一个隐藏层的神经网络,如图 4-7 所示。深度神经网络是感知机概念的扩展,由多个层次的神经元组成,每层可以包含多个神经元。DNN 有时也被称为多层感知机(multi-layer perceptron,MLP)。DNN 的结构通常包含以下各层。输入层:网络的第一层,负责接收输入数据;隐藏层:位于输入层和输出层之间的所有层,可以有多个,负责提取和加工数据的特征;输出层:网络的最后一层,负责产生最终的输出结果。在 DNN 中,层与层之间采用全连接方式,即上一层的每个神经元都与下一层的每个神经元相连。尽管 DNN 整体结构可能看起来复杂,但在局部每个神经元的功能与感知机类似,即包含一个线性部分(通常是权重和偏置的线性组合)和一个非线性激活函数。

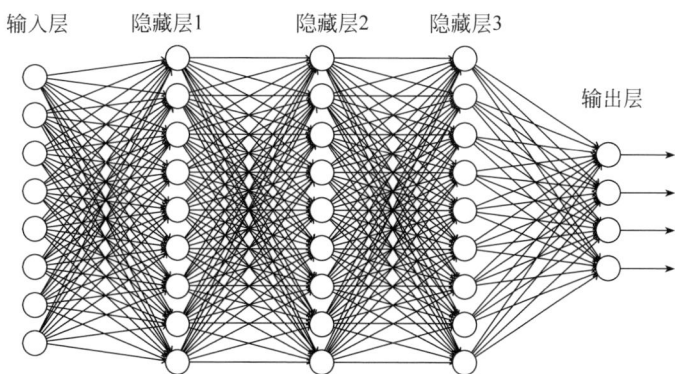

图 4-7 深度神经网络

尽管传统的视觉计算方法在计算机视觉领域曾经发挥了重要作用,但随着深度学习和神经网络技术的兴起,这些传统方法正在逐渐被更先进的技术取代。深度学习提供了更强大的特征表达和泛化能力,能够自动从数据中学习复杂的特征和模式,这使图像处理和分类识别任务变得更高效、更精确。目前,计算机视觉的研究和应用越来越多地依赖深度学习和神经网络技术。这些技术能够处理大规模数据集,提供更精确的识别和分类结果,并且在许多视觉任务中已经超越传统方法的性能。

在传统视觉计算体系中,基于 CPU 的计算架构因其通用性和灵活性而被广泛应用。然而,CPU 在处理大规模图像数据时可能遇到计算速度和效率的瓶颈。为了解决这一问题,现代计算机视觉系统越来越多地采用 CPU 与 GPU 相结合的计算架构。GPU(图形处理单元)因其并行处理能力特别适用于深度学习中的大规模矩阵运算,从而显著提高了计算速度和整体效率。随着深度学习技术的不断发展和计算资源的日益丰富,未来的计算机视觉系统将更智能,能够更好地理解和解释视觉信息,为各种应用提供强大的视觉感知能力。

4.4.2　人工神经网络

在图像处理方面,传统视觉计算方法需要人工设计和提取特征,而深度学习视觉计算体系则可以自动学习特征和模式。传统视觉计算方法中的图像处理步骤包括图像采集、图像处理、特征提取、分类识别等,而深度学习视觉计算方法中的特征提取步骤使用卷积神经网络(CNN)、循环神经网络(RNN)等深度学习算法和技术,可以自动学习特征和模式,从而实现更高效、更准确的图像处理和分类识别。在分类识别方面,深度学习视觉计算方法可应用于更复杂、更大规模的目标检测、图像分割等任务,具有更广泛的应用前景。

20 世纪 40 年代,随着神经科学研究的深入,人们开始尝试模仿生物神经网络构建具有识别和记忆功能的模型和算法。1943 年,麦卡洛克(McCulloch)等[9]提出第一个人工神经元的数学模型——感知机;1958 年,在感知机模型的基础之上,罗森布拉特(Rosenblatt)[10]提出具备自我学习机制的第一代单层感知机模型,并将其应用于实际问题,其不足之处在于模型只能解决线性可分问题,学习机制不具有完备的理论基础;1960 年,威德罗(Widrow)和霍夫(Hoff)[11]通过叠加隐藏层提出多层感知机模型,但缺少合理的训练方法;1986 年,鲁梅尔哈特(Rumelhart)等[12]提出反向传播算法,形成 BP 反向传播神经网络模型。无论多复杂的神经网络模型,都是由神经元构成的。

1. 神经元

神经元是人工神经网络的基本处理单元,实现从输入空间到输出空间的映射,其结构如图 4-8 所示。其中,$x_i(i=1,2,\cdots,n)$ 为输入数据,$w_i(i=1,2,\cdots,n)$ 为连接权重,b 为偏置项,且 x_i、w_i、b 均为标量。$f(\cdot)$ 为非线性激活函数,常用的有 sigmoid 函数、tanh 函数和 ReLU 函数等,使输入与输出表现出非线性关系,如式(4.1)所示。

$$a = f(h) = f\left(\sum_{i=1}^{n} w_i x_i + b\right) \tag{4.1}$$

2. 多层感知机

多层感知机由若干个神经元堆叠而成,分别由输入层、隐藏层(一层或多层)和输出层组成,每个隐藏层中含有多个神经元。从输入 x 到输出 y 的过程称为前向传播。如图 4-9 所示,向量 $\boldsymbol{x} = [x_1, x_2, x_3]^{\mathrm{T}}$ 为输入;隐藏层 1 包含 4 个神经元,用矩阵 $\boldsymbol{W}^{[1]} = [w_1^{[1]}, w_2^{[1]}, w_3^{[1]}, w_4^{[1]}]^{\mathrm{T}}$ 表示隐藏层 1 与输入层之间的连接权重,$\boldsymbol{w}_i^{[1]}$ 为第一层(从隐藏层开始计算)中第 i 个神经元的权重列向量;$\boldsymbol{b}^{[1]} = [b_1^{[1]}, b_2^{[1]}, b_3^{[1]}, b_4^{[1]}]^{\mathrm{T}}$ 为第一层的偏置,$\boldsymbol{h}^{[1]} = [h_1^{[1]}, h_2^{[1]}, h_3^{[1]}, h_4^{[1]}]^{\mathrm{T}}$ 和 $\boldsymbol{a}^{[1]} = [a_1^{[1]}, a_2^{[1]}, a_3^{[1]}, a_4^{[1]}]^{\mathrm{T}}$ 分别表示施加激活函数前后该层神经元的状态。同理,可推导隐藏层 2 与输出层相关元素之间关系,第 l 层的输出如式(4.2)所示。

$$a^{[l]} = f(h^{[l]}) = f(w^{[l]} a^{[l-1]} + b^{[l]}) \tag{4.2}$$

其中,$l \in [1,3]$,$a^{[0]} = x$。由于最终的输出层只有一个神经元,$\boldsymbol{W}^{[3]}$ 表示行向量,$a^{[3]} = y$ 表示一个标量。可以看出,多层感知机就是输入与输出之间的函数,其表达不同函数关系的关键在于每一隐含层的具体连接权重矩阵。如何获取多层感知机每层的具体连接权重矩阵,形成了不同的神经网络模型和学习算法。

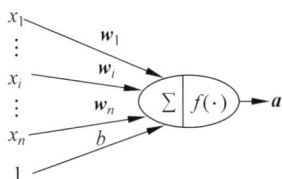

图 4-8 神经元模型   图 4-9 多层感知机

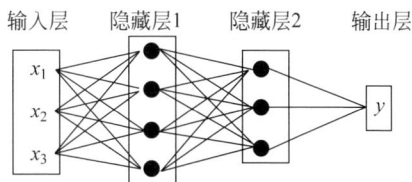

3. 反向传播算法

以多层感知机为神经网络结构,基于梯度下降和链式求导法则求解神经网络权重矩阵的反向传播算法,是目前深度学习训练过程中常采用的算法。梯度下降算法是一种迭代算法,为了求解目标函数的最小值,使函数中的变量不断朝着梯度下降的方向移动(下降最快的方向)。对于神经网络而言,其目标是通过优化损失函数最小化预测值 $\hat{y}$ 与实际值 y 之间的差异。以均方误差为例,其损失函数 E 如式(4.3)所示。

$$E = \frac{1}{k} \sum_{j=1}^{k} (y_j - \hat{y}_j)^2 \tag{4.3}$$

其中,k 表示输入训练样本数量。在实际应用中,往往对样本分批训练。相对于整体样本而言,计算出的梯度存在偏差,但最终都能使模型快速收敛至极小点附近。为了降低计算成本,通常采用随机梯度下降法或批梯度下降法。

E 相对于 y_j 的梯度,如式(4.4)所示:

$$\frac{\partial E}{\partial y_j} = y_j - \hat{y}_j \qquad (4.4)$$

通过链式法则,求得 E 关于其他元素的梯度如式(4.2)~式(4.8)所示:

$$\frac{\partial E}{\partial h^{[l]}} = \frac{\partial E}{\partial a^{[l]}} \frac{\partial a^{[l]}}{\partial h^{[l]}} = \frac{\partial E}{\partial a^{[l]}} f'(h^{[l]}) \qquad (4.5)$$

$$\frac{\partial E}{\partial W^{[l]}} = \frac{\partial E}{\partial h^{[l]}} \frac{\partial h^{[l]}}{\partial W^{[l]}} = \frac{\partial E}{\partial h^{[l]}} (a^{[l]})^{\mathrm{T}} \qquad (4.6)$$

$$\frac{\partial E}{\partial b^{[l]}} = \frac{\partial E}{\partial h^{[l]}} \frac{\partial h^{[l]}}{\partial b^{[l]}} = \frac{\partial E}{\partial h^{[l]}} \qquad (4.7)$$

$$\frac{\partial E}{\partial a^{[l-1]}} = \frac{\partial E}{\partial h^{[l]}} \frac{\partial h^{[l]}}{\partial a^{[l-1]}} = \frac{\partial E}{\partial h^{[l]}} (W^{[l]})^{\mathrm{T}} \qquad (4.8)$$

为减小损失函数 E,需要将神经网络的权重和偏置沿负梯度方向更新,如式(4.9)、式(4.10):

$$W^{[l]} = W^{[l]} - \eta \frac{\partial E}{\partial W^{[l]}} \qquad (4.9)$$

$$b^{[l]} = b^{[l]} - \eta \frac{\partial E}{\partial b^{[l]}} \qquad (4.10)$$

其中,η 为学习率,表示一次更新的幅度。通过多轮迭代,神经网络的权重和偏置不断更新,损失函数 E 越来越小,最终获得所需的权重和偏置,即获得针对训练数据集的 BP 神经网络模型。

梯度下降法的不足之处在于容易陷入局部最小值点问题。随着输入向量维数的增加,模型复杂程度也随之增加,损失函数就被定义在高维空间。相比极少存在的局部最小值点,主要问题在于存在大量鞍点(一阶导数为 0 但非局部最小值的点),导致算法收敛速度减慢。为此研究人员提出 Momentum、Nesterov Momentum、AdaGrad、RMSProp、Adam 等各种改进算法。

4.4.3 卷积神经网络

20 世纪 90 年代后期,信息化程度相对较低,用于训练的数据量相对较小,普遍认为难以从少量样本中提取有价值的特征,深层模型的训练也存在严重的梯度消失或梯度爆炸问题,神经网络逐渐被放弃。直到 2006 年,杰弗里•辛顿(Hinton)等[13]提出了一种无监督的学习方法,采用逐层预训练方式成功训练了深度神经网络,重新推动了神经网络的研究。随后提出了各种深度神经网络模型,而最早提出且影响深远的是深度卷积神经网络。

1. 卷积神经网络的起源

19 世纪 60 年代,大卫休•伯尔(Hubel)和埃利•维瑟尔(Wiesel)发现视觉皮层存在不同的层级关系,提出了基于猫视觉皮层的结构模型。在初级皮层上,一些简单细胞会对边缘和不同朝向的光刺激产生响应,并且这些简单细胞会连接更复杂的细胞群,对更复杂的图像信息做出响应。直到 1980 年,福岛(Fukushima)[14]提出 Neurocognition 模型,实现了伯尔和维瑟尔的思想,其采用卷积和降采样池化的组合结构——卷积神经网络。1989 年,勒丘恩(LeCun)等[15]应用反向传播算法对卷积神经网络进行训练,并且在邮政编码识别的应用中取得较好的效果,但受限于当时硬件技术和数据集短缺,只能构建浅层的网络模型,处理简单数字图像。随着 GPU技术的发展和 ImageNet 数据集的建立,亚历克斯·克里泽夫斯基(Krizhevsky)等使用深度卷积神经网络在 2012 年的 ILSVRC(ImageNet Large Scale Visual RecognitionChallenge)竞赛中取得了第一名,证实了卷积神经网络能较好地处理图像。

2. 卷积神经网络的基本构造

如图 4-10 所示,经典的卷积神经网络由若干个卷积层和池化层交替构成,进行图像特征提取,并铺展为一维向量,经过由多层感知机构成的分类器,完成分类任务。以 CIFAR-10 数据集[16]为例,将一幅图像的像素点信息,即 $32\times32\times3$ 的三维张量作为输入,输出为猫、狗等所属不同类别的概率值,通过 softmax 函数实现归一化,所有类别的概率之和为 1。进行图像识别时,最高概率值对应的类别为图像的预测类别。如果只使用全连接网络模型处理图像信息,需要将 $32\times32\times3$ 的输入张量铺展为 3072 的一维向量,再与隐藏层连接,则模型的参数量(连接权重)将会非常庞大,并且破坏图像本身像素点之间的位置相关性,不利于提取有价值信息。卷积神经网络可以较好地解决上述问题。

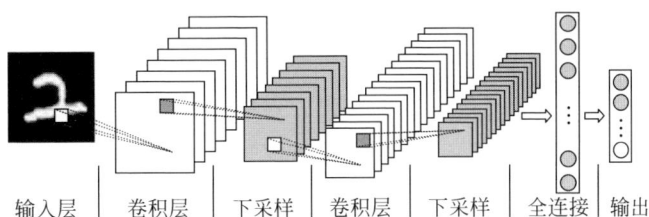

图 4-10　卷积神经网络

假设输入为一个 $W\times H\times D$ 的张量,卷积核(又称滤波器)的大小为 $K\times K\times D$,第三个维度与输入的张量相同,如图 4-11 所示。卷积具体过程为:将卷积核在输入张量上按照规定的步长滑动,并将卷积核作为神经元的连接权重,相应地输入张量上的元素作为神经元的输入信号。卷积核每滑动一个位置就得到一个输出,最终一个卷积核就对应一个二维的张量(子特征图),N 个卷积核就对应一个三维的张量(特征图),作为下一层网络的输入。特征图的深度为 N,大小即二维张量的大小。特征图的大小取决于卷积核的大小 K,S 表示卷积核的滑动步长,P 表示在输入张量周围进行 0 填充的大小。为了保证输出特征图与输入大小一致,在步长为 1 的条件下进行 0 填充的操作,满足 $\lfloor(W+2P-K)/S\rfloor=W$ 和 $\lfloor(W+2P-K)/S\rfloor=$

H，（$\lfloor \quad \rfloor$ 表示向下取整），具体卷积过程如图 4-11 所示。

卷积操作能有效保持图像数据的空间位置关系，其局部连接方式有利于对局部特征进行提取，符合图像中一个像素点与其周围像素高度相关的特点。同时，一个卷积核对应一幅子特征图的方式，相当于同一幅子特征图上的神经元权重共享。一幅子特征图代表一种特征的提取结果，较好地处理了同一特征在不同位置的出现，又大大减少了模型的参数量。

池化层位于卷积层之后，对输入特征进行下采样，也称欠采样。池化操作在子特征图中根据滤波器大小对其中的数据取平均值即为平均池化，取最大值即为最大池化，如图 4-12 所示。通常滤波器的大小 K 与步长 S 相同，不存在任何训练参数，可降低运算成本。

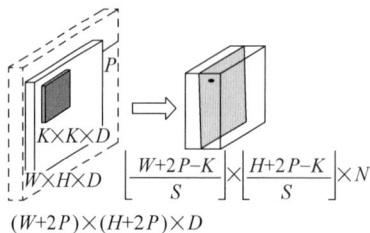

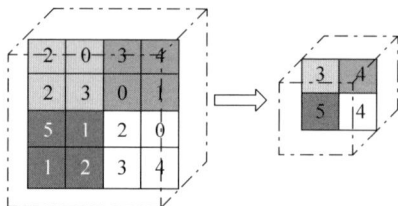

图 4-11　卷积操作　　　　　　　　图 4-12　最大池化操作

在保留主要信息的同时，池化操作能有效减少数据量，还具有防止过拟合的作用。池化操作的作用具体包括：通过特征图的缩减降低模型的复杂度；如果图像发生微小的平移、旋转或尺度的变化，在经过多次池化操作后，其输出值基本保持不变。但池化结果在增强鲁棒性的同时，也伴随着有效信息的丢失，在语义分割等精度要求较高的应用中已逐渐弃用。

3. 卷积神经网络模型

2012 年，克里泽夫斯基(Krizhevsky)等[17]设计的 AlexNet 网络，将 CNN 首次应用于 ImageNet 数据集，并以压倒性的优势取得了 LSVRC2012 图像分类的冠军。相比排在第二名的传统机器学习方法，AlexNet 的 top5 误差减小了 10％以上。如图 4-13 所示，AlexNet 由 5 个卷积层、3 个最大池化层和 2 个全连接层组成，选用 ReLU 作为激活函数，以加快模型的收敛速度。为了防止过拟合，在全连接层使用 Dropout 技术，使神经元随机失活，进一步提高模型的泛化能力。通过图像平移、镜像变换或色彩变换等数据增强技术扩充训练数据。在训练模型时，由于单个 GPU 硬件条件限制，Krizhevsky 等集成两块 GPU 进行并行处理。2014 年，牛津大学视觉几何组提出 VGGNet19[18]图像分类网络模型，VGGNet19 将网络层数增加到 11～19 层，删除最后的全连接层部分，改为由 3×3 的卷积层和 2×2 的最大池化层构成。与 AlexNet 的第一个卷积层为 11×11 相比，VGGNet19 选用更小的卷积核，具有 3 个堆叠的 3×3 卷积层与一个 7×1 卷积层，拥有大小相同的有效感受野,即相同大小的输出与输入相关联的区域。使用更小的卷积核能够提取更细致的特征,多层结构提供了更强的非线性映射关系;同时,使用3个堆叠的3×3卷积层有助于减少网络参数。实验表明,VGGNet19的top5错误率比AlexNet降低了8%。

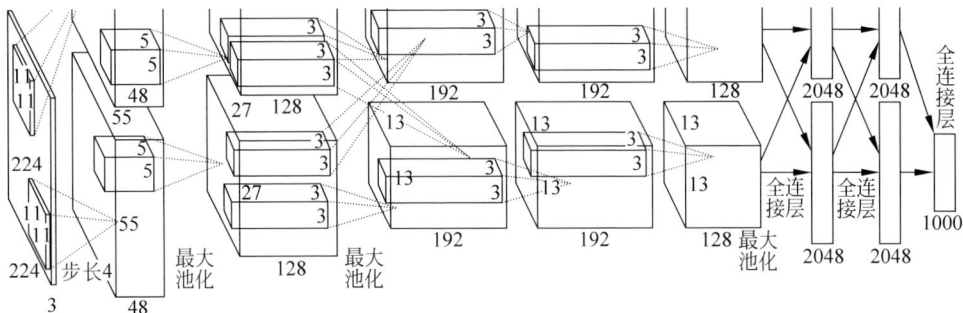

图 4-13　AlexNet 网络图

GoogLeNet[19]拥有更深层次的网络结构,网络达到22层,并结合Inception(受电影启发,翻译为盗梦空间)模块,获得ILSVRC 2014分类挑战的冠军,如图4-14所示。

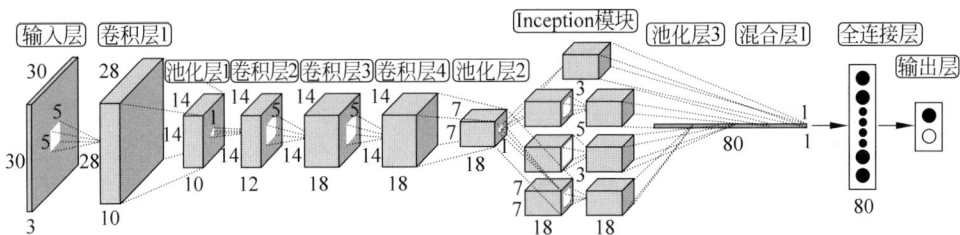

图 4-14　GoogLeNet 网络图

Inception模块是一个多分支的结构,通过并行地进行卷积操作,最后将所有分支的输出连接在一起,从而使网络同时学习不同尺度和抽象级别的特征。该模块旨在解决深度神经网络中的计算和参数量急剧增长的问题,如图4-15所示。虚线框部分1×1的卷积主要有两个作用:在输入与输出之间建立更强的非线性映射;有效保持特征图的空间大小,对特征维度进行降维,从而减少模型的参数量与计算量。不同大小的卷积核表示从输入数据中提取不同尺度的局部特征,并将这些特征图相连接作为下一层的输入,提取更有用的特征。

GoogLeNet还使用全局平均池化层方法减少模型参数,在网络中间部分增加辅助输出层,有效缓解网络层数增多导致的梯度消失问题。通过对比研究发现,深层的模型有利于提取更多层级的特征,以提高模型分类效果,但是简单叠加网络层数也会产生其他问题。首先,深层网络模型的训练更困难,容易出现梯度爆炸或消失现象,不过可以通过优化权重初始化方法、使用ReLU激活函数及批归一化等方法进行改善;其次,随着网络层数的增加,模型分类效果出现严重的退化现象,训

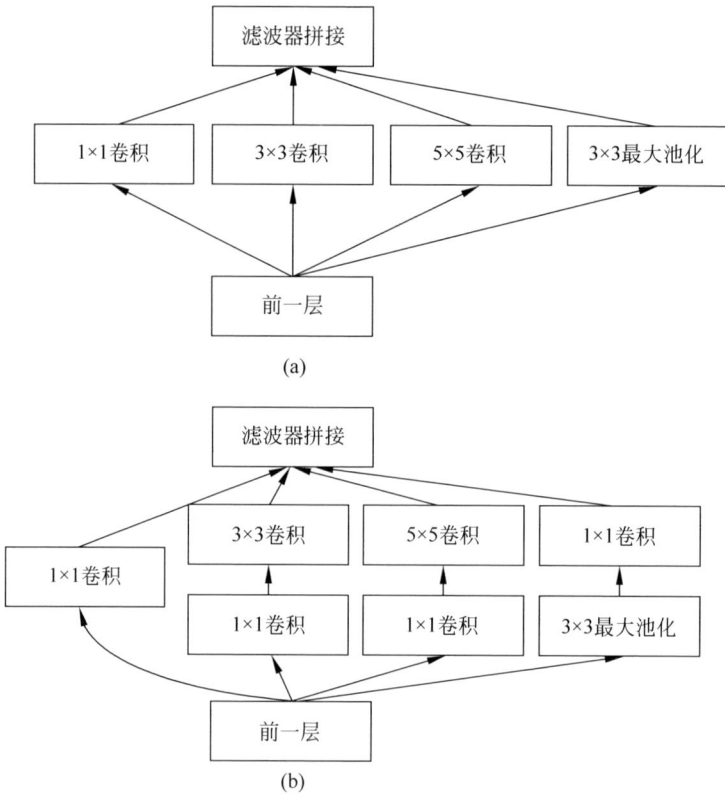

图 4-15　Inception 模块

（a）Inception 原始版本；（b）Inception 降维版本

练和测试的错误率均会增加。可见过拟合并不是造成模型退化的原因,于是人们考虑如何在层数增多的同时保持模型的性能。基于这种思想,微软亚洲研究院的何凯明等[20]提出了 ResNet 残差网络,其网络深度为 152 层,是 VGGNet19 的 8 倍。

ResNet 主要由许多残差单元连接而成,其基本构造如图 4-16 所示。通过在正常的网络层之间添加一个捷径连接 shortcut,在残差单元的输入与输出之间建立恒等映射。多层网络残差部分表示一个复杂的非线性映射,如式(4.11)所示。

$$a = f(x + g(x)) \tag{4.11}$$

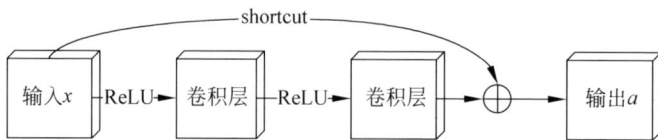

图 4-16　残差单元

其中,x 表示残差单元的输入,$g(\cdot)$表示非线性映射,$f(\cdot)$表示激活函数,a 表示残差单元的输出。在反向传播过程中,网络只需要学习残差部分,如果最优映射接近恒等映射,则残差部分近似为 0。通过 shortcut,网络的梯度可以跨越残差部分向前传递,有效解决梯度消失或爆炸问题。

2011 年,Hinton 等[21]受到大脑皮层中大量存在微柱体的神经解剖学启发,提出用胶囊模拟微柱体的胶囊网络模型。微柱体内部含有上百个神经元,并存在内部分层,胶囊网络也包含近百个神经元,其输出是一个向量。由于 CNN 迅速发展,胶囊网络模型研究一度被搁置。近几年 CNN 研究过程中遇到一系列问题,尤其是 Hinton 等指出的不变性,即通过池化层保证在图像发生平移或微小旋转的情况下,CNN 提取的特征信息保持不变,如图 4-17(a)所示。为了追求不变性,CNN 仅考虑识别率,而忽略了位置、角度等特征信息,如果图像中的物体发生较大幅度的旋转或视角变化,CNN 就难以有效识别。虽然通过数据增强方式可以缓解上述问题,但也会导致训练的数据量成倍增长。Hinton 等的目标是使模型像人一样具有同变性,能对不同场景或视角的同一个物体进行区别表示和正确分类,如图 4-17(b)所示。

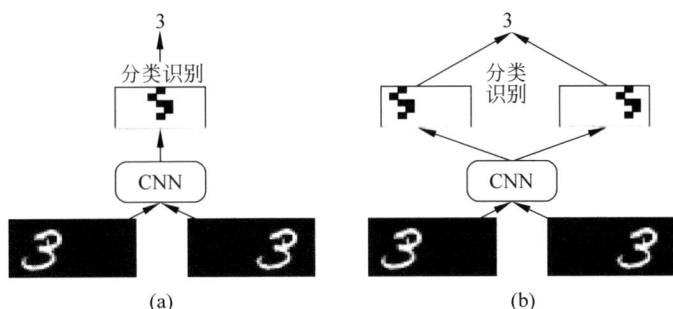

图 4-17　不变性和同变性

(a) 不变性;(b) 同变性

2017 年,萨布尔(Sabour)等提出胶囊网络 CapsNet[22],对 Hinton 等提出的胶囊网络进行了改进。在 Hinton 的胶囊网络中,每个胶囊内部的结构是一个向量,代表该胶囊所表示特征的属性。而在 Sabour 等提出的 CapsNet 中,胶囊的内部结构是一个动态向量,它不仅包含特征的属性信息,还包含该特征的出现概率。其由以下 4 部分组成。

(1)普通的卷积层,用 ReLU 激活函数。

(2)PrimaryCaps 层,与普通的卷积层相比,卷积核增加了一个维度 A,于是子特征图的每个位置由原来的标量变为 A 维的向量,即 capsule,如图 4-18 所示。为了让 capsule 表示图像中的特征实体,即长度表示特征实体在图像中存在的概率,方向表示特征实体在图像中的位置、方向、大小等信息,将 squashing 函数作为激活函数。该函数在不改变输入向量方向的前提下,将其长度限定在[0,1)内,如式(4.12)所示:

$$\text{squashing}(h) = \frac{\|h\|^2}{1+\|h\|^2} \frac{h}{\|h\|} \tag{4.12}$$

（3）对特征信息进行分类预测，将 PrimaryCaps 层的输出以 capsule 为单位平铺开来，得到 n 个 A 维向量（$\boldsymbol{x}_i$）。为确保最终输出的 capsule 涵盖整个图像信息，使用由类别数设定的 C 组权重矩阵 $\boldsymbol{W}(j_i=1,2,\cdots,C)$，将 $\boldsymbol{x}_i$ 嵌入第 j 类的空间中，如图 4-19 所示，求其加权和，并用 squashing 函数激活得到输出 a_j，其长度表示输入为第 i 类的概率，其表达式如式（4.13）、式（4.14）：

$$\hat{\boldsymbol{x}}_{ij}=\boldsymbol{W}_{ij}\boldsymbol{x}_i \tag{4.13}$$

$$a_j=f\left(\sum_{i=1}^{n}u_{ij}\hat{x}_{ij}\right) \tag{4.14}$$

其中，u_{ij} 为标量，由动态路由计算得到。动态路由是一个迭代的过程，通过比较 $\hat{x}_{ij}$ 与各个 a_j 的相似性更新 $\boldsymbol{x}_i$ 分配至 a_j 的比重，向量之间的相似性用点乘运算度量。实验发现，3 次迭代便可以收敛。

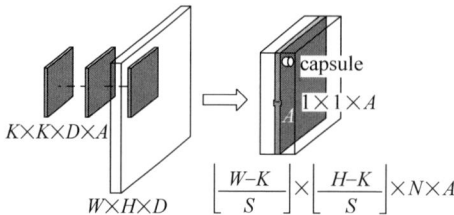

图 4-18　PrimaryCaps 层

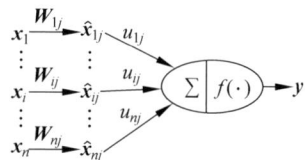

图 4-19　DigitCaps 层第 j 个 capsule

由于最终各类别的概率之和不为 1，所以采用 SVM 中边界损失代替传统的交叉熵损失，从而允许多个类别实体同时存在。

（4）为证明 DigitCaps 层的输出能够很好地代表整幅图像，添加了重构层，将所有的 capsule 输入一个 DNN 重构出的原始图像。计算重构误差（像素点的均方误差之和）并添加到损失函数中，用以训练重构层的参数。为减小重构误差对边界损失的影响，需要乘以比例系数 λ，文献中 $\lambda=0.0005$。

CapsNet 在 MNIST、smallNORB 数据集上实验，准确率如表 4-4 所示，效果达到最优水平，并且在 afFNIST 数据集（仿射变换后的 MNIST 数据集）上超越了 CNN。CapsNet 还能很好地进行图像重构，其通过微调 DigitCaps 层输出向量不同维度的值发现重构图像发生属性变化，如图 4-20 所示，图中每行展示 DigitCaps 层的输出在某个维度上微调后的重构图像，调整的区间为 $[-0.25,0.257]$，间隔为 0.05，如笔画粗细、大小等，进一步说明 capsule 的方向确实包含了实体的属性特征。

表 4-4　CapsNet 分类测试准确率

方　　法	动态路由	重构层	MNIST/%	multiMNIST/%
baseline	—	—	0.39	8
CapsNet	1	否	0.34±0.032	—
CapsNet	1	是	0.29±0.011	7

续表

方　　法	动态路由	重构层	MNIST/%	multiMNIST/%
CapsNet	3	否	0.35 ± 0.036	—
CapsNet	3	是	0.25 ± 0.005	5

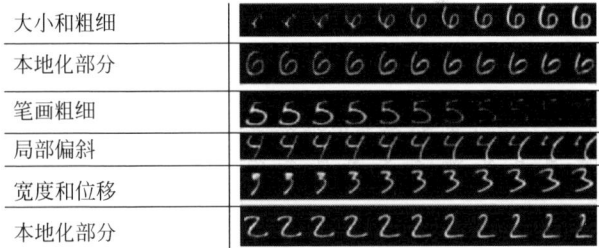

大小和粗细	
本地化部分	
笔画粗细	
局部偏斜	
宽度和位移	
本地化部分	

图 4-20　维度扰动

由于 CapsNet 允许多个实体并存,使其在识别重叠数字的图像方面取得了良好效果。在重叠率高达 80% 的 multiMNIST 数据集上只有 5% 的错误率,同时还能通过重构层将两个数字用不同颜色重构出来,在该类问题上表现出了巨大的潜力,如图 4-21 所示。目前 CapsNet 最大的问题是动态路由机制,在没有重构层时,动态路由对准确率的提升非常微小,而加入重构层时,动态路由反而会降低准确率,并且在模型训练过程中,动态路由的时间开销很大,使 CapsNet 比 ResNet50 的训练时间更长。因此,寻找更合理、高效的动态路由机制将是 CapsNet 今后突破的重点。

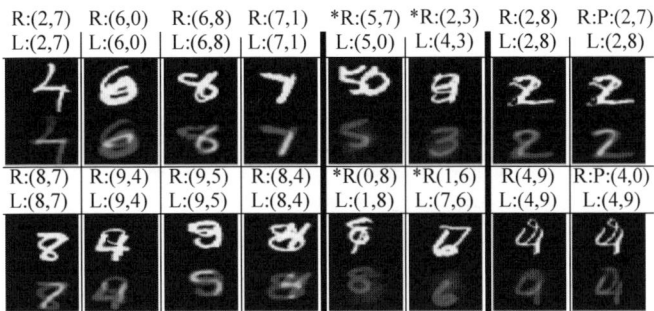

图 4-21　multiMNIST 数据集上的重构样例

4.4.4　深度学习模型

深度学习模型(Transformer)自从 2017 年由阿希什·瓦斯瓦尼(Ashish Vaswani)等在论文"Attention Is All You Need"中首次提出以来,在自然语言处理(NLP)领域取得了巨大的成功。Transformer 已经成为许多 NLP 任务的基石,包括机器翻译、文本摘要、问答系统和语言模型等。其核心思想是利用自注意力机

制,允许模型在处理序列数据时关注序列中的任意位置,从而捕捉长距离依赖
关系。

Transformer 模型架构如图 4-22 所示,核心组件包括自注意力机制、多头注意
力、位置编码、编码器和解码器。

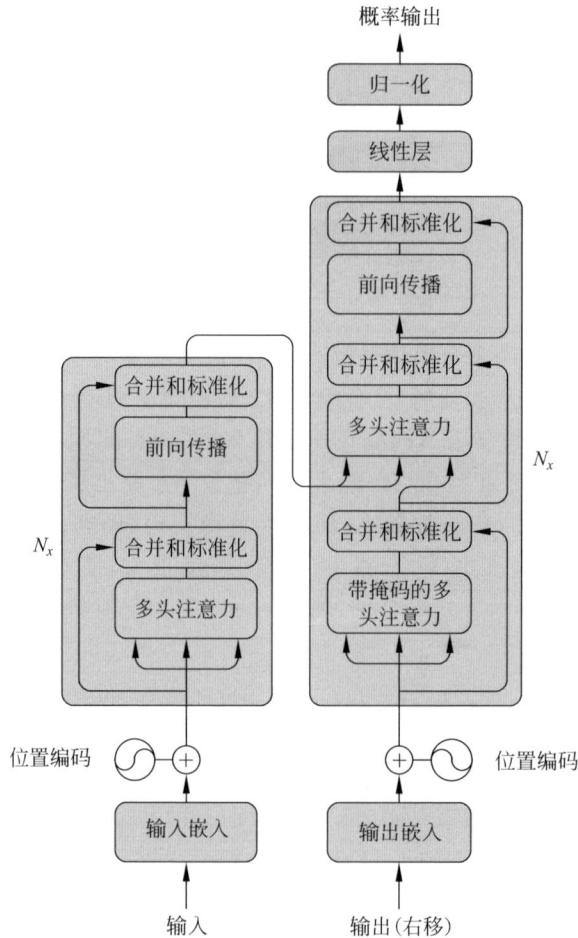

图 4-22 Transformer 模型架构

自注意力机制是 Transformer 的核心,它使模型在处理序列的每个元素时,能
够考虑到序列中的所有其他元素。这种机制通过计算每个元素与序列中所有元素
的关联权重实现,使模型能够捕捉到远距离的依赖关系。

多头注意力是自注意力的扩展,它将输入分割为多个头,并行地对每个头进行
自注意力操作。因此模型可以在不同的表示子空间中捕获信息,从而增强模型的
学习能力。

由于 Transformer 完全基于注意力机制,没有循环神经网络那样的循环结构
以保持序列的顺序信息,因此需要通过位置编码为模型提供单词位置信息。位置

编码通常采用与序列中每个元素的嵌入向量相加的一种方式,使模型能够考虑到单词的顺序。

Transformer 模型包括编码器和解码器两部分。编码器用于处理输入序列,解码器用于生成输出序列。每部分都由多个相同的层堆叠而成,每层都包括多头注意力和前馈神经网络等子层。编码器和解码器之间通过特殊的注意力机制相互作用,因而解码器在生成每个输出时都能考虑到整个输入序列。

Transformer 是一个 Encoder-Decoder 框架,序列到序列模型相当于一个黑箱,如图 4-23 所示。左边 Encoder 将"Je suis étudiant"输入读进去,右边 Decoder 得到翻译结果,输出"I am a student"。Encode 和 Decoder 默认有 6 层,Encoder 的输出会与每层的 Decoder 结合,Encoder 向每层的 Decoder 输出 K(Key)、V(Value),Decoder 产生的 Q(Query)从 Encoder 的 K、V 中查询信息。

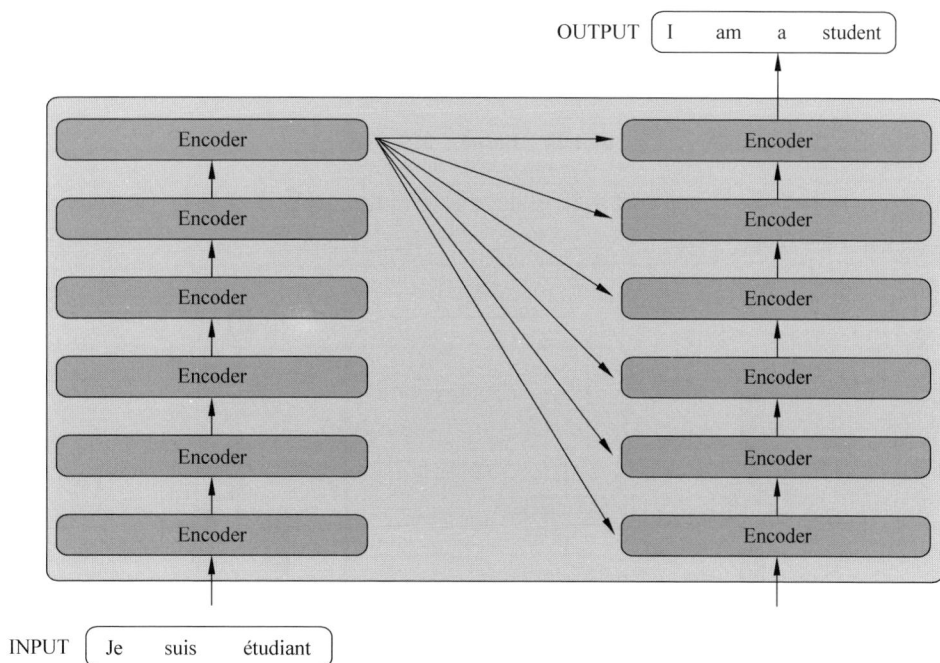

图 4-23　Transformer 结构示例

1. 编码器

编码器(Encoder)利用词向量技术使计算机能够更准确地表示人类世界中的客观事物,并生成更优质的词向量(K、V)。

Encoder 共 6 层,如图 4-24 所示,每层 Encoder 包括两个子层:第一个子层是 Multi-Head Self-attention,用于计算输入的自注意力;第二个子层是简单的前馈神经网络层 Feed Forward。

每个子层都模拟了残差网络,每个子层的输出都是 LayerNorm(x + Sub_

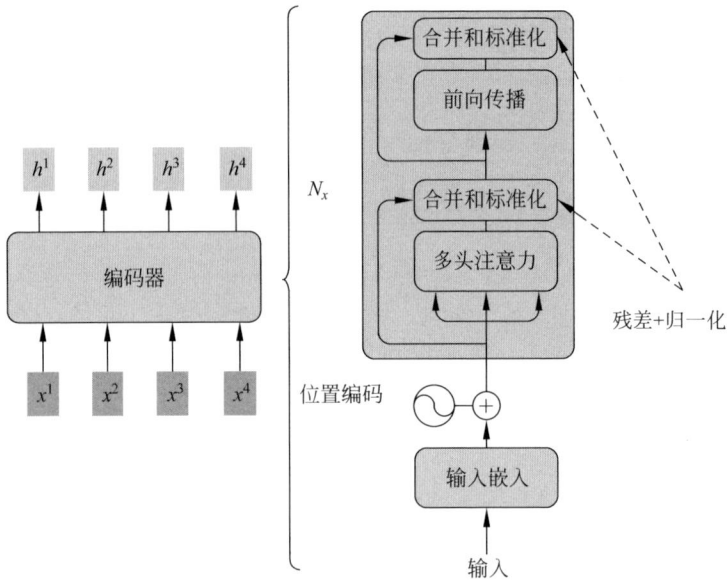

图 4-24 Encoder 的结构图

layer(x)),其中 Sub_layer 表示该层上一层的输出;随后逐步分析 Encoder 数据流,如图 4-25 所示。

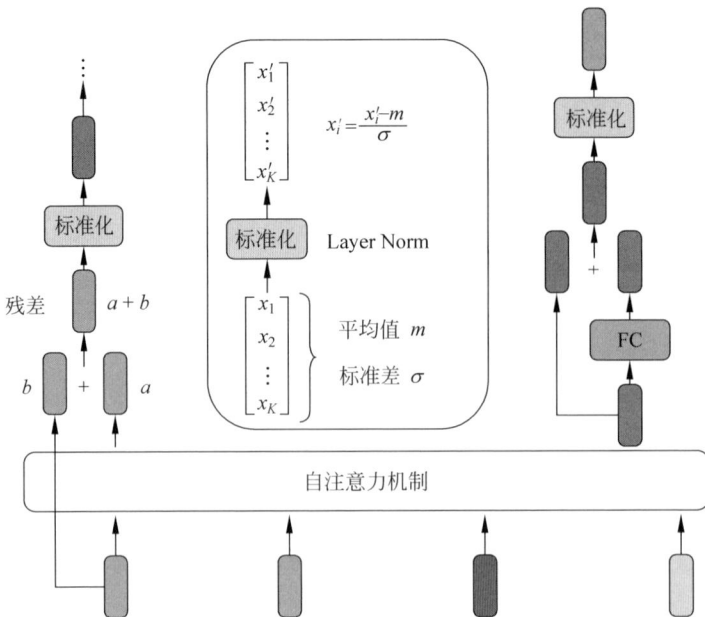

图 4-25 Encoder 的数据流示意图

嵌入层的输出向量为 x_1,加上位置嵌入向量后,得到输入编码器的特征向量,即浅色向量 x_1;x_1 表示单词"Thinking"的特征向量,经过自注意力层后变为向量

z_1；x_1 作为残差结构的直连向量，与 z_1 相加，即 $w_3(w_2(w_1x+b_1)+b_2)+b_3+x$，然后进行层归一化操作，得到向量 z_1，如图 4-26 所示。

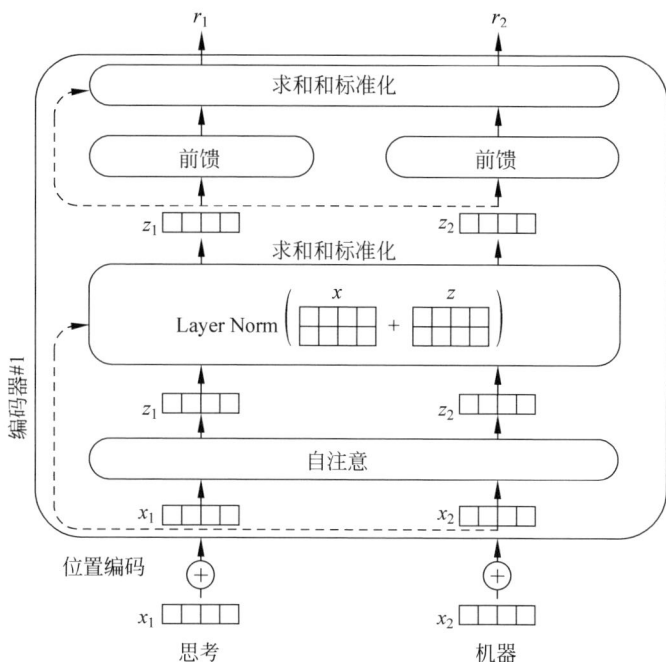

图 4-26　Encoder 块计算

残差结构的作用是避免梯度消失情况的发生，Encoder 块计算中的 $w_3(w_2(w_1x+b_1)+b_2)+b_3$，若 w_1、w_2、w_3 特别小，接近 0，x 也趋近于 0。层归一化的作用是确保数据特征分布的稳定性，并且可以加速模型的收敛。z_1 经过前馈神经网络层，再经过残差结构与自身相加，之后又经过归一化层，得到输出向量 r_1；该前馈神经网络包括两个线性变换和一个 ReLU 激活函数：$\mathrm{FFN}(x)=\max(0, xW_1+b_1)W_2+b_2$。前馈神经网络的作用是在线性变换的基础上引入一次非线性变换，通过 ReLU 激活函数，这样的空间变换可以无限逼近任何一种状态。由于 Transformer 的编码器具有 6 个编码器块，r_1 也将作为下一层编码器的输入取代 x_1 的角色，如此循环，直至最后一层编码器。上述操作都是在对词向量进行处理，使其更清楚、准确地表示源文本中的单词和句子。

2. 解码器

解码器(Decoder)会接收编码器生成的词向量($\boldsymbol{K}$、$\boldsymbol{V}$)，然后通过这个"词向量"生成翻译的结果。

Decoder 也包含 6 层，如图 4-27 所示，可以看到每层 Decoder 包括 3 个子层：第 1 个子层是 Masked multi-head self-attention，计算输入的自注意力，Masked 是指在自注意力机制中，为防止信息泄露到未来的时间步，会在计算注意力时对当前位置之后的位置进行遮盖或掩码；第 2 个子层是 Encoder-Decoder Attention 计算，对编码器的输入和解码器的 Masked multi-head self-attention 的输出进行注意力计算；第 3 个子层是前馈神经网络层，与编码器相同。

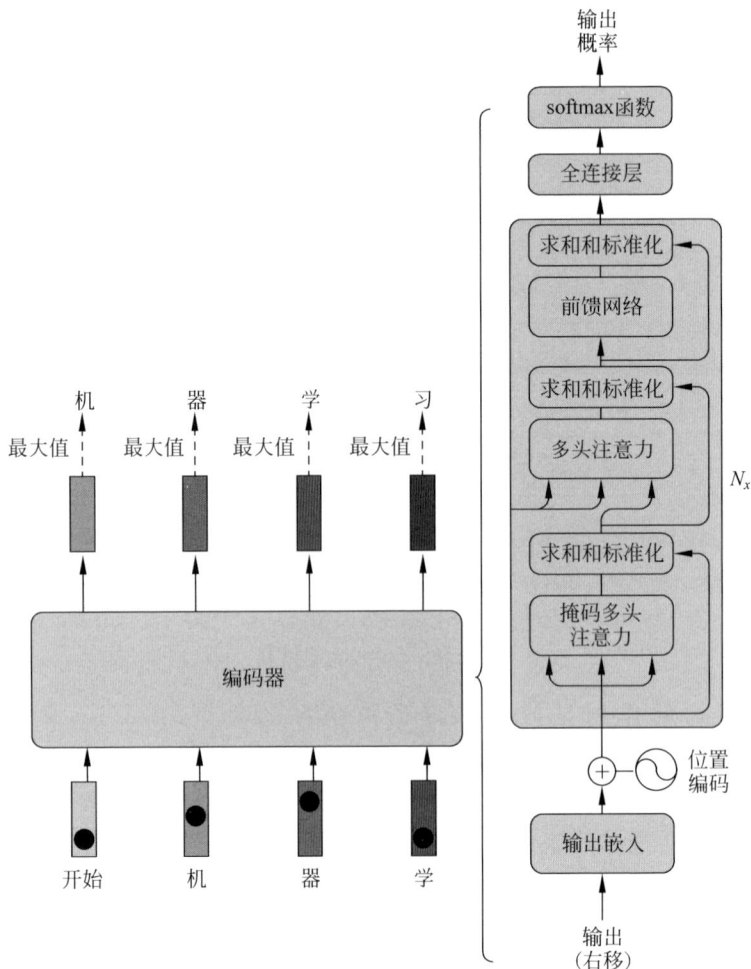

图 4-27　Decoder 结构图

Decoder 前一个时间点的输出查询向量 Q 与 Encoder 输出的特征向量（K、V）点积成为新的输入；即 Encoder 提供了 Q_e、V_e 矩阵，Decoder 提供了 Q_d 矩阵；Q 是查询变量，是已经生成的词，来源于 Decoder 解码器，K、V 是源语句，来源于 Encoder 编码器。

当生成词的时候，通过 Decoder 已经生成的词 Q 和源语句提供的 K、V 作为 Self-Attention，就是确定源语句中哪些词对接下来的词的生成更有作用，进而生成下个词，继续作为 Q。

举个例子："我爱中国"翻译为"I love China"。当翻译"I"的时候，由于

Decoder 提供了 Q 矩阵,通过与 K_e、V_e 矩阵的计算,它可以在"我爱中国"这 4 个字中找到对"I"翻译最有用的单词,并以此为依据翻译出"I"这个单词,表明注意力机制达到了将焦点放在更重要信息上的目的。

如图 4-27 所示,Transformer 最后的工作是让解码器的输出通过线性层后接一个 softmax 层。其中线性层是一个简单的全连接神经网络,它将解码器产生的向量 A 投影到一个更高维度的向量 B 上,假设模型的词汇表是 10000 个词,那么向量 B 就有 10000 个维度,每个维度对应唯一一个词的得分,然后通过 softmax 层将分数转换为概率。选择概率最大的维度,并对应生成与之关联的单词,作为此时间步的输出。

受 Transformer 在 NLP 中显著发展的启发,一些研究者尝试将 Transformer 引入图像分类。视觉 Transformer(ViT)首先在主流分类基准上实现了与传统 CNN 相似甚至更优的性能。ViT 由 Dosovitski 等提出,是第一个用于图像分类的 Transformer 主干。由于 Vanilla Transformer 需要一个令牌序列输入,因此首先要将输入图像分割为一系列不重叠的块,然后投影到块嵌入中。与 Transformer 的原始操作类似,每个面片都添加了一维可学习的位置编码以保留其空间信息,并且联合嵌入被馈送至编码器。与 BERT 类似,ViT 插入一个学习的类别嵌入,其在 Transformer 编码器输出端的状态用作执行分类的表示。此外,二维插值补充了预先训练的位置编码,在以任意分辨率馈送图像时保持补丁的一致顺序。通过使用大型私有数据集(由 3 亿幅图像组成的 JFT-300M)进行预训练,ViT 在多个图像识别基准(ImageNet、CIFAR-10 和 CIFAR-100)上取得了与大多数流行 CNN 方法相似甚至更好的结果。ViT 已经证明 Transformer 在 CV 任务中的有效性,尽管它在训练数据不足的情况下无法很好地推广。

4.4.5　选择性状态空间模型

Mamba 模型是一种用于序列建模的线性时间算法,通过选择性状态空间提高效率。Mamba 模型克服了传统 Transformer 架构在处理长序列时计算效率低下的问题,实现了与 Transformer 相当的性能,同时具有更高的推理速度和对长序列的线性缩放能力。Mamba 在多种模态上实现了最先进的性能,包括语言、序列图像、音视频和基因组学等。此外,Mamba 的设计不依赖注意力机制或多层感知机模块,具有作为通用序列模型骨干网络的潜力。

Mamba 克服 Transformer 缺点的关键在于通过动态调整状态空间大小降低计算复杂度,实现线性时间复杂度。这一点是通过选择性地集中计算资源于输入序列的关键部分实现的,而不是像 Transformer 那样对所有部分进行均等的计算。此外,Mamba 采用一种高效的数据结构来优化存储和计算,从而大大提高处理长序列时的效率和速度。

Mamba 在保持高性能的同时,具有更快的推理速度和更强的长序列处理能力，主要基于以下关键技术和策略。

（1）选择性状态空间模型。Mamba 通过引入选择性状态空间模型，能够进行上下文依赖的推理，同时在序列长度线性缩放的情况下保持计算效率。这种方法允许模型关注序列中最关键的部分，而不像传统的 Transformer 那样对每部分都给予相同的计算重视程度。

（2）高效扫描操作。Mamba 的一个关键实现细节是其高效的扫描操作，该操作比性能优异的注意力机制在序列长度超过 2K 时实现 FlashAttention-2 更快，对于在 PyTorch 中标准扫描的实现快 20～40 倍。如图 4-28 所示，这一扫描操作的效率大大提高了 Mamba 模型的端到端推理吞吐量，使其比相似大小的 Transformer 模型高出 4～5 倍。

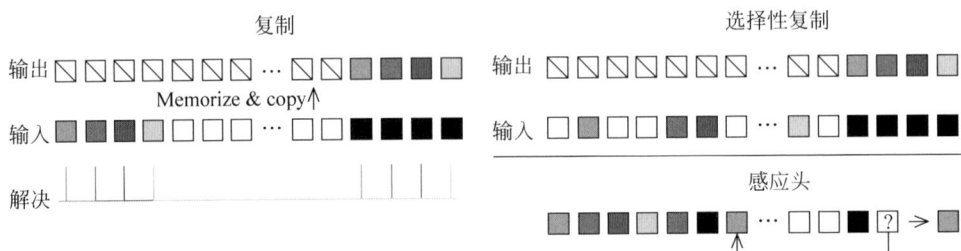

图 4-28　扫描操作

（3）硬件感知算法。对于选择性状态空间模型，Mamba 采用内核融合和重计算技术，使状态空间模型扫描操作既快速又节省内存。相比标准实现，通过减少内存 IO 操作，这种方法能显著提高速度。特别是在现代硬件加速器（如 GPU）上，大多数操作（除了矩阵乘法）都受到内存带宽的限制，Mamba 的这种实现方式有效地解决了这一问题。

（4）模型简化和优化。与传统的 H3 块相比，Mamba 通过简化块设计并结合多层感知机模块，实现了一种更简洁、高效的模型架构。通过将第一个乘法门替换为激活函数，并在主分支中添加选择性状态空间模型，进一步提升了模型的性能和效率。

这些技术和策略共同作用，使 Mamba 不仅在处理长序列数据时展现出卓越的计算效率和扩展性，还在多领域实现了最先进的性能。Mamba 的线性复杂度和全局建模能力使其在处理大规模图像和视频数据时具有优势，与传统的基于 CNN 和 Transformer 的模型相比，Mamba 能够在保持高性能的同时，减少计算资源和存储空间的消耗。

在图像处理方面，Mamba 的状态空间模型能够高效地处理图像数据，捕捉图像中的关键信息。Vision Mamba 成功将 Mamba 应用于计算机视觉任务，通过多方向状态空间模型增强二维图像处理。Vision Mamba 的性能可以与基于注意力的架构相媲美，可显著减少内存使用量，为图像识别、分割和生成等任务提供有效的解决方案。

在视频计算方面,Mamba 同样发挥出色。Video Mamba 模型是专为视频理解设计的,它结合了卷积和注意力的优势,通过线性复杂度的方法动态地建模时空背景。这种模型特别适用于处理高分辨率的长视频,能够高效地分析视频中的复杂场景和动作。Video Mamba 还可以应用于视频分类、标注和内容理解等任务,为视频内容的自动分析和处理提供有力的支持。

4.4.6　视觉计算任务

视觉计算涵盖多种经典任务,包括但不限于目标检测、图像分类、语义分割、物体识别、场景理解、人脸识别、图像生成和图像重建等。这些任务在计算机视觉领域扮演着重要角色,对于推动人工智能和机器学习的发展具有重要意义。

1. 图像分类

图像分类是计算机视觉领域最基本的任务之一,它为图像的语义分割、目标检测、图像生成等应用奠定基础。其主要目标是对图像的语义信息进行准确的类别划分,划分准确率可用于衡量分类模型对图像信息特征的提取能力。在过去的几年中,ILSVRC 大赛推动着计算机视觉领域的发展,涌现出许多优秀图像分类模型,如 VGGNet、GoogLeNet 和 ResNet 等,对深度学习视觉计算方法的发展起到了积极推进的作用。

VGGNet 在 ImageNet 数据集上取得了优异成绩。VGG 中使用了 3 个 3×3 卷积核代替 7×7 卷积核,并使用了 2 个 3×3 卷积核代替 5×5 卷积核,这样做的主要目的是在保证具有相同感知野的条件下增加网络的深度,进而在一定程度上提升神经网络的效果。GoogLeNet 同样在 ImageNet 数据集上取得了突破性进展。在 GoogLeNet 的基础上,相继提出了多个 Inception 版本[23]。Inception-v2 引入了批量归一化技术以防止梯度弥散,并采用与 VGGNet 相同的两个 3×3 的卷积层代替之前的 5×5 卷积层,从而减少了参数量并增强了非线性。Inception-v3 进一步将二维卷积分解为两个一维卷积,例如将 3×3 卷积分解为 1×3 卷积和 3×1 卷积,以增加网络的非线性和计算性能。Inception-v4 则通过精心设计和调整各层的参数,实现更深、性能更优的模型。

ResNet 在图像分类等任务上取得了显著的性能提升,尤其是在处理深度神经网络的梯度消失问题方面取得了突破。在 ResNet 基础上也提出了许多新的模型结构,WRN 和 ResNeXt 焦点主要集中在宽度方面。WRN 模型残差部分的卷积核数量是 ResNet 的两倍,只需 50 层的网络结构在 ILSVRC-12 验证集上的错误率便低于 152 层的 ResNet。ResNeXt 采用 inception 模块,添加多个并行的残差部分,从而增加残差单元的宽度,为模型提供新的超参数。相比 ResNet,WRN 和 ResNeXt 更适合 GPU 并行处理的方式,训练速度更快。Szegedy 等结合 inception 与 shortcut 思想提出了 inception-ResNet。相比 inception-v3 和 inception-v4,inception-

ResNet 在正确率和收敛速度方面都有所提高。黄高等[24]提出的 DenseNet 采用作用类似残差单元的密集模块,不同之处在于密集模块在每个卷积层之间都建立 shortcut,并且 shortcut 部分与残差部分的特征图采用特征维度叠加。相比传统的 CNN 只能从前一层的特征图中提取特征,密集模块的卷积层可以从所有之前的特征图中提取有用的特征信息,同时低层级的特征能在后续层中得到复用,从而提高参数的利用率。在公开的图像分类数据集上,密集模型分类效果能获得明显提升。Canziani 等[25]对现有网络模型在 top 1 正确率计算量及参数量等方面进行综合对比分析,如图 4-29 所示,纵轴为 top 1 正确率,横轴为一次前向传播所需的计算量,圆圈的大小表示模型的参数量。基于 inception 和残差单元的模型不仅在正确率上优于其他网络模型,也能节省计算与存储成本。

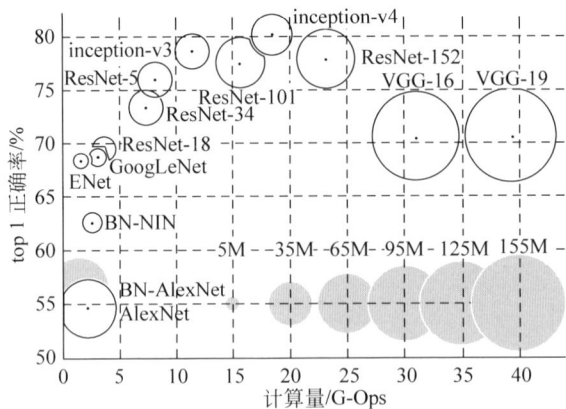

图 4-29　卷积神经网络对比

在 2017 年最后一届 ImageNet 大赛上,胡杰等提出的 SENet[26]获得了图像分类任务冠军。不同于 inception 模块关注特征图的空间维度,SENet 采用可学习的 SE(squeeze-and excitation)模块(图 4-30)为每个子特征图分配权重,关注不同特征的重要程度,使模型在不同的任务中都能提取出有用的特征信息。同时,SE 模块可与 inception 和残差单元相结合,提升网络性能。

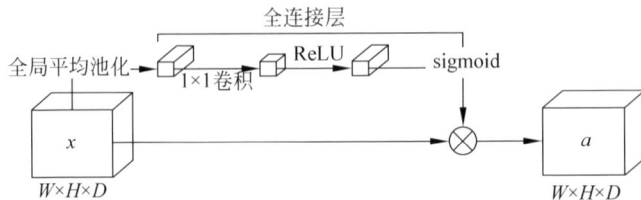

图 4-30　SE 模块

2. 语义分割

语义分割任务本质上是对图像中的每个像素点进行分类,从而区分图像中的各种语义对象,如人、车辆、动物和背景等。语义分割的衡量标准是某类别预测的像素点集合与真实像素点集合之间的重合度(intersection over union,IoU),重合度的高低表示准确分割的程度。全卷积网络(fully convolutional networks,FCN)首次将卷积神经网络应用于语义分割。FCN采用卷积神经网络对图像进行特征提取,用卷积操作代替最后的全连接层,在确保特征图空间位置关系的基础上对每个位置进行分类,使网络可以接收任意大小的图像输入,并利用反卷积操作对经过下采样的分类图进行插值,将图像复原到原始图像大小,实现对每个像素点的分类。在卷积网络的采样过程中会导致部分信息丢失,但FCN通过叠加浅层网络的特征图信息可进一步提高最终分割图像的精细程度。

后续的图像语义分割研究大多建立在FCN结构基础上,对分割图像的精细程度进行改进。SegNet[27]采用更对称的编码器-解码器结构,如图4-31所示。通过存储最大池化的位置信息,在上采样过程中实现反池化操作,从而进一步提高计算效率和分割的精细度。

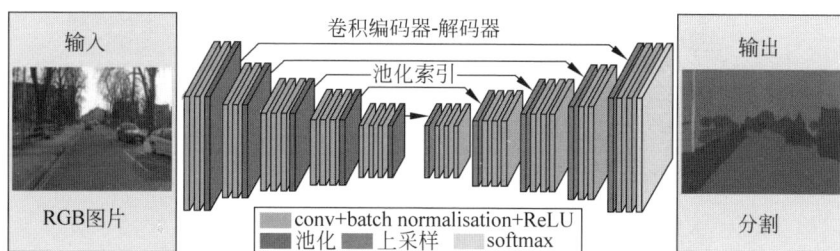

图 4-31 SegNet 结构示意图

通过池化操作可进一步增大感受野,进而提高网络的分类能力,但与此同时也会造成部分信息丢失。为了更好地解决这一问题,Fisher Yu 等[28]提出用空洞卷积方法代替池化操作,如图 4-32 所示。在空洞卷积方法中,原有卷积操作对应区域不再是相邻的点,而是有间隔的,间隔大小记为 rate。在此基础上,DeepLab V1[29]提出全连接条件随机场(CRF)对分割后的图像进一步操作,其主要思想是判断分割线附近的点,如果颜色相近,则属于同一个类别,反之则作为分割点。之后,该团队在原有研究基础上,使用不同采样率的多个空间金字塔池化(atrous spatial pyramid pooling,ASPP),同时增加 1×1 卷积层和批量归一化等,进一步提高模型性能。

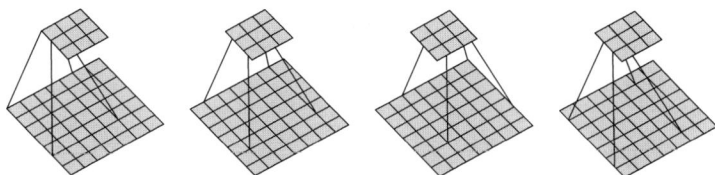

图 4-32 空洞卷积方法

空洞卷积方法的不足之处在于计算成本和内存占用较高,为此可通过结合多层级特征图信息的方式提高分割精度。RefineNet[30]搭建多通道的 refinement,对下采样过程中不同层级的特征信息进行融合,以实现较高精度的分割,如图 4-33 所示,但该方法是在输入层进行扩展,对不同尺寸的同一图像进行特征提取,使其存在大量冗余操作,于是 PSPNet[31]选择对提取后的特征图进行不同尺度的池化操作,经过卷积和上采样过程后再与之前的特征图叠加,最终获得较高精度的分割图像(图 4-34),减少了卷积层的重复操作。

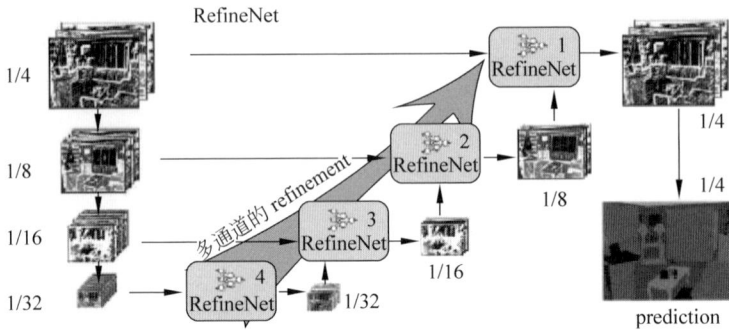

图 4-33 多通道的 refinement

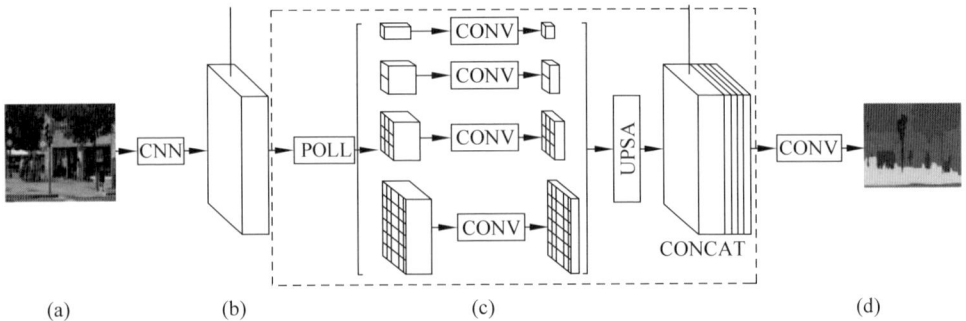

图 4-34 PSPNet 结构示意图

(a)输入图像;(b)特征图;(c)金字塔池化模块;(d)最终预测

3. 目标检测

目标检测任务是用矩形框圈定图像中目标出现的区域并识别目标类别,包括定位和分类两部分。由于图像中目标的数量、出现区域的位置和大小均不固定,所以增加了目标检测任务的复杂度。目标检测在使用分类准确率的同时,还采用出现区域的 IoU 精度作为评价标准。

Girshick 等[32]提出基于候选区域的 R-CNN 目标检测框架,如图 4-35 所示。首先采用选择性搜索方法[33]生成 1000~2000 个候选区域并缩放为统一大小;其次使用深度卷积神经网络对每个候选区域进行特征向量提取,并将 SVM 作为分类器进行类别预测;最后采用非极大值抑制方法为目标保留一个定位边窗,并通过 bounding-box 回归微调边窗的位置和大小。相比滑动窗口方式,候选区域方法有利于减少特征提取和分类的次数,并能灵活地处理不同大小的目标,有助于获得更高的 IoU 精度。

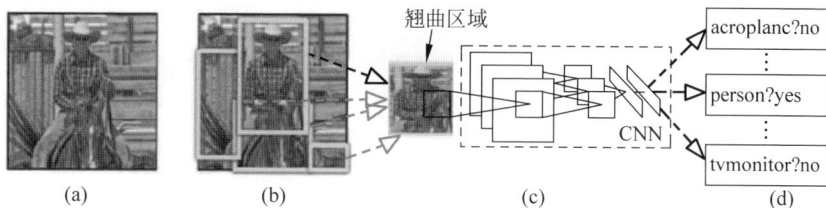

图 4-35 R-CNN 框架
(a) 输入图像;(b) 提取候选区域;(c) 计算 CNN 特征;(d) 特征分类

相比传统的目标检测方法,R-CNN 取得了较好的检测效果,但其不足在于速度难以达到实时检测的要求,主要体现在以下两方面。

(1) 每个候选区域都要经过相同的深度卷积网络提取特征。为解决这一问题,何恺明等[34]提出 SPPNet(spatial pyramid pooling in deep convolutional networks)方法,只需要对整个输入图像进行一次特征提取,以提高运行速度。首先卷积得到整个输入图像的特征图;其次在特征图上找到相应的候选区域,通过空间金字塔池化获得固定长度的向量;最后将其输入分类器和窗口回归器(缺少解释)。在此基础上,针对 SPPNet 多阶段训练的问题,Girshick[35]提出 Fast R-CNN 方法,将分类和回归损失相加,对整个网络进行训练,进一步提高目标检测的速度和准确率。

(2) 采用 Selective Search 方法,其主要基于传统的图像分割方法生成候选区域,无法借助 GPU 进行。为此,任少卿等[36]提出 Faster R-CNN,如图 4-36 所示,使用 RPN 产生候选区域,采用卷积网络参数与检测部分共享的方式,进一步提高运行速度和检测效果。

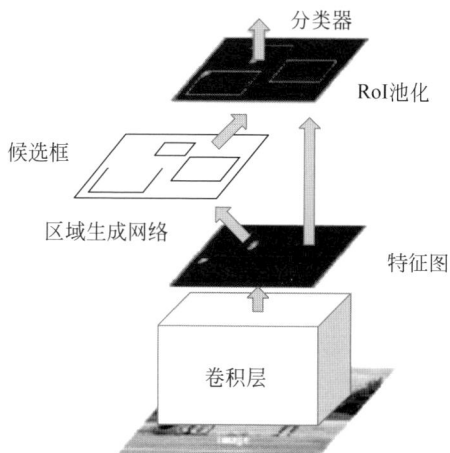

图 4-36 Faster R-CNN

针对这些改进仍然无法实现实时检测的情况，YOLO[37]方法不再生成候选区域，而是通过深度卷积网络方式实现端到端的目标检测，如图 4-37 所示。

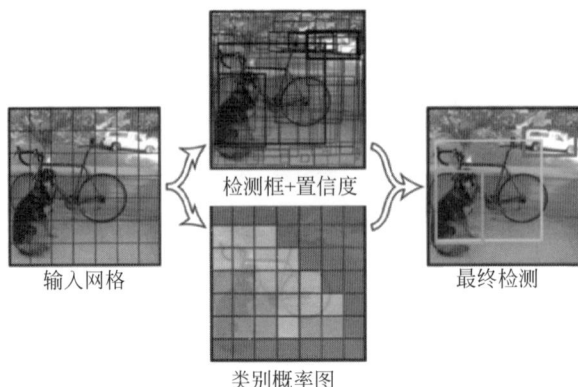

图 4-37　YOLO 目标检测网络

如图 4-37 所示，首先结合 FCN 思想，将原始图像分割为 S×S 个区域，对每个区域输出长度为 $O×(B+C)$ 维的向量，其中，O 表示一个区域中所要检测的不同形状的检测框数；B 表示目标信息，包含此区域存在目标的概率、位置信息及边框的尺寸；C 表示目标属于各类别的概率。然后使用非极大值抑制（图 4-38）除去多余的边窗，IoU 大于一定阈值时只保留概率最大的边窗。YOLO 方法提高了检测速度，但降低了检测精确度。为解决这一问题，在 YOLO 的基础上，SSD[38]模型对多个尺度的特征图进行处理，模型精确度可与 Faster R-CNN 相媲美。

图 4-38　非极大值抑制

4. 图像生成

图像生成是深度学习视觉计算中一项重要的任务，具有广泛的应用。Goodfellow

等[39]提出生成对抗网络(generative adversarial network,GAN),不依靠明确的密度函数就能有效地生成图像数据,如图 4-39 所示,GAN 能够随机生成有意义的图像,如果直接从图像数据复杂高维度空间的分布中随机抽样,则无法得到有意义的图像。因此 GAN 选择从较为简单的低维度隐变量空间分布中取样,再通过神经网络生成器映射到图像数据空间中。

GAN 只需使用神经网络和反向传播就可以产生更清晰、更真实的样本,但其不足之处在于:①训练极不稳定,可能造成生成器和判别器无法收敛,其原因在于训练过程中需要同时训练两个模型,此时必须考虑纳什均衡,但梯度下降法无法有效地解决这一问题;②在训练过程中,生成器可能将隐变量空间映射到图像数据空间的一部分,导致生成图像不具有多样性,出现模式崩溃,例如训练样本中包括猫、狗、马、熊猫等多种类图像信息,但生成器只能生成猫的图像。

为此,在深度卷积网络基础上,Radford 等[40]提出 DCGAN 的网络架构,主要从两方面入手:①不采用池化层,生成器通过反卷积操作进行上采样,并结合批量归一化方法;②在判别器网络中,使用 leaky ReLU 函数式(4.15)代替 ReLU 函数以防止梯度稀疏,因此训练更稳定,训练后的判别器还可以很好地迁移到图像分类任务中。

$$f(x) = \begin{cases} x, & x \geqslant 0 \\ \text{negative\_slope} x, & x < 0 \end{cases} \quad (4.15)$$

DCGAN 具有利用生成器进行向量运算的特性。如图 4-40 所示,隐变量 z 通过生成器生成戴墨镜的男性头像 z_i、生成不戴墨镜的男性头像 z_l、生成不戴墨镜的女性头像 z_r,那么 $z = z_i - z_l + z_r$,便可以通过生成器生成戴墨镜的女性头像。

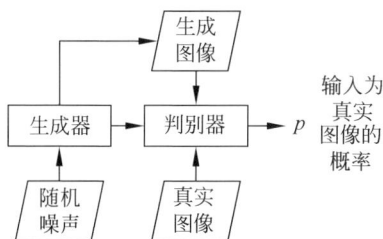

图 4-39　GAN 的流程

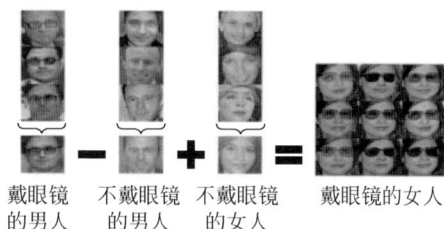

图 4-40　向量运算在头像上的示例

DCGAN 能生成高质量、多样性的图像,但无法从根本上解决 GAN 模型的缺陷。Ariovsky 等通过数学推导,发现 GAN 的优化目标函数存在问题,因此采用 Wasserstein 距离代替原始 GAN 中的 KL 散度和 JS 散度,提出 WassersteinGAN(WGAN)模型[41],从根本上提高了模型训练的稳定性,避免模式崩溃。研究结果表明,即使使用与原始 GAN 相同的全连接网络,WGAN 也不会出现模式崩溃的现象。同样,使用 DCGAN 架构的 WGAN 在不使用批量归一化等方法的情况下,仍然可以获得较好的图像生成效果,如图 4-41 所示。

图 4-41　WGAN(左)和 DCGAN(右)生成图像效果对比

Wasserstein 距离需要对判别器的梯度值进行约束,为此 WGAN 采用权重剪枝,将判别器权重限定在$[-c,c]$内,从而实现对判别器梯度值的约束。c 值根据实际任务寻找最优值,如文中实验 c 值为 0.01。然而,权重剪枝会导致权重集中分布在 $-c$ 和 c 两个端点上,降低判别器网络的拟合能力,并导致梯度消失或梯度爆炸。于是,Gulraiani 等结合正则化方法,在判别器的目标函数中加入针对判别器梯度的正则项,对梯度进行约束,使判别器的权重分布更合理,进一步提升网络训练的稳定性和收敛速度,在更困难的文本生成方面也取得了较好的效果。

GAN 网络及其改进版本旨在使生成的数据分布尽可能地接近真实数据分布。Berthelot 等[42] 提出的 BEGAN 模型,通过拉近生成图像与真实图像的重构误差分布间接地拉近彼此的分布。为了有效地实现重构误差分布,BEGAN 结合 EBGAN[43] 的自编码网络作为判别器,对输入图像进行重构。除此之外,还引入超参数 γ 作为调节生成图像在质量与多样性之间的侧重度,如图 4-42 所示。

图 4-42　γ 分别取 0.3、0.5、0.7 时生成的图像

除了自动生成图像外,GAN 还可应用于其他领域,例如在真实图像与其简笔画或语义分割图之间转换;对图像中实体进行转换,如把图像中的马转换为斑马,或者进行四季更替,以及类似风格转移的图像处理等。如图 4-43 所示。

(a)　　　　　　　　　　　　(b)

图 4-43　GAN 的其他应用

(a) 简笔画与彩色图片的转换;(b) 马与斑马之间的转换

近年来,GAN 研究成果丰硕,Google 详细对比分析各种 GAN 模型,发现目前

各种改进版本与原始 GAN 区别较小。但从实际生成图像角度进行分析,改进模型能获取较好的成效,在实际应用中可以根据实际需要选择模型。

除了 GAN 之外,扩散模型也是一种用于图像生成的模型,其主要特点是通过逐渐扩散和迭代生成图像,包括两个过程:前向扩散过程和反向扩散过程。

扩散模型的前向扩散过程,核心部分是训练 U-Net 模型,如图 4-44 所示。也就是在原图的基础上加噪声,以噪声为标签,给 U-Net 输入一张带噪图片和时间步,让其预测噪声,通过不断学习,降低预测噪声和实际噪声的损失值,最后可以得到训练好的能认识噪声的 U-Net 模型。

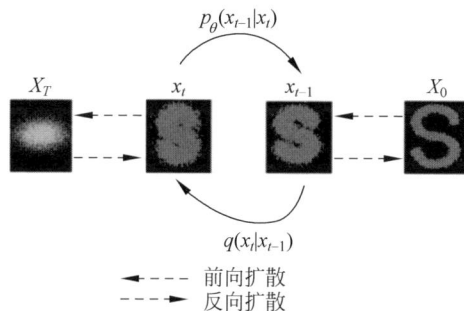

图 4-44 扩散模型

扩散模型的反向扩散过程,也就是还原过程,在人们训练好上面的模型之后,向模型输入一张带噪图片,不断根据当前带噪图片和时间步迭代去掉 U-Net 预测的噪声,就可以尽力还原图片。

扩散模型使用逐步迭代的方法生成图像,核心部分是 U-Net 用于预测噪声。扩散模型具有可控的生成过程、生成随机性、生成多样性、可逆的操作及灵活的架构等特点。

4.5 视觉计算与推理

4.5.1 视觉计算与推理的关系和意义

视觉计算与推理密不可分,视觉计算是指计算机通过对图像或视频进行处理,从中提取有用的信息,而推理是指计算机通过对这些信息进行分析和推断,进而得出结论。理解视觉推理可以想象一个场景,如图 4-45 所示,"将杯子放到麦片碗的左边",即使是让机器人执行一个看似非常简单的指令,也需要视觉推理。当然执行这样的指令需要比视觉更多的信息,如语言的理解,但视觉是一个重要的组成部分。

理解场景中的人,包括社会关系和人的意图,又增加了另一层次的复杂性,这种基本的社会智能也是计算机视觉的一颗北极星。比如看到一个女人搂着腿上的小女孩,这两个人很可能是母女关系;如果一个男人打开冰箱,他可能是饿了。

图 4-45 视觉推理

视觉计算与推理的结合可以使计算机更准确地理解图像或视频中的内容,这是因为视觉计算可以提取图像或视频中的特征,而推理可以根据这些特征进行进一步分析和推断。例如,在人脸识别中,视觉计算可以提取人脸的特征,如眼睛、鼻子、嘴巴等,而推理可以根据这些特征进行分析和推断,从而确定这张脸的主人身份;在自动驾驶中,视觉计算可以提取道路、车辆、行人等的特征,而推理可以根据这些特征进行分析和推断,从而使车辆做出正确的驾驶决策。因此,视觉计算与推理的结合是实现智能化应用的关键。

4.5.2 视觉推理 VQA 问答

视觉推理,以深度学习方法为代表,主要限定在 VQA(visual question answering)[44]问题上,也就是让计算机看一幅图,然后给出一个问题,让其回答。相比传统的 VQA 问题,视觉推理问题的要求是提升问题难度,必须经过推理才能回答。如图 4-46 所示,CLEVER 数据集就是一个专门针对视觉推理的数据集。

CLEVER 数据集的图都是一些简单的几何体,但是问题却复杂得多。比如图中的第一个问题:大型物体和金属球体的数量相等吗? 为了能回答这个问题,首先要找出大型物体还有金属球,其次分别计算各自的数量,最后判断两者的数量是不是相等。为了回答这个问题,需要三步推理,如果深度神经网络也能做出正确的回答,可以认为这个神经网络也经过了推理的过程。

在传统 VQA 问题上有效的神经网络模型(CNN+LSTM)在 CLEVER 数据集上的表现并不好,基本上正确率为 50%,约等于盲猜,这基本说明一般的神经网络模型并不能通过 End-to-End 端到端的训练具备推理能力,为了能在 CLEVER 数据集上取得好的结果,必须寻找新的神经网络模型。

问：大型物体和金属球体的数量相等吗?
问：位于大球左侧的圆柱体是什么尺寸?
问：有一个和金属立方体一样大小的球体;它和那个小红球是
用同样的材料做的吗?
问：有多少物体不是小圆柱体就是红色的东西?

图 4-46　CLEVER 数据集示例图

CLEVER 数据集除了提供一般的输入输出样本外,还提供人为设计的逻辑推理过程的标签。比如某一个问题需要三种推理过程,那么就给予三个标签。提供这些标签是使研究人员能够基于此探索深度学习实现逻辑推理的方法,但最理想的解决方案还是不依赖这些标签。

检验计算机视觉推理与计算能力的一个主要任务是 VQA。VQA 指的是给定一幅图像和一个与该图像相关的自然语言问题,计算机能给出一个正确的回答。这是一个典型的多模态问题,融合了计算机视觉与自然语言处理的技术,计算机需要同时学会理解图像和文字。因此直到相关技术取得突破式发展的 2015 年,VQA 的概念才被正式提出。

VQA 仍然是一个非常新颖的研究方向,但它很容易让人联想到其他两个已经研究较久的领域:文本 QA(文本问答)和 Image Captioning(看图说话)。文本 QA 即纯文本的回答,计算机根据文本形式的材料回答问题。与之相比,VQA 把文本材料换成了图像形式,从而引入了一系列新的难题:图像是更高维度的数据,比纯文本具有更多的噪声;文本是结构化的,也具备一定的语法规则,而图像则不然;文本是对真实世界的高度抽象,而图像的抽象程度较低,可以展现更丰富的信息,但也更难被计算机理解。

与 Image Captioning 这种看图说话的任务相比,VQA 的难度也显得更大。因为 Image Captioning 更像是把图像翻译成文本,只需把图像内容映射成文本再进行结构化整理即可,而 VQA 需要更好地理解图像内容并进行一定的推理,有时甚至需要借助外部知识库。然而 VQA 的评估方法更简单,因为答案往往是客观而简短的,很容易与真实标签对比判断是否准确,不像图像描述需要对长句子进行评估。

总之,VQA 是一个非常具有挑战性的问题,正处于方兴未艾的阶段。

2015—2016 年短短两年时间，VQA 领域就涌现了不少成果。吴琦等[45]把这些方法分为四大类，分别是联合嵌入方法、注意力机制、组合模型和利用外部知识库的模型。

1. 联合嵌入方法

联合嵌入是处理多模态问题的经典思路，在这里指对图像和问题进行联合编码，如图 4-47 所示。

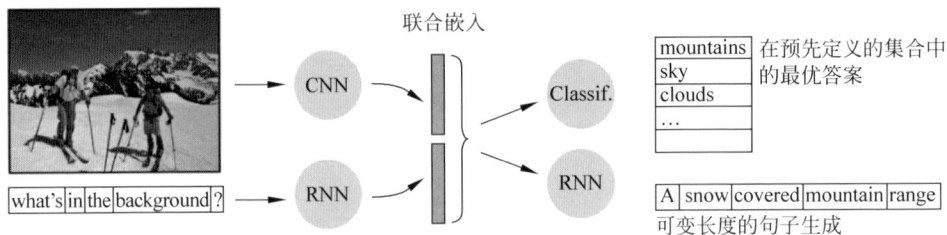

图 4-47　基于嵌入方法的 VQA

首先图像和问题分别由 CNN 和 RNN 进行第一次编码得到各自的特征，随后共同输入另一个编码器得到联合嵌入，最后通过解码器输出答案。值得注意的是，有的工作把 VQA 视为序列生成问题，有的则把 VQA 简化为一个答案范围可预知的分类问题。在前者的设定下，解码器是一个 RNN，输出长度不等的序列；而后者的解码器是一个分类器，从预定义的词汇表中选择答案。

2. 注意力机制

注意力（Attention）机制起源于机器翻译问题，目的是使模型动态地调整对输入项各部分的关注度，从而提升模型的专注力。自从将注意力机制成功运用于 Image Captioning，注意力机制在视觉任务中受到越来越多的关注，应用于 VQA 也是再自然不过。图 4-48 给出了将注意力机制应用于上述方法的示意。

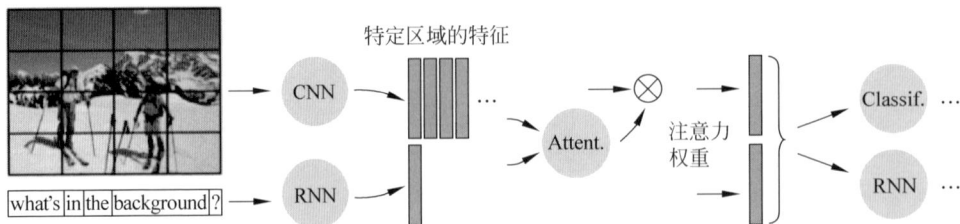

图 4-48　Attention 机制下的 VQA

Hu 等[46]提出的 Learning to reason 方法也是基于 Neural Module Networks，如图 4-49 所示，layout prediction 与前面的程序生成一样，但在构造网络中使用了注意力机制，目的实际上是为每个函数指定参数。也就是将函数和参数分开生成，然后进入 Network Builder 构建整个模块化网络。

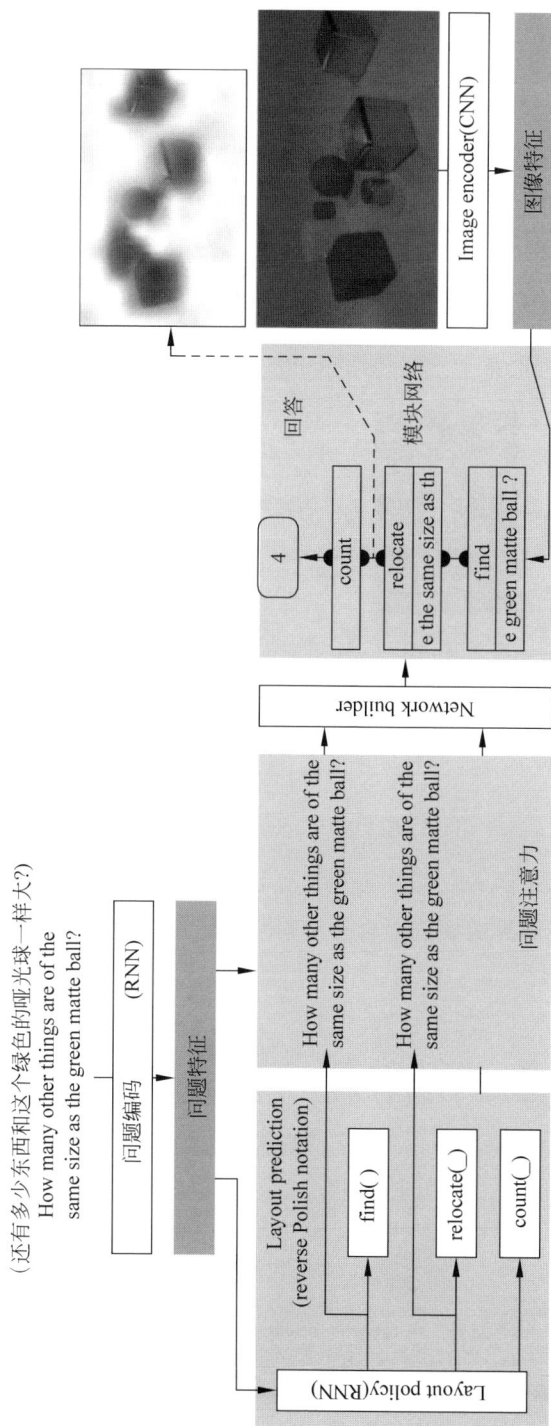

图 4-49 Learning to reason 方法

相关结果表明,加入注意力机制能获得明显的提升,从直观上也比较容易理解:在 Attention 机制作用下,模型在根据图像和问题进行推断时不得不强制判断"该往哪看",比起原本盲目地全局搜索,模型能够更有效地捕捉关键图像部位。

3. 组合模型

组合模型的核心思想是设计一种模块化的模型。这方面的典型代表是安德烈亚斯(Andreas)等[47]提出的 neural module networks(NMN)。其最大的特点是根据问题的类型动态组装模块以产生答案。

如图 4-50 所示,当面对"What color is his tie?"这个问题时,模型首先利用解析器对问题进行语法解析,接着判断需要用的模块及模块的连接方式。最终模型的推理过程先把注意力集中到 tie 上,然后对其 color 进行分类,最后得出答案"yellow"。

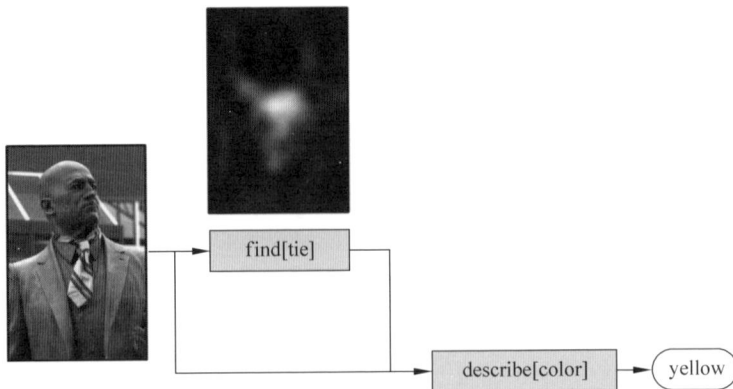

图 4-50　NMN 用于回答 "**What color is his tie?**" 的问题

而在另一个例子(图 4-51)中,当面对"Is there a red shape above a circle?"这种更复杂的问题时,模型选择的模块也自动变得复杂了许多。

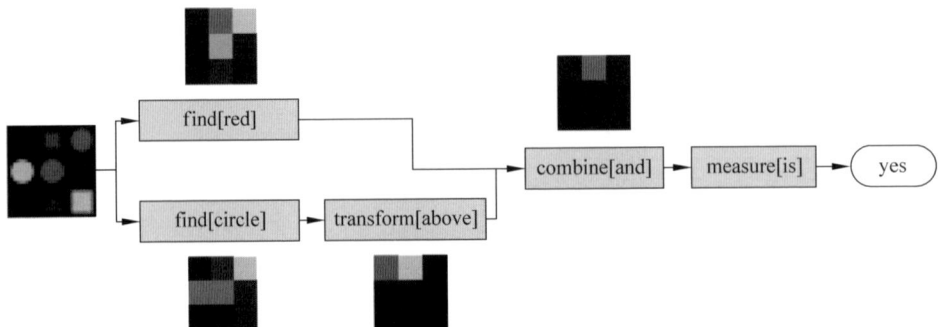

图 4-51　NMN 用于回答 "**Is there a red shape above a circle?**" 的问题

另一个典型代表是熊(Xiong)等[48]提出的 dynamic memory networks。该网络由 4 个主要的模块构成,分别是表征图像的 Input module、表征问题的 Question module、作为内存的 Episodic memory module 和产生答案的 Answer module。模型运作过程如图 4-52 所示。

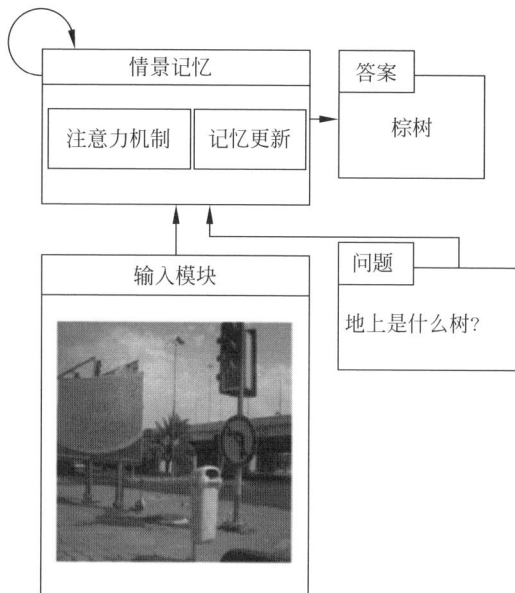

图 **4-52**　模型运作过程

4. 利用外部知识库的模型

虽然 VQA 要解决的是看图回答问题的任务,但实际上,很多问题往往需要具备一定的先验知识才能回答。例如,为了回答"图上有多少只哺乳动物"这样的问题,模型必须知道"哺乳动物"的定义,而不是单纯理解图像内容。因此将知识库加入 VQA 模型就成了一个很有前景的研究方向。这方面做得比较好的是 AMA 网络[49]。该网络模型框架如图 4-53 所示。

模型主要组成如下:首先对图像进行多标签分类,得到图像标签;然后把上述图像标签中最明显的 5 个标签输入知识库 DBpedia,检索出相关内容,然后利用 Doc2Vec 进行编码;最后利用上述图像标签生成多个图像描述,对这一组图像描述编码。将以上 3 个部分同时输入一个 Seq2Seq(Sequence to Sequence,序列到序列模型)模型中,作为其初始状态,然后该 Seq2Seq 模型对问题进行编码,解码出最终答案,并用最大似然估计 MLE 的方法进行训练。

虽然传统的 CNN-LSTM 模型是端到端训练的,输入图像和问题,然后输出答案,直接监督学习,但是模型不具备推理能力。李飞飞等提出的 Inferring and Executing Programs for Visual Reasoning[50]采取的方法是使神经网络拥有逻辑,CLEVER 数据集上的问题是有限的,且中间所需的逻辑推理只有颜色、材质、数量等几类,把每一种推理作为一个 Program 程序,先让神经网络生成这些 Program,再用一个神经网络执行这个 Program,从而实现视觉推理。

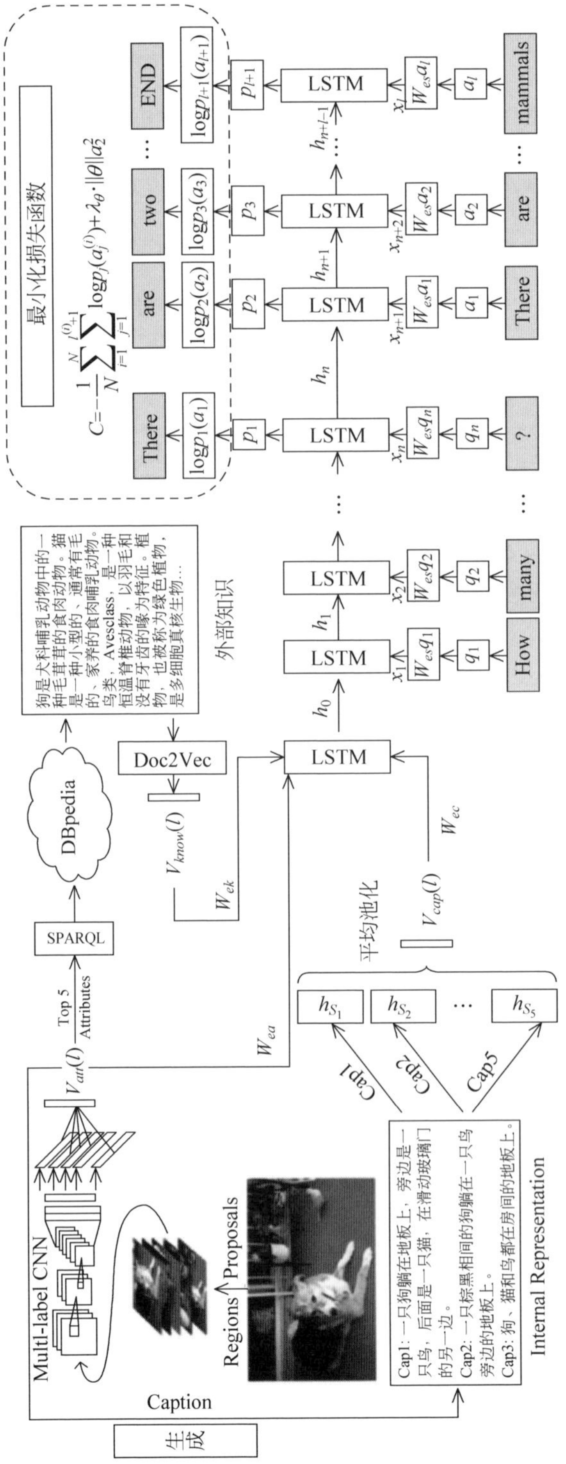

图 4-53　AMA 网络模型架构图

模型如图 4-54 所示,首先是一个由 Seq2Seq 的 LSTM 网络构成的 Program Generator,输入问题输出预测的程序,也就是要回答这个问题所需要的逻辑推理。将图像输入 CNN 以提取特征,再将程序和图像特征放入程序执行引擎 Execution Engine,执行程序,最后输出至分类器并输出答案。

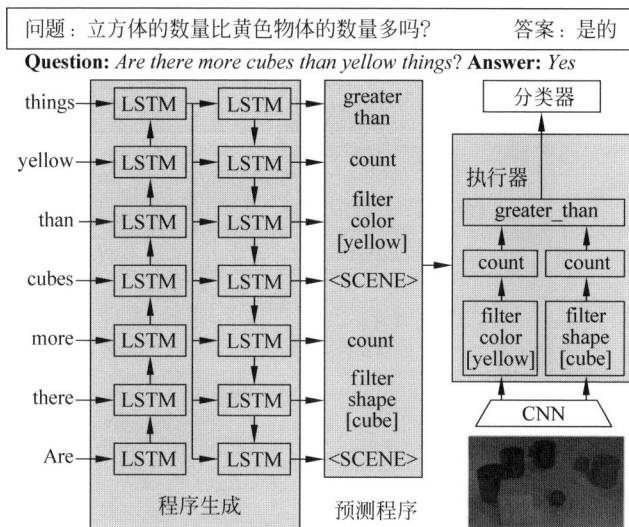

图 4-54 视觉推理程序的推理和执行方法

该方法虽然额外使用了推理监督数据,但是经过训练的神经网络实现了逻辑的可见性,也就是知道神经网络的逻辑。由此可以很明确地说,神经网络是可以具备逻辑的,而神经网络不同层的输入输出就是计算机的思考过程。

人类有一种非常强大的能力——"脑补",陈鑫磊等[51]尝试将人类的脑补能力带入算法。他们所研究的脑补能力是对空间和语义的视觉推理。有了这种能力,计算机就能在一幅图像中准确地识别更多的物体。

比如面对图 4-55 这样一个场景,没有空间语义推理能力的算法,只能凭借车的形状轮廓辨认它是小汽车还是大巴车,在上面的窗户中,也只能认出没被遮挡的那些车辆。

借助空间推理,与三扇窗户排成一排又被局部遮挡的那个物体,也会被认作是窗户;借助语义推理,通身黄色上面还带灯牌的大巴,也会被识别为校车;空间和语义推理结合起来,算法就能认出小汽车窗户里那个模模糊糊的影子,其实是人。

再如图 4-56 中,标注的"鼠标"是普通神经网络不能识别的,而这种会脑补的方法能够识别。它在图上很模糊,分辨率非常低,但是可以根据周围的物体推断出来。

同样一幅图像,会脑补的方法从中认出的物体比普通神经网络多,也就是说它从图像上框出各物体并识别出来的能力更强。该方法在普通卷积神经网络上加了一个视觉推理框架,由两个核心模块组成:一个是局部模块,运用空间记忆存储之

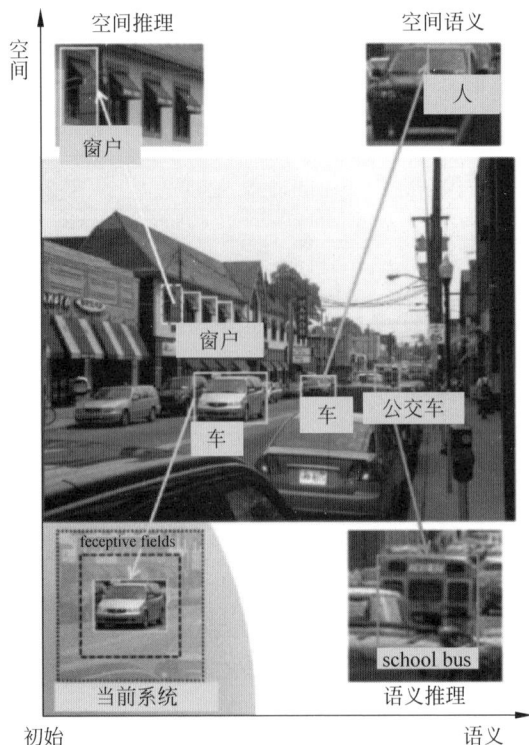

图 4-55　空间推理校车示例

前的认识,用卷积神经网络进行推理;一个是全局模块,基于图像进行推理,将区域和类视为图像中的节点,通过在它们之间传递信息进行推理。最终,所有模块每次迭代的预测和注意力机制相结合,即得出最终的预测结果。

总而言之,形形色色的方法各有千秋。在实际应用中,可以根据不同方法的优劣和实际场景的条件选择合适的 VQA 模型。

本章深入探讨了视觉计算的基础理论和方法,展示了如何通过视觉计算理解和模拟人类的视觉认知过程。马尔的视觉计算理论提供了一个理解和模拟视觉信息处理的框架,它将视觉处理分解为几个阶段,从原始信息的获取到高层语义信息的提取,强调视觉信息处理的层次性和模块化。这一理论不仅推动了后续视觉计算方法的发展,也为认知神经科学提供了重要的理论基础。视觉计算方法已经从最初的简单特征提取和图像分割,发展到今天能够处理复杂场景理解。这些方法的进步,特别是深度学习在视觉计算领域的应用,极大地提高了对视觉信息处理的能力和效率。深度学习在图像分类、物体检测和语义分割等任务中取得了显著的成果。这些基于数据的方法通过自动提取复杂的视觉特征,极大地提高了视觉信息处理的性能,并且为解决更复杂的视觉任务提供了可能。视觉计算不局限于图像分析,还包括利用视觉信息进行推理,预测物体的运动、行为和意图。这种结合

图 4-56 空间推理鼠标示例

推理的视觉计算方法,使人工智能系统能够更准确地模拟人类的社会交互,为智能机器人、自动驾驶车辆等高科技应用的发展提供坚实的基础。

随着计算能力的提升和算法的不断优化,视觉计算领域有望实现更多创新和突破。未来的研究可能集中于提高视觉计算的准确性、实时性和鲁棒性,也可能聚焦于如何将这些技术更好地集成到人工智能系统中,以实现更自然、更人性化的交互体验。

参考文献

[1] MAN D, VISION A. A computational investigation into the human representation and processing of visual information[J]. WH San Francisco: Freeman and Company, San Francisco, 1982, 1: 1.

[2] TARR M J, BLACK M J. A computational and evolutionary perspective on the role of representation in vision[J]. CVGIP: Image Understanding, 1994, 60(1): 65-73.

[3] TENENBAUM J B, SILVA V de, LANGFORD J C. A global geometric framework for nonlinear dimensionality reduction[J]. Science, 2000, 290(5500): 2319-2323.

[4] ROWEIS S T, SAUL L K. Nonlinear dimensionality reduction by locally linear embedding [J]. Science, 2000, 290(5500): 2323-2326.

[5] KRAMER O, KRAMER O. K-nearest neighbors[J]. Dimensionality Reduction with

Unsupervised Nearest Neighbors,2013：13-23.

[6]　NOBLE W S. What is a support vector machine?[J]. Nature Biotechnology,2006,24(12)：1565-1567.

[7]　AGATONOVIC-KUSTRIN S,BERESFORD R. Basic concepts of artificial neural network (ANN) modeling and its application in pharmaceutical research[J]. Journal of Pharmaceutical and Biomedical Analysis,2000,22(5)：717-727.

[8]　HECHT-NIELSEN R. Theory of the backpropagation neural network[M]. Amsterdam：Elsevier,1992：65-93.

[9]　MCCULLOCH W S,PITTS W. A logical calculus of the ideas immanent in nervous activity [J]. The Bulletin of Mathematical Biophysics,1943,5：115-133.

[10]　ROSENBLATT F. The perceptron：a probabilistic model for information storage and organization in the brain. [J]. Psychological Review,1958,65(6)：386.

[11]　WIDROW B,HOFF M E,OTHERS. Adaptive switching circuits[C]//IRE WESCON convention record：vol 4. New York,1960：96-104.

[12]　RUMELHART D E,HINTON G E,WILLIAMS R J. Learning representations by back-propagating errors[J]. Nature,1986,323(6088)：533-536.

[13]　HINTON G E,OSINDERO S,TEH Y W. A fast learning algorithm for deep belief nets [J]. Neural Computation,2006,18(7)：1527-1554.

[14]　FUKUSHIMA K. Neocognitron：A self-organizing neural network model for a mechanism of pattern recognition unaffected by shift in position[J]. Biological Cybernetics,1980,36(4)：193-202.

[15]　LECUN Y,BOSER B,DENKER J S,et al. Backpropagation applied to handwritten zip code recognition[J]. Neural Computation,1989,1(4)：541-551.

[16]　LI H,LIU H,JI X,et al. Cifar10-dvs：an event-stream dataset for object classification[J]. Frontiers in Neuroscience,2017,11：244131.

[17]　KRIZHEVSKY A,SUTSKEVER I,HINTON G E. ImageNet classification with deep convolutional neural networks[J]. Communications of the ACM,2017,60(6)：84-90.

[18]　SIMONYAN K,ZISSERMAN A. Very deep convolutional networks for large-scale image recognition[J]. arXiv preprint arXiv：1409. 1556,2014.

[19]　SZEGEDY C,LIU W,JIA Y,et al. Going deeper with convolutions[C]//Proceedings of the IEEE conference on computer vision and pattern recognition. 2015：1-9.

[20]　HE K,ZHANG X,REN S,et al. Deep residual learning for image recognition[C] // Proceedings of the IEEE conference on computer vision and pattern recognition. 2016：770-778.

[21]　HINTON R B,YUTZEY K E. Heart valve structure and function in development and disease[J]. Annual Review of Physiology,2011,73：29-46.

[22]　SABOUR S,FROSST N,HINTON G E. Dynamic routing between capsules[J]. Advances in Neural Information Processing Systems,2017,30.

[23]　SZEGEDY C,IOFFE S,VANHOUCKE V,et al. Inception-v4,inception-resnet and the impact of residual connections on learning[C]//Proceedings of the AAAI conference on artificial intelligence：Vol 31. 2017.

[24]　IANDOLA F,MOSKEWICZ M,KARAYEV S,et al. Densenet：Implementing efficient

convnet descriptor pyramids[J]. arXiv preprint arXiv：1404.1869,2014.

[25] CANZIANI A, PASZKE A, CULURCIELLO E. An analysis of deep neural network models for practical applications[J]. arXiv preprint arXiv：1605.07678,2016.

[26] HU J, SHEN L, SUN G. Squeeze-and-excitation networks[C]//Proceedings of the IEEE conference on computer vision and pattern recognition. 2018：7132-7141.

[27] BADRINARAYANAN V, KENDALL A, CIPOLLA R. Segnet：A deep convolutional encoder-decoder architecture for image segmentation[J]. IEEE Transactions on Pattern Analysis and Machine Intelligence,2017,39(12)：2481-2495.

[28] YU F, KOLTUN V, FUNKHOUSER T. Dilated residual networks[C]//Proceedings of the IEEE conference on computer vision and pattern recognition. 2017：472-480.

[29] CHEN L C, PAPANDREOU G, KOKKINOS I, et al. Deeplab：Semantic image segmentation with deep convolutional nets,atrous convolution,and fully connected crfs[J]. IEEE Transactions on Pattern Analysis and Machine Intelligence,2017,40(4)：834-848.

[30] LIN G, MILAN A, SHEN C, et al. Refinenet：Multi-path refinement networks for high-resolution semantic segmentation[C]//Proceedings of the IEEE conference on computer vision and pattern recognition. 2017：1925-1934.

[31] ZHOU J, HAO M, ZHANG D, et al. Fusion PSPnet image segmentation based method for multi-focus image fusion[J]. IEEE Photonics Journal,2019,11(6)：1-12.

[32] GIRSHICK R, DONAHUE J, DARRELL T, et al. Rich feature hierarchies for accurate object detection and semantic segmentation[C]//Proceedings of the IEEE conference on computer vision and pattern recognition. 2014：580-587.

[33] HE K, ZHANG X, REN S, et al. Spatial pyramid pooling in deep convolutional networks for visual recognition[J]. IEEE transactions on Pattern Analysis and Machine Intelligence, 2015,37(9)：1904-1916.

[34] HE K, ZHANG X, REN S, et al. Spatial pyramid pooling in deep convolutional networks for visual recognition[J]. IEEE Transactions on Pattern Analysis and Machine Intelligence, 2015,37(9)：1904-1916.

[35] GIRSHICK R. Fast r-cnn[C]//Proceedings of the IEEE international conference on computer vision. 2015：1440-1448.

[36] REN S, HE K, GIRSHICK R, et al. Faster r-cnn：Towards real-time object detection with region proposal networks[J]. Advances in Neural Information Processing Systems, 2015,28.

[37] REDMON J, DIVVALA S, GIRSHICK R, et al. You only look once：Unified,real-time object detection[C]//Proceedings of the IEEE conference on computer vision and pattern recognition. 2016：779-788.

[38] LIU W, ANGUELOV D, ERHAN D, et al. Ssd：Single shot multibox detector[C]//Computer Vision-ECCV 2016：14th European Conference,Amsterdam,The Netherlands, October 11-14,2016,Proceedings,Part I 14. Springer,2016：21-37.

[39] MIRZA M, OSINDERO S. Conditional generative adversarial nets[J]. arXiv preprint arXiv：1411.1784,2014.

[40] RADFORD A, METZ L, CHINTALA S. Unsupervised representation learning with deep convolutional generative adversarial networks[J]. arXiv preprint arXiv：1511.

06434,2015.

[41] ADLER J, LUNZ S. Banach wasserstein gan[J]. Advances in Neural Information Processing Systems,2018,31.

[42] BERTHELOT D, SCHUMM T, METZ L. Began: Boundary equilibrium generative adversarial networks[J]. arXiv preprint arXiv: 1703. 10717,2017.

[43] ZHAO J,MATHIEU M,LECUN Y. Energy-based generative adversarial network[J]. arXiv preprint arXiv: 1609. 03126,2016.

[44] ANTOL S,AGRAWAL A,LU J,et al. Vqa: Visual question answering[C] //Proceedings of the IEEE international conference on computer vision. 2015: 2425-2433.

[45] WU Q,TENEY D,WANG P,et al. Visual question answering: A survey of methods and datasets[J]. Computer Vision and Image Understanding,2017,163: 21-40.

[46] HU R,ANDREAS J,ROHRBACH M,et al. Learning to reason: End-to-end module networks for visual question answering [C]//Proceedings of the IEEE international conference on computer vision. 2017: 804-813.

[47] ANDREAS J,ROHRBACH M,DARRELL T,et al. Neural module networks[C] // Proceedings of the IEEE conference on computer vision and pattern recognition. 2016: 39-48.

[48] XIONG C,MERITY S,SOCHER R. Dynamic memory networks for visual and textual question answering [C]//International conference on machine learning. PMLR, 2016: 2397-2406.

[49] WU Q,WANG P,SHEN C,et al. Ask me anything: Free-form visual question answering based on knowledge from external sources[C]//Proceedings of the IEEE conference on computer vision and pattern recognition. 2016: 4622-4630.

[50] JOHNSON J,HARIHARAN B,VAN DER MAATEN L,et al. Inferring and executing programs for visual reasoning[C]//Proceedings of the IEEE international conference on computer vision. 2017: 2989-2998.

[51] CHEN X,LI L J,FEI-FEI L,et al. Iterative visual reasoning beyond convolutions[C] // Proceedings of the IEEE conference on computer vision and pattern recognition. 2018: 7239-7248.

第5章

心智计算建模

心智计算是建立心智模型的过程,目的是深入理解人类思维的运作方式,尤其是信息处理过程,并为开发人工智能系统提供创新的架构和技术途径启发。心智计算建模与马尔视觉理论中高层级的主动视觉、学习视觉部分密切相关,如何运用科学计算的工具实现注意、推理、决策是其关键所在。

目前,心智计算建模已有多种方法,包括基于符号系统的认知心智建模、基于人脑神经网络的联结建模、基于智能体的心智建模、基于数学模型的建模、基于计算机仿真的心智建模,以及结合多种机理的混合建模等。本章将重点介绍认知心智建模、联结心智建模及智能体心智建模方法,并讨论深度学习在模拟心智理论方面的不足。

5.1 认知心智建模

本节专注于探讨认知心智建模,这是理解并模拟人类认知过程的一种方法。本节将详细介绍 4 个部分,分别是物理符号系统、理性思维自适应控制框架、通用智能框架及世界模型。这 4 部分共同阐述如何通过不同的理论框架和模型,系统地模拟和分析人类认知活动的结构和功能。从基本的符号操作到复杂的思维控制与智能模拟,每个部分都为人们提供了独特的视角和工具,以更好地理解和重现人类的认知能力。

5.1.1 物理符号系统

基于符号系统的认知心智建模源于人工智能和认知科学的初期研究,主要通过使用明确的符号和明确定义的操作规则模拟人类的思维过程。这种方法强调信息的逻辑处理和高层次的思维结构,通过将认知任务分解为一系列符号操作,模拟人类推理、学习和解决问题的能力。在专家系统和自然语言处理领域有成功的应用,例如早期的专家系统 MYCIN 和自然语言理解系统,都有效利用了基于符号的方法模拟专家的知识和语言理解能力。这些系统展示了基于符号的模型在处理规则明确且结构化良好的问题中的有效性。

物理符号系统是由一组物理模式构成的符号实体集合,这些实体可以在符号结构中作为组成部分进行建立、复制、删除、修改等 10 种操作,从而构建其他符号结构。例如一个简单的代数问题,求解方程"$x+2=5$"。在开始解决问题时,人们首先识别和理解方程中的符号(x、2、5 和"+"),随后修改这些符号的组合,进行操作以简化或重构方程,如将 2 从右侧移到左侧变为 -2。在解决过程中,人们需要记忆或在草稿纸上复制某些步骤或结果,以便后续使用或验证。随着解决方程的进展,旧的符号结构(例如原始的方程式)可能不再需要,其在心理或物理空间中的表现形式将被新的符号结构(如简化后的方程式)替换。

1976 年,艾伦·纽厄尔(Allen Newell)和赫伯特·西蒙(Herbert A. Simon)获得了 ACM 图灵奖。在领奖演讲中,他们主张物理符号系统是实现智能行为的必要且充分条件。基于这一理论,可以推断出:人类的智能特性,可被看作一种物理符号系统;同样,计算机作为另一种物理符号系统,也必然拥有智能能力;计算机不仅能够模仿人类行为,甚至能够模拟人脑的运作。这意味着任何智能体,无论是人类还是计算机,都可以通过物理符号系统的框架解释其智能行为。这种假设不仅突出了计算机模拟人类智能的可能性,也为未来研究人工智能和认知科学的交叉领域提供了理论基础和应用前景。

5.1.2 理性思维自适应控制框架

作为一种解释人类认知过程工作机理的理论,理性思维的自适应控制(adaptive control of thought-rational,ACT-R)认为人类有两种不同的记忆系统:陈述性记忆系统与程序性记忆系统;人类的认知过程需要目标模块、视觉模块、动作模块和描述性知识模块 4 种不同的模块参与。

陈述性记忆系统包括人对事件、事实、想法和经历的所有记忆。人一切有意识的体验都是这个系统的一部分,既包含人的直接感官体验(情景记忆),也包含人对抽象概念的知识(语义记忆)。程序性记忆系统包含人能做的一切,既包括运动技能,也包括心理技能。程序性记忆通常是无意识的,比如骑自行车或者打字的技能。

1983 年,安德森(Anderson)在《认知结构》一书中详细阐述了心理加工活动的各方面,并介绍了 ACT 产生式系统的通用框架。如图 5-1 所示,该框架由工作记忆、陈述性记忆和产生式记忆组成。

图中的陈述性记忆也被称为语义网络,其中包含各种客观事实和基本概念,由相互连接的现实世界的各种概念组成,每个概念具有不同的激活强度。产生式记忆包含一系列的"如果-那么"产生式规则,这些规则的形式为"如果当前环境满足某些条件,那么执行某些行动",它们是执行特定任务时所需知识的表现形式。工作记忆则包含当前被激活的概念知识和产生式规则的匹配信息,以及目标和当前注意力焦点。

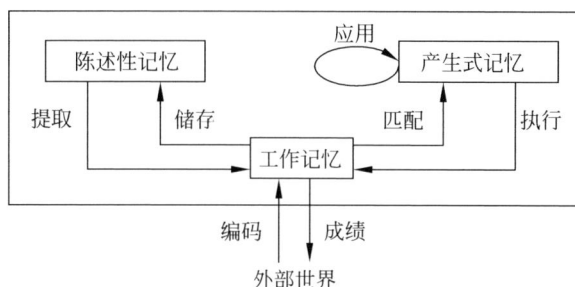

图 5-1　ACT 的系统结构

陈述性知识被表示为组块,这些组块类似图式结构,可以编码小组知识。陈述性知识可以被明确报告,且不与特定情境紧密相关,而产生性知识通常无法被表达,会自动应用于特定情境,并且在特定情境中起到目标导向的作用。人类能够运用多种策略将信息存入陈述性记忆,并从中检索信息;在工作记忆中,匹配过程将信息与产生式的条件进行对比;而在执行阶段,一旦匹配成功,相应的产生式触发的动作将被传递至工作记忆。这一预执行的匹配阶段通常被称为产生式应用,而最终的操作则在工作记忆中得以实现,从而完成这些规则的执行。例如,在驾驶场景中,陈述性知识包括对交通规则的了解,如"红灯停,绿灯行",或者汽车操作的基础知识,如"转向灯开关的位置"。而在实际驾驶过程中遇到须立即做出决策的情景,例如一个突然冲出的行人,此时产生性知识会自动启动,如"紧急刹车"。在驾驶时,司机的工作记忆会不断评估当前路况信息,如速度、周围车辆的位置等。匹配过程是指工作记忆中的这些信息与司机的产生性知识(如紧急避让技能)进行匹配,检查是否存在适用于当前情境的行为规则。一旦找到匹配的产生性知识,执行过程就会启动,如迅速采取避让措施,这一过程由工作记忆控制,并完成实际操作。

产生式记忆可应用于其自身的加工过程,人们可以通过审视现有的产生式规则学习新的产生式记忆。安德森将技能习得描述为知识编译,这是一个将陈述性知识转变为过程性知识的过程。知识编译由过程化和合成两个子过程组成。

过程化指的是将陈述性知识转换为过程性知识或产生式知识的过程。问题解决者最初可能根据外界的知识(例如互联网上的信息)解决问题,随着问题解决的不断尝试,新手可能使用不依赖特定问题领域知识的解决策略的弱方法。弱方法是执行某些任务时采用的较为简单、快速但不太精确的方法,这类方法在某些情况下可能牺牲一定的准确性,但却能在时间效率上取得一定的优势,比如手段-目的分析法。首先定义问题和目标,其次分析当前状态与目标状态之间的差异,再次选择可以减少这种差异的行动并执行行动,最后评估新状态和目标的接近程度,并重复之前的步骤,直至达到目标。在此过程中,会生成许多中间目标和陈述性知识。在反复解决问题的实践中,特定情境中的陈述性知识会不断被调用,逐渐演变成新的产生式规则。通过实践应用,人们能够学习新的产生式,这体现了过程化学习的核心——通过实践来学习。程序性知识可以被视为模式,对应产生式规则的条件部分,而执行的动作则对应产生式的结果部分。这种从陈述性知识到过程性知识的转变,不仅减少了言语加工的需求,还提高了问题解决行为的自动化水平。

在 ACT-R 理论框架下,学习是通过微小知识单元的积累和调整进行的,这些知识单元能够组合起来形成复杂的认知活动。学习过程中,环境的作用至关重要,因为它塑造了问题对象的组织结构。这样的结构有助于组块的学习,并推动产生式规则的建立。以学生学习解方程这一组块能力的过程为例:在初学阶段,学生可能通过具体的例子理解方程的结构和解法步骤。在这个学习过程中,教室环境(包括老师的指导、教材的内容、同伴的互动)提供了丰富的结构化信息:教师可能强调方程两边保持平衡的重要性,这一点在移项时尤为重要。教师的解释帮助学生形成关于方程求解的初步认知模型,这种模型随着经验的积累而逐步完善;教材帮助学生看到不同情况下的共同点,促进组块的形成,即学生开始将"移项"和"两边同时除以系数"视为解决这类问题的一般步骤;同学之间的讨论可能揭示不同的解题策略,也可能强化某些解法的效率和普遍性。在反复练习和应用这些步骤的过程中,学生的记忆中开始形成组块。组块是更大的知识结构,使学生不需要每次从头思考整个过程,而是可以作为一个整体快速调用。例如,将"移项"和"解除系数"组合成一个解决步骤。随着这些组块的稳固,产生式规则开始形成。产生式规则是更为自动化的认知规则,使学生在看到类似的问题时,即刻应用学习到的解法,而不需要深思。通过这样的学习过程,学生不仅学会了解方程,更重要的是,他们还学会了如何学习和应用数学知识,这种能力也可以迁移到其他数学问题甚至其他学科的学习中。这一过程展示了环境对于构建问题对象的结构、促进组块的学习和产生式规则的形成的重要作用。环境及其结构特征对学习过程影响的重要性在于,重新强调了分析环境的本质特征是理解人类认知的关键步骤,然而自从认知革命兴起以来,这一点往往被忽视。

5.1.3　通用智能框架

Soar 模型是纽威尔等于 1986 年提出的一种"通用智能框架",其核心在于通过算子改变状态并产生结果。Soar 广泛探讨了知识、思维、智力和记忆等认知问题,是一个应用广泛的认知架构。作为通用问题求解程序,Soar 模型以知识块理论为基石,运用基于规则的记忆引导和优化问题解决的搜索过程。它具备从经验中学习的能力,能够记住解决问题的过程,并将这些经验和知识应用于未来问题的解决,从而实现通用问题求解。Soar 模型目前已经走过 40 年的发展历程。

20 世纪 50 年代末,人们提出了一种模拟神经元的方法,即使用符号表示其他符号的存储结构模型,这便是早期组块(Chunks)概念的雏形。围棋大师的脑海中储存了各种棋局情况下的经验组块。20 世纪 80 年代初,纽厄尔和罗森勃卢姆指出,从任务环境中学习关于模型存在的问题,可以提升系统性能,组块因此成为模拟人类行为模型的基石。通过分析问题解决过程,积累经验组块,并用它们简化各子目标中的复杂步骤,能够大幅加快系统的问题解决速度,为经验学习奠定基础。1987 年,纽厄尔、莱尔德和罗森勃卢姆共同提出了通用解题结构 Soar,旨在通过这一结构实现多种弱方法。

Soar 代表状态、算子和结果,其基本原理是通过不断应用算子改变状态,从而产生新的结果。如图 5-2 所示,Soar 架构包括记忆块机理存储区、产生式记忆器、工作记忆存储区、工作记忆管理器及决策过程。记忆块机理存储区是整个系统的核心记忆存储区,用于维护和存储基础概念和客观事实等长期记忆。产生式记忆器存储了条件-动作规则,用于指导系统根据当前的输入和状态做出反应。工作记忆存储区用于临时存储和处理当前任务相关的信息。例如当前处理的对象和任务信息,不同任务的优先级信息及任务执行过程中的语境信息。工作记忆管理器用于维护和更新工作记忆的状态。最后根据工作记忆中的信息做出决策,指导系统的下一步行动。Soar 是一个综合性的认知模型,它不仅从心理学视角对人类认知进行模拟,还从知识工程的角度提出了一个通用的问题解决框架。Soar 的学习机制依赖外部专家的指导,以获取通用的搜索控制知识。这种外部指导可以是直接的建议,也可以提供直观而简单的问题。系统通过将这些外部提供的高层次信息转化为内部表示,进而学习和积累与搜索相关的知识组块。

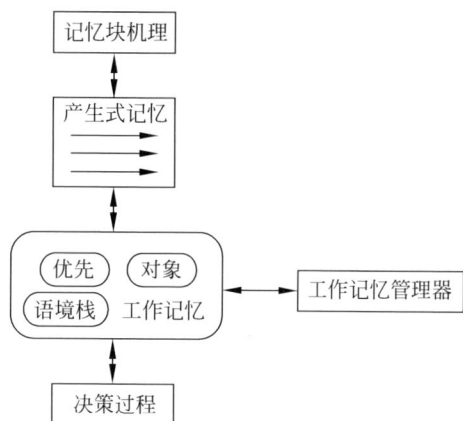

图 5-2 Soar 框架图

Soar 的处理结构由产生式记忆器和决策过程组成。产生式记忆器负责存储产生式规则,而搜索控制的决策过程则包含详细推敲和决策两个阶段。在推敲阶段,所有规则同时作用于工作记忆器,评估优先级,并确定哪些语境部分需要调整及调整的方式。随后,在决策阶段,确定语境栈中需要修改的具体内容和对象。

在 Soar 认知架构中,问题求解过程的核心运行模式是决策周期循环,这一周期包括分析、决策和行动三个步骤。在分析阶段,系统利用存储的规则评估当前状态,并确定可能的行动(算子)。在决策阶段,Soar 使用首选和拒绝机制,根据规则的匹配程度评估和选择算子。规则可以支持或拒绝算子,类似投票机制,但更为复杂,因为它包括对算子的首选和排除。如果一个算子被拒绝(相当于否决),它就不会被执行。在行动阶段,选定的算子被应用于当前状态,这将使状态更新。如果操作成功,系统将使用新状态替换旧状态,并准备进入下一个决策周期。此过程循环进行,直至目标实现。这种基于规则的动态决策过程使 Soar 能够模拟复杂的认知行为。例如,在 Soar 认知架构中模拟驾驶情境,可以清晰地展示其决策周期的运作。设想一个简单的驾驶模拟任务:汽车行驶在公路上,需要根据前方的交通情况做出反应。在分析阶段,Soar 工作记忆中存储的规则会评估当前状态,例如车速、前方是否有车辆以及与前车的距离。决策阶段开始时,规则系统会根据这些参数选择合适的算子,如"加速""保持速度"或"减速"。这些算子被视为候选动作,每个算子的适用性都由匹配的规则支持或拒绝。例如,如果前方有车辆过近,那么"减速"算子可能获得支持,而"加速"算子可能被拒绝。在行动阶段,根据规则评估结果,选择最适当的算子以更新当前状态,比如减速以保持安全距离。这一决策周期连续进行,以响应动态变化的驾驶环境,从而模拟驾驶者在现实世界中根据不断变化的情况做出决策的过程。这样的模拟可以帮助研究人员理解人类在复杂任务中的决策行为。

当 Soar 尝试解决一个问题遇到难点时,系统可以创建一个新的问题空间,称为"劝告问题空间",以探索不同的解决方案。在这个问题空间中,系统可能需要专家的指导。专家可以通过两种方式提供帮助:一种是直接指令方式,即直接选择或建议一个特定的算子,应用于当前状态;另一种是间接方式,通过提出一个与原问题结构相似但更简单、直观的问题来引导系统。系统根据这个简化问题形成子目标,并尝试解决它。通过解决这些子目标,系统能够学习新的规则(称为组块),这些组块随后可以用于直接解决原始问题或类似问题,减少未来对专家指导的依赖。这种方法允许 Soar 在复杂任务中通过层次化的方式学习和解决问题。例如,假设在 Soar 认知架构模拟的驾驶任务中,驾驶员遇到了复杂的路况,在繁忙的城市交通中突然多车道并行且交通信号频繁变化,在这种情况下,Soar 可能无法直接确定最佳行动方案。此时系统可以创建一个专门的问题空间以处理这种复杂情况,即劝告问题空间。在劝告问题空间中,可以请求专家指导。专家通过直接指令方式,可能指定采用"减速"或"更换车道"等具体算子,以应对当前的复杂交通情况;或者可能通过提出一个简化版本的问题,比如将多车道交通简化为单车道行驶,以帮助系统更清晰地理解和分析问题。系统根据简化问题建立子目标,并尝试解决它,如模拟在单车道上避免碰撞的策略。

在 Soar 系统中,组块学习机制是其关键部分,它利用工作记忆单元(working memory elements,WMEs)收集条件并构建组块。当系统建立子目标以评估专家的劝告或解决一个简化问题时,会将当前状态存储在工作记忆中。一旦子目标问题被解决,系统会从工作记忆中提取子目标开始时的状态,并将通过解决子目标问题获得的知识(解算子)转化为新的产生式规则,形成组块。这些组块包括解决子目标问题的关键步骤,可以直接用于解决原问题或类似问题,从而使学习策略将从一个问题中学到的经验应用于另一个问题。例如,在上文的驾驶场景中,通过解决问题的子目标,Soar 学习到新的规则或组块,这些知识帮助系统在未来类似情况下更有效地做出决策,无须再次请求专家指导。这样的学习和应用过程不仅增强了系统的自主决策能力,也提高了其在复杂交通环境中的应对效率。

组块形成的本质是将外部指导(例如专家建议或简化问题)转化为机器可执行的规则,这反映了传授学习的理念。解决简化问题获得的经验(组块)随后被用于解决原始问题,这涉及类比学习的概念。因此,Soar 系统中的学习实际上是多种学习方法的综合应用,有效地整合传授学习与类比学习的策略,以提高问题解决的效率、扩大问题解决的范围。

5.1.4　世界模型

世界模型(world model)是一种在人工智能领域中用于模拟和理解环境的计算模型。它通过从经验中学习环境的动态,构建一个内部的模拟,使 AI 系统能够预测未来的状态,并基于这些预测做出决策。这个概念来源于心理学和认知科学,尤其是关于通过内部模型处理信息和做出预测的研究。

一般来说,如图 5-3 所示,世界模型的架构包括感知模块、记忆模块、预测模块、决策模块。感知模块负责从环境中收集数据,如视觉图像、声音等,并将其转换为对系统有用的信息。例如,使用卷积神经网络处理视觉输入。记忆模块通常使用循环神经网络或长短期记忆网络(long short-term memory,LSTM)存储过去的状态信息,帮助模型理解环境的时间动态序列。预测模块使用从感知模块和记忆模块得到的信息,预测未来的环境状态。这可以是一个前馈网络或任何其他可以进行时间序列预测的模型。决策模块基于预测模块的输出生成行动策略,用于在环境中执行。这通常涉及一些形式的强化学习,如 Q-learning 或策略梯度方法。

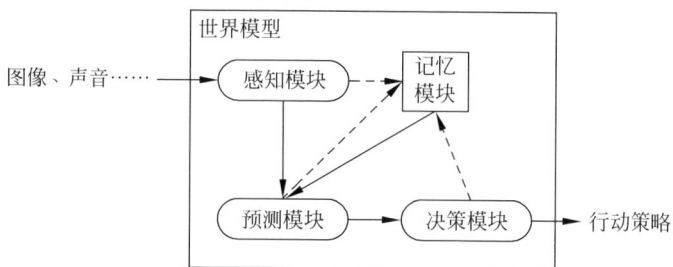

图 5-3　世界模型结构框图

世界模型在认知心智建模中的应用涉及深刻的洞见,这些洞见源自对人类大脑处理信息和生成决策的模拟。人类的大脑处理大量的感知输入,并根据这些信息生成对未来事件的预测和响应。以下是在此背景下对世界模型进行的具体探讨。

在认知科学中,理解人类如何处理复杂的感知输入并从中提取有用信息是一个核心课题。世界模型通过模拟这一过程提供了一种研究工具,使研究者可以在控制环境中测试和验证关于感知和认知的理论。例如,世界模型可用于模拟视觉系统解析动态图像,以及大脑利用过去的经验预测未来事件。在视觉感知的模拟中,世界模型首先通过感知模块接收图像输入,这些输入类似眼睛接收的光信号。通过使用 CNN 等神经网络,模型能够识别图像中的模式和对象。例如,一个世界模型可以通过训练学习物体的运动规律,如抛物线运动,这是通过观察多个实例并学习其轨迹的变化实现的。一旦世界模型通过其感知模块识别出环境中的关键特征,记忆模块(例如 RNN 或 LSTM)则负责存储这些信息,同时结合之前的经验预测未来的状态。这模拟了人类的工作记忆,它保留当前任务相关的信息,并参与规划和推理过程。在此基础上,预测模块使用存储的信息和当前的感知输入来生成对未来状态的预测,如预测一个走路的人可能的移动路径。在预测了未来可能的状态之后,决策模块根据这些预测制定行动策略。这反映了人类如何在多个可能的未来场景中选择最有可能带来成功结果的行为。在世界模型中,这通常涉及强化学习技术,这种技术通过奖励和惩罚机制优化行为选择。这模拟了人类的决策过程,需要评估不同行为的潜在后果,并选择最佳方案。

5.2 联结心智建模

5.2.1 联结机制

现代联结主义研究起源于麦克洛奇(McCulloch)和皮茨(Pitts)的开创性工作。1943 年,他们在神经建模小组上发表了一篇论文,将神经生理学与数理逻辑相结合,提出了一种分析神经网络的逻辑框架。在这个框架中,神经元被视为遵循二值输出模式。麦克洛奇和皮茨证明,通过合理配置简单神经元的数量、调整连接权重,并进行同步操作,构建的网络能够在原则上实现任何可计算的函数。这个重要发现标志着连接主义理论的诞生,对认知科学和人工智能的后续研究产生了深远的影响。

1986 年,鲁梅尔哈特(Rumelhart)和麦克莱伦德(McClelland)出版了《并行分布处理:认知微结构的探索》一书。该书介绍了联结机制的处理架构,如表 5-1 所示,该架构由 8 个部分组成。

表 5-1 联结机制的处理架构

一组处理单元	处理单元的激活状态
每个处理单元的输出函数	处理单元的连接模式
传递规则	将处理单元的输入与当前状态结合起来产生激活值的激活规则
通过经验修改连接强度的学习规则	系统的运行环境

联结计算理论模型的联结机制在信息处理与脑信息处理功能方面有许多相似之处。

（1）大规模并行处理：大脑处理信息的方式可能主要通过大规模并行处理。神经元在大脑中以大约 1000 次/秒的速度进行信号传递。考虑到如果这些过程以串行方式执行，在 1/10 秒的时间里，大脑能执行的指令不过百条，远不足以支持视觉识别或语言理解等复杂任务。而人脑能在短至几百毫秒的时间内完成感知处理、记忆检索和语言处理等高度复杂的任务。这表明处理这些任务的步骤远少于 100 步，说明大脑的处理方式并非串行。Feldman 提到的程序指令的 100 步限制强调了这一点，这也支持了联结主义模型的类脑理论基础。

（2）按内容寻址：大脑能够利用部分信息内容检索全部信息，这种按内容而非地址的寻址方式被大脑广泛采用。同样，联结计算理论模型也具备这种能力。

（3）分布式存储：每种记忆在大脑中似乎都不是存储在特定的地址，而是分布在大脑的多个区域。对于单个记忆，有人估计 70 万～700 万个神经元参与存储其痕迹，也有人估计 1000 个神经元参与。这种分布式存储模式也是联结计算理论模型采用的。

（4）适应性：神经网络具备自动调整连接权值以适应外界变化的能力。经过训练后，它们可以在特定环境下进行操作，对于微小的环境变化可以重新调整自身。此外，当神经网络在统计特性随时间变化的环境中运行时，突触权值可以设计为随时间变化。这种自适应能力使神经网络成为模式识别、信号处理和控制的有效工具，能够适应不断变化的情况。一般而言，系统的自适应性越强，它在面对时变环境时的鲁棒性越高，同时能保持系统的稳定性。

（5）容错性：以硬件形式实现的神经网络就像一张巨大的蜘蛛网，具有天生的容错潜力。想象一下，如果蜘蛛网上的一根丝线破损，并不会立即导致整个网结构崩溃。相反，蜘蛛网仍然能够保持基本结构的完整性，尽管受损区域可能出现一些松动。类似地，如果神经网络中的某个神经元或连接发生了故障，已存储的信息可能受到影响，但整个网络仍可以继续运行，尽管性能可能有所下降。这种分布式的容错性使神经网络在应对挑战时能够保持一定的稳定性，而不至于因局部故障而彻底崩溃。

联结心智模型与人脑模型在许多方面显示出显著的相似性。这些模型中的单元与脑细胞——神经元的功能十分相近，模型中的连接和权重则与神经元的轴突、树突和突触功能类似。同时，两者都采用层次结构的方式组织信息。在学习过程中，人脑通过改变突触的强度适应新信息，类似地，一些联结心智模型也通过调整其连接权重实现学习。最后，人脑的多个区域能够并行地进行激活与抑制，这一点也在某些联结心智模型中得到体现。

心智模型与人脑模型之间并非一一对应，但一个优秀的心智模型应当与人脑模型高度相似或匹配。通过借鉴人脑中神经元与神经网络的联结机制构建心智模型,可以有效地模拟人脑的整体结构和功能。这种方法不仅能促进对脑功能的理解,也能增强心智模型的实用性和预测能力。

5.2.2 自适应谐振理论

格罗斯伯格(Grossberg)1976 年提出了自适应谐振理论(adaptive resonance theory,ART)。ART 模型通过同步化机制和增益调节增强对注意特征的表征,有效缓解了快速遗忘问题,促进了快速学习。这一理论极大地丰富了人们对大脑如何高效处理和保存信息的理解。

该理论旨在通过分析网络的自适应行为,建立一种能够整合短时记忆(short-term memory,STM)与长时记忆(long-term memory,LTM)的连续非线性网络模型。在这个模型中,STM 指的是神经元的临时激活状态,这些状态反映了即时的神经活动,而 LTM 指的是神经网络中的长期权重调整,这些权重存储了学习经验。ART 特别强调记忆的稳定性与可塑性之间的动态平衡,这使网络能够在保持已有记忆的基础上适应新的输入。

如图 5-4 所示,ART 模型的基本构架包括输入神经元和输出神经元。首先,利用前向权系数和样本输入计算神经元的输出,这一输出反映了匹配程度。具有最高匹配测度的神经元的活跃度会通过输出神经元间的横向抑制得到增强,而匹配测度较低的神经元的活跃度则会逐渐减弱。此外,从输出神经元到输入神经元的反馈连接允许进行学习和比较,从而优化模型的响应和适应能力。这种结构设计使 ART 模型能够有效地进行快速学习,同时保持信息的稳定存储。

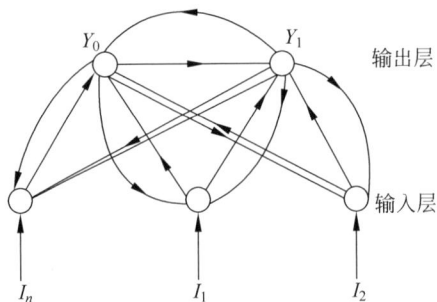

图 5-4　ART 模型的基本结构

ART 模型的架构如图 5-5 所示,它主要由两个功能互补的子系统构成,即注意子系统和定向子系统,后者也被称为调整子系统。这两个子系统通过相互作用处理熟悉和不熟悉的事件。注意子系统中包括两个基于短时记忆单元的部件,即 STM-F_1 和 STM-F_2。这两个部件通过长时记忆连接相连,这种设置有助于系统处理和存储信息。增益控制在这一系统中发挥两个重要作用:一是在 F_1 中区分自底向上的输入信号和自顶向下的反馈信号;二是使得 F_2 在接收来自 F_1 的信号时能够执行阈值判断,增强或抑制这些信号。定向子系统由注意子系统的报警信号 A 和 STM 重置波通道组成,这些部分协同工作以调节和重置网络状态,从而优化对新奇或重要刺激的响应。通过这种结构,ART 模型能够灵活地处理各种信息,同时保持对既有知识的稳固记忆。

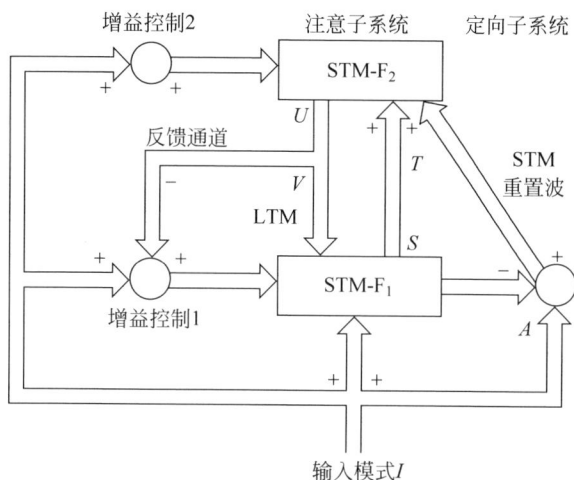

图 5-5　ART 模型的架构

注意子系统在 ART 模型中负责处理熟悉事件。它的主要功能是构建熟悉事件的内部表征,实现对这些事件的有效响应。这一过程涉及短时记忆中对活动模式进行编码,以形成对熟悉事件的认识和理解。此外,注意子系统还负责生成一个从 F_2 到 F_1 的自顶向下的信号,这种信号被称作"期望样本"。期望样本的主要作用是稳定已经通过学习形成的熟悉事件的编码。这样的机制确保一旦一个事件被认定为熟悉事件,其内部表征就可以被快速、准确地激活,从而提高系统对熟悉输入的处理效率和准确性。通过这种方式,注意子系统不仅维持了已有知识的稳定性,还实现了对经验的快速访问。

调整子系统在 ART 模型中主要负责对不熟悉事件做出反应。当接收到不熟悉的事件输入时,单靠注意子系统无法为这些新的情况建立适当的聚类编码,因此,调整子系统的设置是至关重要的。在遇到不熟悉的输入时,调整子系统会迅速产生一个重置波,调整 F_2 层,使注意子系统能够为这些新的或未知的事件建立新的表达编码。具体来说,当从 F_1 层传来的自底向上的输入模式与 F_2 层发出的自顶向下的期望模式不匹配时,调整子系统会立即向 F_2 发出重置波信号。这个信号的发出促使 F_2 重新评估并选择 F_1 的激活单元,同时取消之前 F_1 发出的任何已存输出模式。这一过程是 ART 模型的核心机制,它确保网络在保持长期记忆稳定的同时,还能灵活地适应新的、复杂的输入环境。这种独特的重置机制使模型在处理多变的输入数据时,既保持高效,又确保准确性。

总之,在 ART 模型中,注意子系统主要负责实现自底向上输入向量的竞争选择,并比较这些输入向量与自顶向下预期向量之间的相似度。调整子系统的角色是监控预期向量 V 与输入向量 I 之间的相似度。如果这种相似度低于特定的阈值,调整子系统将中断当前的竞争优胜者,并从其他候选中选择一个新的优胜者进行响应。通过这种方式,ART 模型利用注意子系统和调整子系统的互动完成自组织过程,确保网络不仅能有效处理新的和已知的输入,还能避免因过度稳定而导致的学习停滞。这一机制使模型能够在维持稳定性的同时,保持对新环境的适应能力和学习能力。

格罗斯伯格提出的 ART 模型主要有如下优点。

(1)实时学习能力:ART 模型能够适应非平稳的环境,即在变化的条件下持续学习。

(2)稳定的快速识别:对于已学习的对象,ART 模型能够实现稳定、快速的识别,对未知的新对象也能迅速适应。

(3)自归一化能力:模型能够自动识别并强调重要特征,同时依据特征在整体中的相对重要性将次要特征视为噪声。

(4)无监督学习:ART 模型无须预先了解样本分类的无监督学习方式,当对环境的响应出错时,它能自动增强"警觉性",迅速修正识别过程。

(5)灵活的存储容量:模型的存储能力不受输入通道数量的限制,且存储的数据不必是正交的,这一特点使其更适合处理复杂、多样的数据集。

在 ART 模型的基础上,2011 年佛赛斯(Versace)设计了一种名为模块化的神经探索搜索主体(modular neural exploring traveling agent,MoNETA)的系统。MoNETA 被设计为一种芯片上的"大脑",其特点在于不需要像传统的人工智能系统那样进行显式编程。它具备类似哺乳动物大脑的适应性和效用性,能够在各种环境下进行动态学习。这使 MoNETA 区别于其他 AI 系统,突出其在处理实时、动态任务中的自主学习和适应能力。这种设计使 MoNETA 在复杂和不断变化的环境中表现出极高的灵活性和效率,适用于需要持续自主学习和决策的应用场景。例如,MoNETA 作为一个高度适应性的神经网络系统,在自动驾驶汽车领域,MoNETA 利用 ART 的原理,能够实时处理并学习来自车辆传感器的复杂数据流,包括视觉输入(如道路标志、障碍物、行人和其他车辆的动态),以及来自雷达和其他导航传感器的数据。通过对这些数据进行持续学习和分析,MoNETA 能够优化车辆行驶路线,实时调整驾驶策略以应对突发情况,比如交通拥堵或突如其来的道路变化。此外,这种技术还增强了汽车的安全驾驶功能,如自动紧急制动和碰撞预警,提高了行车的整体安全性。

目前,模拟人类水平的心智建模主要依赖联结主义机制,旨在开发具有广泛行为和认知能力的智能系统,以创造功能全面、综合的类脑智能系统。这些努力的典型代表包括洛桑联邦理工学院主导的蓝脑计划(blue brain project)和欧盟脑计划

（human brain project）。这些项目通过高级计算模型和仿真技术，探索大脑结构和功能的复杂性。此外，加拿大滑铁卢大学 Chris Eliasmith 领导的研究团队开发了一个名为人工脑语义指针架构统一网络（semantic pointer architecture unified network，Spaun）的系统，该系统通过模拟神经元的连接复制人类大脑网络。Spaun 接收视觉输入，这些输入由丘脑处理，随后被存储于神经元网络，并由基底核向前额大脑皮质发送执行特定任务的指令。这种设计模拟了大脑的实际工作方式，不仅能够模拟富有知识的行为，还能够模拟多重长时记忆和学习功能，使其能够解决一系列复杂问题。这些进展表明，通过联结机制模拟人脑的研究正在向创建真正能够模仿人类认知复杂性的系统迈进。

5.3 智能体心智建模

5.3.1 智能体概念

随着人工智能技术的快速发展，智能体作为人工智能的核心概念之一，受到越来越广泛的关注。智能体是指具有感知、思考、决策和行动能力的实体，它可以通过学习和适应改进自身的性能和表现。在现实世界中，智能体可应用于各种领域，如机器人、自动驾驶、游戏等。随着这些应用场景的增加，对智能体的需求也变得越来越复杂、多样。

智能体的设计和实现需要考虑多方面，包括感知、学习、推理、决策、规划等。感知是指智能体通过研究者预设的感知手段获取自身所处环境的综合信息，包括图像、声音、触觉等。学习是指智能体通过经验和反馈改进自身的性能和表现，包括监督学习、强化学习、无监督学习等。推理是指智能体基于已有的知识和信息进行逻辑推理和推断，以便更好地理解环境和做出决策。决策是指智能体基于感知和推理，采取行动并做出反应。规划是指智能体在面对复杂的任务时，通过对环境和任务进行建模，制订合适的行动计划。

智能体的发展离不开心智计算的支持。心智计算是一种基于生物学和认知科学的交叉学科，旨在研究人类智力和智能行为的本质，同时将这些原理应用于智能体的设计和优化。心智计算涵盖很多方面，包括认知心理学、计算机科学技术、数学、脑神经科学等。其中，强化学习、贝叶斯学习等方法广泛应用于智能体的建模和优化。通过这些方法，智能体可以不断地从环境和反馈中学习，不断地优化自身性能和表现，从而更好地完成各种任务。

智能体这一概念的创新之处可以从以下几方面进行诠释。

（1）智能体的驻留性与自制性，这意味着智能体能够存活于一定的环境中，并且具有一定的"生命力"。智能体可存在于不同的环境，例如物理世界和网络中，而且能够自主、持续地运作。相比传统的计算机程序或机器人，智能体具有更强的自主性和灵活性,能够根据环境的动态改变适应性地调整自身行为。相比传统的基于人工经验的决策手段,智能体能够摆脱启发式规则的制约,不需要受到研究者的人为指令或其他环境内智能体的显式干预,即可自主运作。这使智能体在非常多的领域都能广泛应用,譬如自动驾驶、智能家居、医疗保健、金融服务等。

(2)智能体的能动性,这种新的特性源自智能体拥有的类似人类的心智状态和心智活动质量。它不再像传统人工智能一样,只能被动地执行预设的算法和指令,而能主动地探索和解决问题,从陌生的状态和不确定性中获得信息并自主地做出决策和行动。这种能动性的实现,离不开智能体对人类信念、期望和意图的模拟。智能体能够像人类一样,在认知和行动上进行规划、学习和决策,并通过模拟人类的心智状态进行自主思考和主动行动。这种智能体不再受限于预设的算法和指令,而是能够应对各种未知的状态和情况,积极地进行认知和行动。它的能动性将对人类社会产生深远的影响,可以在各领域为人类服务,帮助人类解决更复杂、更困难的问题,促进人类社会的发展和进步。

(3)智能体理论提出了一种将符号主义和行为主义等传统方法相结合的综合集成方法,即构造混合智能体。这种方法能够充分发挥传统单一方法无法达到的综合集成能力。在混合智能体中,符号主义方法和行为主义方法相互补充,符号主义方法主要用于对人类思维和语言进行分析和理解,而行为主义方法主要用于对环境进行感知和控制。两种方法的结合可以更准确地模拟人类的认知和行为,使智能体具有更高的智能水平。同时混合智能体的构建可以促进不同领域的交叉融合,推动智能科学的跨学科发展。

(4)传统的人工智能方法在认识和分析问题时,往往忽视现实世界中人类、事物和环境之间的相互作用及其复杂性。这种方法常常采用相对静态的方式,将现实世界中的复杂性进行简化和抽象,并将其归纳进一个或几个机械化的普适模式。这种方法"雕琢"出来的智能显然相对固化,因而难以完全反映真实的智能世界,尤其是那些由无序深化出有序的复杂、异构、开放、无序的现实动态环境。与传统方法不同的是,基于智能体的研究范式通过自身的可迁移性、自适应性、内在互动性和人机协同性实现对现实世界动态性和多样性的直面,将主观感受中的认知、表达和反射与真实环境中的动态更迭进行紧密结合,能够自主发掘主客观双重世界互动过程中不同因素之间存在的深层次联系、相互作用和动态变化才是产生和发展智能的本质。智能体方法旨在通过认识这些互动作用的动态性和复杂性获得智能并增长智能,是一种复杂的认知和思维过程。

(5)智能体方法在解决问题时,以整体为出发点,按照层次化和模块化的方式对问题进行划分和分析,并从局部到整体、从同层次到跨层次对子问题进行不断分解、重构和实例化。利用这种方法不仅能够进行深入的分析,还能进行多元化的综合求解,从而打破传统分析法的局限性。智能体方法不仅注重分析问题,而且重视综合处理问题,能够更高效地解决复杂的实际问题。同时智能体方法还可以通过不断地学习和适应,完善自身,提高自身的智能水平和综合集成能力,为解决更复杂、更困难的问题提供更有力的支持和保障。

(6)智能体方法的另一个独特之处在于,每个智能体都具有独特的个性、能力、知识背景和心智品质,这些特征使智能体能够更好地适应不同的环境和任务。智能体的这些特征也不是一成不变的,而是随着时间和经验的积累而不断发展更新的,这使智能体能够持续地适应新的情况和任务,更好地解决问题。智能体方法不是简单地模拟人类智能,而是通过动态、连续的学习过程不断提高自身的智能水平。智能体方法更贴近现实世界和人类解决问题的实际方法,因为它能更好地适应复杂、多样化的环境和任务,并能动态地适应变化。智能体方法是人工智能领域认识论和方法论方面的一次进步,它的发展和应用有望提供更高效、智能的解决方案,促进人工智能技术的进一步发展。

基于上述智能体特性分析,已经有许多的研究和实验尝试,使用机器心智理论指导的智能体系统研究最为突出。在机器心智理论的研究中,已经出现与智能体密切相关的系统,如Tom-Net、BDI等。这些系统一般通过对信念、愿望和意图的形式化构建特定模型和算法。其中Belief-Desire-Intention(BDI)模型[1]是一种常见的模型,BDI模型包含三种基本成分,即信念、愿望、意图,如图 5-6 所示。该模型由 Georgeff 等于1998 年提出,并成为智能体建模研究的重点。

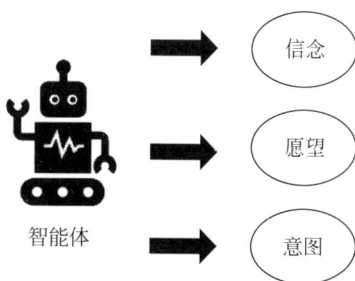

图 5-6 心智理论中智能体的 BDI 模型

信念是智能体对世界的认知,包括描述环境特性的数据和描述自身功能的数据。信念的集合包括对世界相关的信念、与其他智能体思维趋向相关的信念和自我信念。信念是智能体进行思维活动的基础。

愿望是智能体的原始驱动力,代表其期望达到或维持的状态。愿望反映智能体对环境状态的期望和判断,通过评估该状态是否实现确定愿望是否得到满足。智能体可以同时拥有多个相互矛盾的愿望,且不必坚信这些愿望都能实现。

意图是从智能体承诺实现的愿望中挑选出的当前最紧迫或最合适的目标。它属于智能体的思维状态,具有方向性,能够指导智能体的当前行为。

由于其广泛的指导意义,BDI 模型已被用于构建许多与智能体密切相关的系统,例如强化学习、贝叶斯推理、博弈论等。这些方法的应用有助于构建特定的模型和算法,以实现智能体的目标。总的来说,通过这些模型和算法的应用,研究者可以更好地理解智能体的行为和决策,从而为人工智能领域的发展提供重要支持。

综上所述,智能体是人工智能研究领域的重要概念和研究方向,它的发展可以为人类社会带来巨大的变革和进步。随着科技的不断发展和人类对智能体需求的不断提升,智能体也呈现出快速发展的趋势。而心智计算方法由于其对智能体内在潜力的充分挖掘,已经成为智能体发展过程中不可或缺的重要支持,其不断进步为智能体的发展提供了有力支撑。在认知建模、学习理论、知识表示与推理、自然语言处理等一系列任务中,智能体都可以通过心智计算方法模拟人类的认知和决策过程,从而实现更智能化的行为和表现。同时,心智计算方法可以为智能体提供更灵活、高效的学习和适应能力,使其更好地适应不同的环境和任务;反过来,智能体应用的发展也可以进一步推动心智计算方法的发展和应用,帮助理论研究学者找到先前方法应用于实际的过程中可能存在的问题。智能体相关技术和心智计算理论已经形成一种相互促进、相互依存的关系。

5.3.2 强化学习

强化学习是一种基于试错学习的机器学习方法,它通过智能体与环境的交互(图 5-7)不断调整策略,以最大化累积奖励。与其他机器学习方法相比,强化学习更适用于那些没有明确答案或不断变化的环境。在强化学习中,智能体会从环境中获取状态信息,并基于当前状态采取行动。环境会给出奖励或惩罚以反馈智能体的行动,智能体通过不断地试错学习调整自己的策略。强化学习的目标是使智能体在长期交互中获得最大的累积奖励。强化学习方法在游戏、机器人控制、自然语言处理等领域具有广泛的应用。强化学习代表性的算法有 Q-learning[2]、SARSA[3]、PPO、DDPG 等(图 5-8),它们的优缺点不同,可根据具体任务需求选择合适的算法。一直以来,强化学习被认为是未来发展中有望实现强人工智能的重要途径之一。

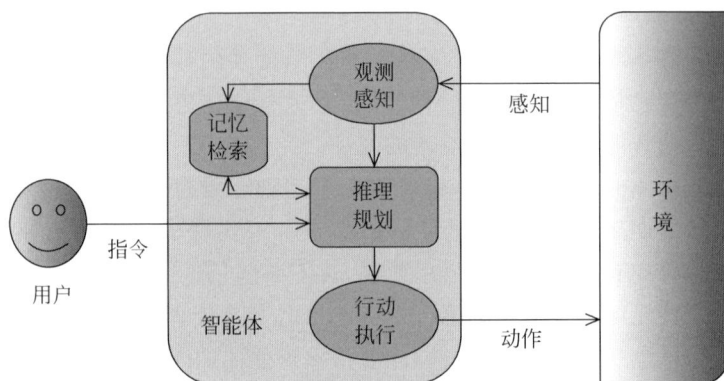

图 5-7 强化学习的交互图示

Q-learning 和 SARSA 是基于值函数的强化学习方法的代表。其中,Q-learning 是一种著名的强化学习算法,它旨在使智能体通过与环境的交互进行学习以做出最优决策。在 Q-learning 中,智能体需要探索环境并从环境中不断获得奖励或惩罚,根据这些反馈更新每种状态下采取每个动作的 Q 值。Q 值可以看作一种估计值,用于评估当前状态下采取特定动作的长期价值。

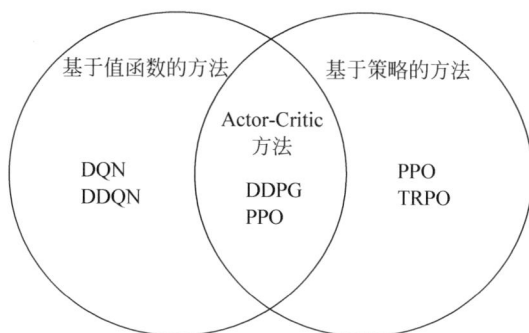

图 5-8　强化学习的方法分类

Q-learning 的核心思想是基于贝尔曼方程：

$$Q_\pi(s,a) = \sum s', \quad rP(s',r \mid s,a)\left[r + \gamma \sum a' \in A_\pi(a' \mid s')Q_\pi(s',a')\right]$$

其中，$Q_\pi(s,a)$ 是在状态 s 下采取动作 a 并遵循策略 π 的期望累积奖励（动作值函数）；$P(s',r \mid s,a)$ 是从状态 s 采取动作 a 转移到状态 s' 并得到奖励 r 的概率；r 是采取动作 a 后获得的即时奖励；γ 是折扣因子，用于调整未来奖励的当前价值；A 是所有可能的动作集合；$_\pi(a' \mid s)$ 是在状态 s' 下根据策略 π 采取动作 a' 的概率；$Q_\pi(s',a')$ 是在下一个状态 s' 和采取动作 a' 时的期望累积奖励。

该方程表示某个状态的 Q 值可以由下一个状态的最大 Q 值加上当前状态和动作之间的即时奖励计算。在 Q-learning 中，智能体会使用贝尔曼方程不断更新 Q 值，以逐步逼近最优决策。具体来说，每次智能体在一个状态下执行一个动作并获得奖励或惩罚之后，它都会使用当前状态的 Q 值和下一个状态的最大 Q 值更新当前状态下采取该动作的 Q 值。这个更新过程将不断迭代，直到 Q 值收敛。Q-learning 算法具有收敛性和最优性保证，可以在有限次迭代后找到最优决策。此外，Q-learning 算法可以与其他方法相结合，如深度神经网络，以处理更复杂的问题。

SARSA 是一种基于值函数的强化学习算法，它与 Q-learning 算法类似，都是通过学习一个值函数指导智能体做出最优决策。与 Q-learning 不同的是，在更新 Q 值时，SARSA 算法考虑了当前状态下采取的动作和下一个状态下采取的动作，即 (S,A,R,S',A')。智能体在当前状态下选择一个动作 A，执行该动作后进入下一个状态 S' 并获得一个奖励 R，然后在下一个状态 S' 中选择一个动作 A'。最后，SARSA 算法通过对当前状态下采取的动作 A 和下一个状态下采取的动作 A' 对应的 Q 值进行更新，逐渐优化智能体的策略。与 Q-learning 算法一样，SARSA 算法不擅长处理连续状态和动作空间，但具有收敛性和最优性保证。由于 SARSA 的动作策略更保守，因而更稳定，但是可能陷入局部最优解。

策略梯度算法是另一种强化学习的方法，与值函数方法不同，它直接优化智能体的策略，而不是间接学习值函数。在策略梯度算法中，智能体通过与环境的交互优化策略,使其能够在长期交互中获得最大累积奖励。策略梯度算法可以处理离散或连续动作空间,并且在应对高维或连续状态空间问题方面具有很好的表现。策略梯度算法的核心思想是使用梯度下降法直接更新策略参数,以使智能体的策略能够最大化长期累积奖励。在每个时间步骤中,智能体观察当前状态,并基于当前策略选择一个动作来执行。收到环境的奖励信号后,智能体会利用策略梯度方法更新策略参数,从而使当前状态下选择该动作的概率更高或更低。更新策略参数的具体方法包括梯度上升和梯度下降。常见的策略梯度算法包括 REINFORCE、Actor-Critic、TRPO[4]、PPO[5]等。这些算法在不同的环境和任务中都有很好的表现,并且广泛应用于机器人控制、游戏、自然语言处理等领域。策略梯度算法的优点是能够直接优化策略,同时能够处理高维或连续状态空间问题。缺点是相比值函数方法,策略梯度算法对采样数据的利用效率较低,需要更多的样本进行学习。

Actor-Critic 算法是一种基于值函数和策略的强化学习算法,相比策略梯度算法,它采用两个网络分别估计值函数和策略,并通过相互交互优化智能体的行为。其中,Actor 网络负责生成智能体的策略,而 Critic 网络负责评估智能体的行为价值。在 Actor-Critic 算法中,Critic 网络通过估计每种状态下采取每个动作的价值指导 Actor 网络的学习。Actor 网络根据 Critic 网络的反馈更新策略,同时,Critic 网络根据 Actor 网络生成的策略更新值函数的估计。这种相互交互的方式可以加速算法的收敛,并减少策略梯度算法中存在的方差问题。Actor-Critic 算法的应用包括机器人控制、游戏等领域。相比策略梯度算法,Actor-Critic 算法的改进在于引入了值函数的估计,可以更准确地评估智能体的行为价值,并可以通过值函数的反馈指导策略的学习。同时,由于 Actor-Critic 算法采用了两个网络相互交互的方式,可以更稳定地进行优化。

以上是目前强化学习领域的一些基础、主流的算法,可以看出,强化学习是通过智能体与环境交互学习最优决策策略的方法。但是,在实际应用过程中,某些任务能够更好地被人类专家执行,是因为它们可以根据自己的经验和知识做出更优的决策。那么,如何使用这些先验的领域知识完成决策任务呢?基于强化学习已有的研究成果,人们提出逆强化学习的方法以解决这个问题。

逆强化学习[6](inverse reinforcement learning,IRL)是强化学习的一种扩展形式,它的主要目的是从智能体的行为中推断它追求的目标,进而从中学习出一个奖励函数。在强化学习中,奖励函数通常是预先设定的,或者需要人工指定。而在逆强化学习中,研究者希望通过智能体的行为推断出一个奖励函数,进而更好地指导智能体的行为。逆强化学习可被看作一种从观察到的行为中提取目标函数的技术。逆强化学习的核心思想在于,智能体的行为是由其对奖励函数的最大化驱动的。因此,研究者可以通过比较不同的奖励函数,确定智能体的行为是如何被驱动的。逆强化学习算法的基本步骤包括以下几个方面。

(1) 收集样本数据:首先需要收集智能体在环境中的行为数据,包括智能体所处的状态、采取的动作及获得的奖励等信息。

（2）推断奖励函数：在逆强化学习中,研究者希望从智能体的行为中推断出一个奖励函数,进而指导智能体的行为。为了达到这个目的,研究者需要推断出一个奖励函数,使该奖励函数可以最优地解释智能体的行为。一般来说,这可以被视为一个最优化问题,并可以使用最大熵逆强化学习、线性规划逆强化学习等不同方法来解决这个问题。

（3）根据新的奖励函数优化策略：一旦推断出一个新的奖励函数,研究者就可以使用强化学习算法重新学习一种最优策略。这个过程可以通过强化学习中的各种算法完成,比如策略梯度算法、Actor-Critic 算法等。

逆强化学习和心智计算有密切的关系。逆强化学习的目标是从人类行为中推断出其背后的意图和价值,这需要对人类的认知和决策过程有一定的理解和模拟。因此逆强化学习借鉴了心智计算领域的许多方法和技术,如认知建模、学习理论、知识表示与推理等。逆强化学习需要建立人类的行为模型和价值函数,这需要对人类的认知和行为进行建模和理解。同样地,逆强化学习的应用也要考虑人类的心理和行为,例如在智能驾驶、智能家居等领域,需要考虑人类的安全、舒适和偏好等因素。

同时,逆强化学习也可以为心智计算提供新的视角和方法。逆强化学习有助于研究者更好地理解和模拟人类的行为和意图,从而促进心智计算的发展和应用。逆强化学习还可应用于社会科学领域,例如经济学、社会学等,有助于研究者理解人类的行为和决策,探索社会现象的本质和规律。因此,逆强化学习和心智计算是相互促进、相互依存的。实际上,目前许多逆强化学习方法都运用逆强化学习的知识进行辅助建模,后面将对这些研究进行详细的介绍。

另外,强化学习的范式与近年来兴起的大模型研究也有着密不可分的联系。由于强化学习遵循交互-反馈的循环模式,并基于此在训练过程中隐式地建立针对外在环境的隐式模型,因而被大语言模型的研究者用于与人类的自然语言指令进行对齐。虽然目前大模型并没有被证明具有真正的机器心智,但是其已经表现出令人惊奇的涌现现象,这毫无疑问得益于基于人类反馈的强化学习方法的功劳。

5.3.3　贝叶斯学习

在贝叶斯学习中,贝叶斯定理是基础和核心,它表示先验知识与新观测数据之间的关系,通过更新后验概率分布实现对未知参数的推断和预测。贝叶斯学习的目标是根据先验知识和新的观测数据更新模型的参数或结构,从而使模型更符合数据和实际情况。在贝叶斯学习中,一个关键问题是如何选择先验分布。先验分布可以基于专家知识、历史数据、经验规则等多种来源进行选择。贝叶斯学习中常用的一些技术包括贝叶斯网络、变分推断、贝叶斯优化等,这些技术在实际应用中有助于研究者更好地解决复杂的问题。

总之,贝叶斯学习是一种强大的机器学习方法,它能够对不确定性和噪声进行有效处理,同时具有灵活性和可解释性,因此具有广泛的应用前景。常见的贝叶斯学习方法有朴素贝叶斯、高斯过程、马尔可夫链蒙特卡罗等。

朴素贝叶斯[7]是贝叶斯学习中的一种分类算法,它基于贝叶斯定理和特征条件独立假设,对给定的数据进行分类。朴素贝叶斯算法假设样本的每个特征都是独立同分布的,即认为所有特征之间相互独立,不考虑特征之间的相互影响,并基于此给出一个简单的分类模型。该模型计算一个给定样本属于某个类别的概率,然后选择概率最大的类别作为样本的分类结果。

朴素贝叶斯算法先根据训练数据计算出每个类别的先验概率,即在样本未知情况下每个类别出现的概率。然后,对于一个新样本,计算出它属于每个类别的条件概率,即在已知特征情况下属于某个类别的概率。最后,选择具有最大条件概率的类别作为该样本的分类结果。朴素贝叶斯算法的优点是简单高效,适用于高维数据和大规模数据集。此外,由于假设特征之间相互独立,所以朴素贝叶斯算法对于小样本数据集表现较好。但是,该算法无法处理特征之间的相关性,因此在某些情况下可能导致分类误差较大。

高斯过程[8]是一种基于概率分布的非参数模型,用于建模连续函数的后验分布。高斯过程被广泛用于回归和分类问题,其本质是一种基于核函数的模型。在高斯过程中,假设函数在每个点的取值服从高斯分布,通过计算训练数据和测试数据之间的协方差矩阵,可以得到预测分布的均值和方差。在高斯过程中,先验分布通常假设均值为0、协方差为核函数的形式,而后验分布则通过将先验分布和观测数据进行贝叶斯更新得到。高斯过程具有灵活性、可扩展性和预测准确性高等优点。但相应地,由于高斯过程是非参数模型,每次推断都要对所有数据点进行操作,特别是涉及矩阵求逆。对于 n 个样本点,时间复杂度约为 $O(n^3)$,空间复杂度为 $O(n^2)$。在处理大量数据时,这可能导致计算不可实现。

马尔可夫链蒙特卡罗[9](markov chain monte carlo,MCMC)是一种基于马尔可夫链的随机模拟算法,用于计算复杂的后验概率分布。在贝叶斯学习中,MCMC算法可用于采样复杂的后验概率分布,以进行模型参数的推断和预测。MCMC算法的基本思想是构造一个马尔可夫链,该马尔可夫链的平稳分布恰好是所需的后验概率分布。通过对该马尔可夫链进行随机游走,可从任意初始状态开始逐步收敛到平稳分布,从而得到该分布的近似采样。MCMC算法的核心在于设计一个合适的马尔可夫链和状态转移规则,以实现有效的采样。MCMC算法有多种实现方法,其中,Metropolis-Hastings算法是最基础、最常用的一种。该算法通过一系列状态转移规则,以一定的概率接受新状态,以一定的概率拒绝新状态,从而实现从旧状态到新状态的随机游走。通过不断重复游走的过程,最终得到从目标分布中采样的一系列样本,从而对该分布进行近似采样。

贝叶斯学习与心智计算理论之间有着紧密的联系。心智计算理论认为,人类智能的产生是由大量的感知、学习和推理等过程组成的,这些过程与贝叶斯学习的核心思想有很多相似之处。因此,贝叶斯学习理论被广泛地应用于心智计算研究。

在感知和学习方面,贝叶斯学习提供了一种理论框架以解释人类是如何从感知中获得信息的。贝叶斯学习中的先验知识可被解释为人类先天的知识,而后验概率分布可被看作人类对环境的理解和预测。通过贝叶斯学习,研究者可以更好地理解人类是如何从环境中获得信息的。在推理和决策方面,贝叶斯学习也提供了一种理论框架以解释人类是如何进行推理并做出决策的。贝叶斯学习中的后验概率分布可被看作人类的信念或概率,而贝叶斯推理可被看作人类在不确定环境下进行推理和决策的一种方式。

贝叶斯学习为心智计算研究提供了一种理论基础,而贝叶斯学习和心智计算理论之间的交叉研究将为人们深入理解人类智能的本质提供更有力的理论支持,使研究者可以更好地理解人类是如何进行推理和决策的。后面将介绍一些贝叶斯学习与心智计算理论相结合的研究。

5.3.4 基于强化学习的心智计算建模

强化学习和心智计算是两个快速发展的领域,分别探索了智能系统如何学习、如何模拟人类决策过程的问题。随着机器学习和人工智能的不断发展,越来越多的研究者开始将强化学习和心智计算相结合,以构建更智能化的系统,并进一步理解人类决策背后的机制。

一项强化学习与心智计算相结合的代表性研究是 DeepMind 在 2018 年提出的"机器心智理论"[10](machine theory of mind)。受心理学中"心智理论"的启发,研究者构建了一个以心智理论为核心思想的神经网络——心智理论网络,并通过一系列实验证明了它具有心智能力。这是开发多智能体 AI 系统、构建机器人机交互的中介技术,同时是推进可解释 AI 发展的重要一步。

心智理论[11]指的是人类理解自己和他人心理状态的能力,涵盖愿望、信念、意图等心理现象。DeepMind 的科学家正在努力训练机器,使其能够构建类似的心理模型。他们设计了一个心智理论网络(theory of mind neural network,ToMnet,如图 5-9 所示),该网络使用元学习通过观察智能体的行为构建智能体遇到的其他模型。心智理论网络 ToMnet 通过这个过程获得了对智能体行为的深入先验理解,以及仅凭少量行为数据就能全面预测智能体特征和心理状态的能力。研究人员将 ToMnet 应用于格子世界中的智能体,发现它能学习模拟来自不同群体的智能体,包括随机策略智能体、人工规则智能体及深度强化学习智能体。同时,它通过了经典的心智理论任务测试,如"Sally-Anne test"(Wimmer 和 Perner,1983)。研究者认为,ToMnet 系统实现的智能体自主地学习模拟其世界中其他智能体的能力是开发多智能体 AI 系统、构建人机交互的中介技术,以及促进可解释 AI 的重要进展。

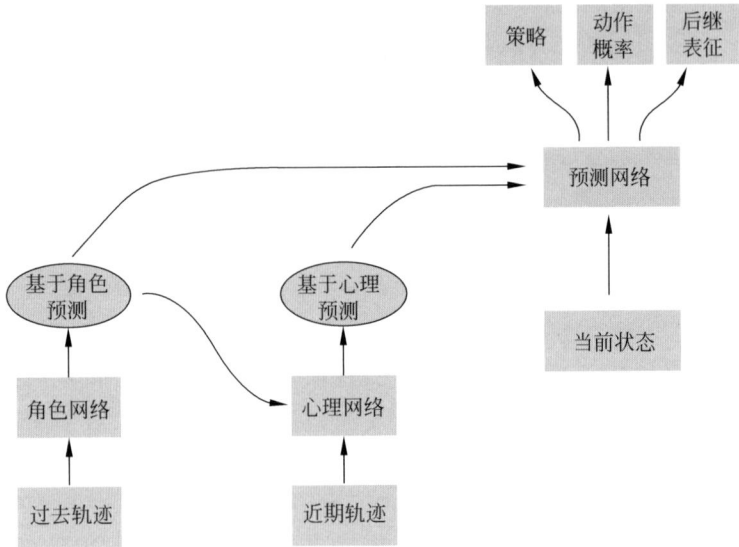

图 5-9　ToMnet 的架构

心智理论的启发来自这样一个隐忧：深度学习和深度强化学习取得的进展虽然令人兴奋，但研究者对这些系统的理解却是先天不足的。神经网络通常被描述为不透明的、不可解释的黑盒。即使研究者对其权重有完整的描述，也很难弄清楚它们利用的模式，以及它们可能出错的地方。随着 AI 越来越多地进入人类世界，对它们的理解需求也越来越大。

对于一个 agent 来说，"理解"另一个 agent 究竟意味着什么？对于人类来说，每个个体每天都在面临这一挑战，因为他们每天都在与潜在特征、潜在状态和计算过程几乎完全无法访问的其他人类交流。然而，人类"理解"他人的功能非常卓越。几乎都能在一定程度上预测陌生人未来的行为，并推断出他们对世界的了解。基于这一点，人类可以规划与他人的互动，并建立高效的沟通。

对其他 agent 的"理解"有一个显著的特点，那就是它们对 agent 真正的底层结构几乎没有任何参考。因为人类通常不会试图估计其他人神经元的活动，推断他们的前额皮质是怎么连接的，或者计划与其他人的海马体地图交互。认知心理学的一个重要观点是，人类的社会推理取决于他人的高层次模型[12]，这些模型并没有详细阐述观察到的行为背后的具体物理机制；相反，人类通过理解他人的心理状态（如欲望、信念和意图）解读行为，这种能力通常被称为心智理论。

在这项研究中，研究者从人的心智理论中获得灵感，试图构建一个学习对其他智能体进行建模的系统（图 5-9），研究者将其描述为"机器心智理论"。研究者的目标不是提出一种智能体行为的生成模型和逆行为模型，而是关注观察者如何自主学习使用有限的数据为其他 agent 建模。逆强化学习、贝叶斯推断、贝叶斯心智理论、博弈论等相关研究依赖人工的智能体模型，机器心智理论与之前的研究不同，研究者通过训练一个智能体模型,通过元学习从头开始对它们进行推理。

1. 研究方法:元学习任务实验

在机器心智理论研究中,研究者将构建心智理论作为一个元学习问题。在测试时,研究者希望能够遇到一个从未见过的新的 agent,并且它们已经有丰富的关于自身行为的先验知识。当研究者看到这个 agent 在它的世界行动时(图 5-10),希望能够收集关于它的潜在特征和心理状态的数据,形成后验,这将使研究者能够改进对它们未来行为的预测。在图 5-10 所示的 11×11 网格世界实验中,研究者创建了多个种类的随机智能体,通过给出这些智能体过去的轨迹序列,他们希望使网络学习到每个智能体未来的动作概率。

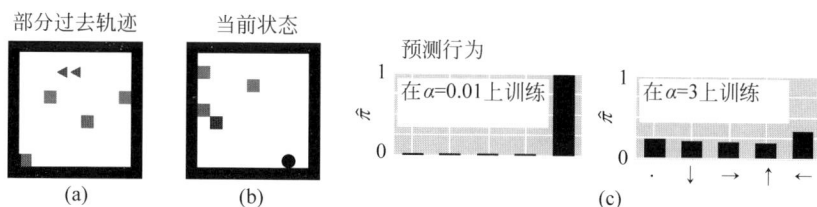

图 5-10　随机智能体行为的网格世界示例

为此,研究者制定了一项元学习任务。他们构建了一个观察者 observer,它在每个 episode 中都可以看到 agent 的一组新的行为痕迹,观察者的目标是预测 agent 未来的行为。在训练过程中,观察者应该从有限的数据中快速形成有关新 agent 的预测。这种关于新 agent 的"学习"就是研究者所说的元学习。通过这个过程,观察者还应该学习 agent 行为的有效先验,这些知识隐含地捕捉了训练群体中 agent 之间的共性。

文中给出了一系列实验以给出 ToMnet 模型的可视化效果,图 5-11(a)为 ToMnet 对模型智能体真实动作的概率预测;图 5-11(b)则是网络对于不同种类 agent 的 embedding 特征空间;图 5-11(c)是在单一智能体种类上训练的网络预测的智能体策略和真实智能体策略间的 KL 散度;图 5-11(d)与图 5-11(c)相似,但图 5-11(d)中的网络是在 5 个混合的智能体种类上进行训练。

这些实验针对该"机器心智理论"的网络 ToMnet 逐渐增加复杂度,展示了心智理论网络的思想,以及其学习其他不同种类智能体丰富行为模式的能力。在训练过程中,这些模型融合了人类心智理论的典型特征,例如对错误信念的认识。

建立心智理论的挑战本质上是一个元学习问题[13-14]。在测试时,希望能够对付一个从未见过的个体,并且对他们的行为方式已有强大而丰富的先验。此外,当研究者看到这个个体在世界上的行为时,希望形成一个关于这个个体潜在特征和心理状态的后验,这将使研究改进对未见过的个体未来行为的预测。

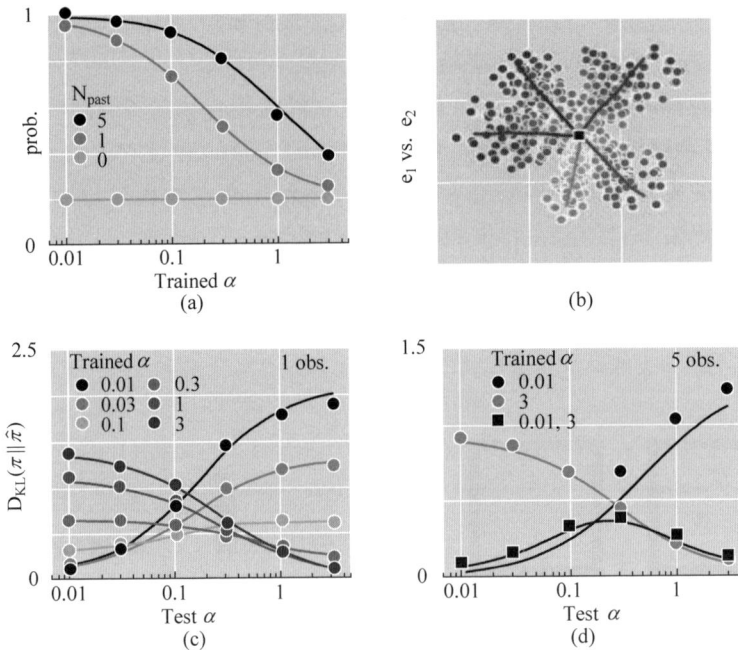

图 5-11 在随机智能体上训练的 ToMnet

研究者引入了两个概念来描述这个观察者网络的组成部分：①一般心智理论——网络的学习权重，包含关于训练集中所有智能体共同行为的预测；②特定智能体心智理论，测试时对单一个体的观察中形成的"个体嵌入"，包含使这个个体的特征和心理状态不同于其他个体的原因。可以将网络的学习权重看作对个体行为的先验认识，而将特定智能体的心智理论看作对个体执行行为后的认知后验修正，这些有趣的实验展示了心智理论网络 ToMnet 的理念及其能力，并证明它有能力学习其他智能体的丰富模型，包括人类心智理论的典型特征，如对错误信念的识别。

2. 研究任务综述

假设有一个智能体家族 $A = A_i$，有它们自己的观察空间，观察 i 函数、奖励函数和折扣因子。研究者认为，对应每个个体任务的相应策略不一定是最优的。个体可能是有状态的，尽管假设它们的隐藏状态不会在不同事件之间延续。这里考虑的 POMDP 是 11×11 的网格世界，有一个共同的行动空间（上/下/左/右/停留）、去终端化的动态，以及一组可消耗的物体。研究者对这些 POMDP 进行了实验（图 5-12），它们很简单，容易控制；研究者的构造应该可以推广到更丰富的领域，通过随机取样墙壁、物体和初始智能体的位置，参数化地生成单个 M_j。

反过来，研究者考虑一个观察者对个体的轨迹进行潜在的局部和/或噪声观察。如果个体 A_i 在 POMDP M_j 上遵循其策略 π_i 并产生轨迹 $\tau_{ij} = \{(s_t, a_t)\}_{t}^{T} = 0$，

观察者将看到 $\tau(\text{obs}) = \{(x(\text{obs}), a(\text{obs}))\}_T$。其中，$s$ 为状态，a 为动作，t 为事件，x 为带有噪声的观测信息处理。观察者必须学会预测多个个体的行为，这些个体的奖励、参数化和政策可能有很大的不同。这个问题类似单次模仿学习[15]，不同的是观察者的目标不是执行行为本身。此外，还有一个信息不对称的问题，"老师"对环境状态的了解可能比"学生"少，而且还可能带有系统的偏见。

在实验中，通过元学习 ToMnet 心智理论网络学会了它所遇到个体的一般模型，并在观察一个新个体的行为时在线构建一个特定的智能体模型。ToMnet 心智理论网络可用于建立多个不同种类智能体的心智模型，同时对驱动这些个体决策的生成过程做出很少的假设。ToMnet 心智理论网络还可用于发现行为空间中的抽象概念。

ToMnet 中有监督的信念预测实验结果如图 5-12 所示。其中图 5-12(a)的信念状态是智能体在部分监督的马尔可夫决策过程中对子目标的预测结果。在左侧两列中，交换事件发生在智能体的视野内，因此智能体对不同对象位置的信念在发生交换时发生了变化。在右侧两列中，交换事件不在智能体的视野内，因此其对对象位置的信念没有变化。在图 5-12(b)中，ToMnet 做出的预测仅基于状态和动作的轨迹，可以看到 ToMnet 预测可观察的交换事件（左侧）会导致信念状态的变化，

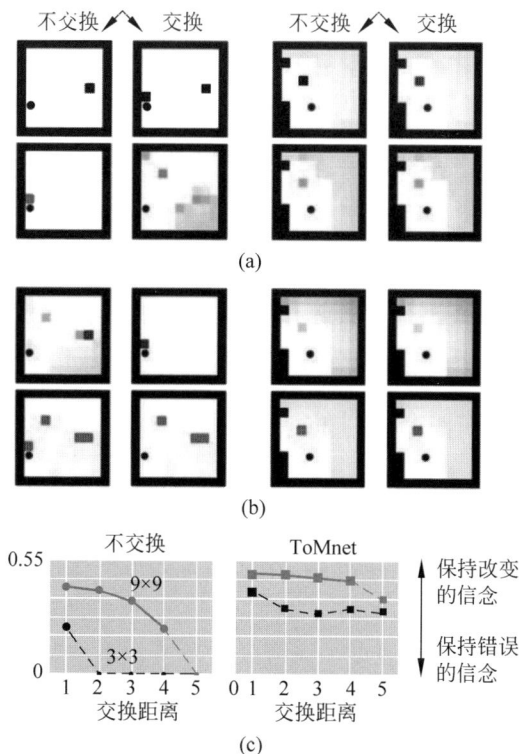

图 5-12 有监督的信念预测

(a) 信念：真实智能体；(b) 预测信念：ToMnet；(c) 信念：$D_{JS}(b, b_{\text{aobs}})$

而不可观察的交换事件(右侧)则不会。图 5-12(c)则是针对智能体信念的统计数据。ToMnet 对智能体信念的捕捉范围甚至会超出 9×9 的可观察软边界。

扩大心智理论网络的规模,还有很多工作要做。

(1)上述实验完全在网格世界中进行,还需扩展到更丰富的领域,如三维视觉环境。

(2)这个实验中并没有限制观察者本身的可观察性,这显然是现实世界社会互动中的一个重要挑战,也是另一个推理问题。

(3)还有许多其他方面可以描述个体的特征,例如他们是亲近社会的,还是敌对的[16],是被动反应式的,还是主动计划式的[17]。潜在的更有趣的问题是使用心智理论网络发现自然或人工种群行为新结构的可能性。

(4)丰富的心智理论可能对多个个体的决策任务很重要,这需要将类似心智理论网络的系统置于人工个体旁边。

心智理论网络还有许多更长远的其他需求,如心智理论网络可预测的智能体类型集合需要进一步扩展、训练时利用数据的效率需要提高、温和的归纳偏见应该在决策过程中引入、智能体从认知中汲取信息的模式应被提取并用于为其他模型提供信息等。解决这些问题对于推进机器心智理论、学习负责任的社会人的丰富能力是必要的。

除了心智理论网络之外,越来越多的学者开始将强化学习与心智计算理论结合,以期更好地模拟和理解人类的学习和决策过程。其中,一些研究者探索将强化学习模型中的价值函数、策略网络与神经科学模型相结合,以更好地模拟人类的认知和行为特征。还有一些学者将贝叶斯学习、高斯过程等方法引入强化学习,以应对现实世界中的不确定性和噪声。此外,也有一些学者探索将强化学习应用于认知控制和脑机接口等领域。虽然目前这些研究工作还处于初步阶段,但相信未来会有更多的精彩成果涌现。通过将强化学习与心智计算结合,有望更深入地理解人类大脑的学习和决策机制,同时为人工智能技术的发展带来更多的启示和创新。

5.3.5 基于贝叶斯学习的心智计算建模

日常的社会互动很大程度上受到个体对他人目标快速判断的影响。甚至年幼的婴儿也能通过观察他们与环境中物体和其他主体的互动推断出社会互动行为主体的目标。例如,一个个体"帮助"或"阻碍"另一个个体试图爬上一个山头或打开一个盒子。基于贝叶斯学习的模型能够从理论上很好地说明人们如何从行动中推断出这些社会目标,并通过假设个体所处的环境约束和其他在场个体的理性行动模式,推断出最可能驱动个体行为的目标。

贝叶斯学习的框架假设人们用直观的理性原则表示个体目标的因果作用:假设个体在对世界的信念下,倾向于采取有效的行动以实现其目标。对于具有针对对象或世界状态的简单目标的个体,理性原则可被形式化为马尔可夫决策问题

(Markov decision process，MDP)中的概率规划，基于贝叶斯模型的人类行为理解模型通过引入对意图的归因，成功地在 MDP 中应用逆向规划，解释人类对迷宫世界中智能体物体定位目标的推断；而 Baker、Goodman 和 Tenenbaum 则使用基于 MDP 的多智能体逆向规划[18]，对智能体的社会行为目标进行价值建模，从而实现从迷宫世界的互动中推断智能体之间的简单关系目标，如追逐和逃离。

下面介绍一种基于贝叶斯学习的智能体心智模型框架对更复杂的社会目标(如帮助和阻碍)进行建模推断，其中一个个体的目标取决于其他个体的目标。

在此定义两种类型的智能体：①简单的个体，它们有对象导向的目标，不代表其他个体的目标；②复杂的个体，它们有社会或对象导向的目标，代表其他个体的目标并推理它们可能的行为。对于每种类型的个体和目标，研究者都描述了它们定义的多个体 MDPs。然后，研究者描述了基于行为的 MDP 模型的贝叶斯反转的对象定向和社会目标的联合推断。

在这一部分中，算法的目标要解决两个挑战。第一个挑战是提供社会目标归属的形式化，并将其纳入一个基于一般理论的目标归属模型。这个模型必须从 A、B 之间的互动中推断出 A 是在帮助 B 还是在阻碍 B，但不需要事先了解任何一个个体的目标，并说明一系列行为的证据。第二个挑战是该模型要在一项要求很高的推理任务中表现良好，其中社会目标必须从很少的观察中推断出，而没有直接观察到个体目标的证据。

如图 5-13 所示的 MDP 模型中，$M = (S, A, T, R, \gamma)$ 是一个元组，它定义了一个个体规划过程的模型。S 是对世界的编码，是一个有限的互斥状态集，它规定了所有个体和对象的可能配置集。A 是行动的集合，T 是状态转移函数，T 编码了世界的物理规律，$T(S_{t+1}, S_t, A_t) = P(S_{t+1} | S_t, A_t)$ 是对下一状态的边际分布，给定当前状态和个体的行动，对所有其他个体的行动进行边际化。$R: S * a \rightarrow R$ 是

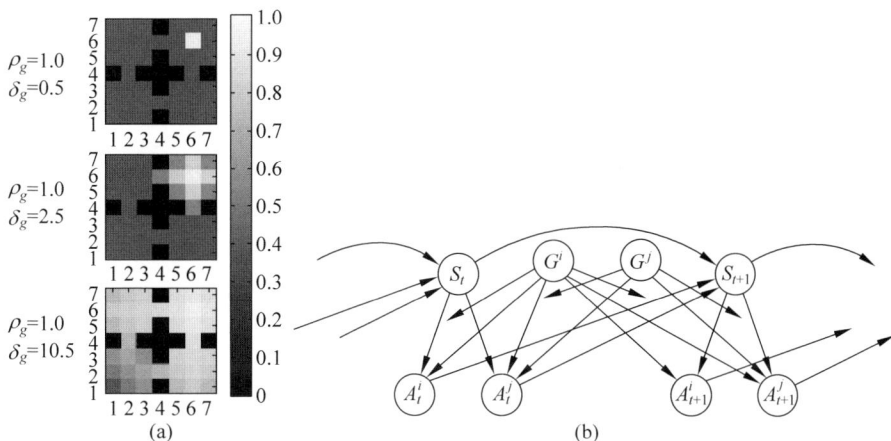

图 5-13　MDP 模型的可视化表示

奖励函数,它为每个状态-行动对提供个体的实值奖励,γ 是折扣系数。下面的小节将描述 R 如何取决于个体的目标 G(对象定向或社会属性)、T 如何取决于个体的类型(简单或复杂),以及个体如何在多个体 MDP 上进行规划。

目标导向的奖励指在状态到达目标 G 智能体立即得到的、由目标驱动的奖励值。假设 R 是状态奖励和行动成本的加法函数,$R(S,A)=r(S)-c(S,A)$,用一个双参数的奖励函数系列,以 ρ_g 和 δ_g 为参数,抓住了不同种类的对象目标在空间中引起不同奖励的直觉。

例如,在炎热夏天的公园里,饮水机只有在人直接站在它旁边的时候才会有奖励。一朵花的美丽从近处看是最大的,但也可以从一系列的距离和角度来体验。

具体来说,ρ_g 和 δ_g 决定了状态奖励函数的规模和形状,即

$$r_i(S) = \max\left(\rho_g\left(1 - \frac{\text{distance}(S,i,G)}{\rho_g}\right), 0\right)$$

其中,$\text{distance}(S,i,G)$ 是个体 i 与目标之间的测地线距离。当 $\rho_g \leqslant 1$ 时,奖励函数的单位值为 $r(S)=\rho_g$,当个体和目标对象占据同一位置时,$\text{distance}(S,i,G)=0$;反之,$r(S)=0$(图 5-12(a),第 1 行)。而当 $\rho_g>1$ 时,在目标周围有一个正奖励的“场”,其斜率为 $-\rho_g/\delta_g$(图 5-12(a),第 2 行和第 3 行)。状态奖励在 $\text{distance}(S,i,G)=0$ 时最大,其中 $r(S)=\rho_g$,并随着个体与目标的测地距离线性下降,当 $\text{distance}(S,i,G) \geqslant \delta_g$ 时,达到 $r(S)=0$ 的最小值。

帮助和阻碍的社会奖励对于复杂的个体 j 来说,由社会目标 G_j 引出的状态奖励函数取决于 j 的行动成本 A_j,以及 j 要帮助或阻碍的个体的奖励函数 R_i。具体来说,j 的奖励函数是 i 的奖励函数的期望值与 j 的行动成本函数之差:$R_j(S, A_j)=\rho_o EA_i[R_i(S,A_i)]-c(S,A_j)$。$\rho_o$ 是社会智能体对智能体 i 的状态 S 的期望奖励的缩放,它决定了 j 相对于其自身成本对 i 有多“关心”。对于帮助性智能体,$\rho_o>0$;对于阻碍性智能体,$\rho_o<0$。计算期望值 $EA_i[R_i(S,A_i)]$ 依赖社会智能体对 i 的计划过程的模型,描述如下。

在研究者的互动设置中,T_i 不仅取决于 i 的行动,也取决于所有其他个体的行动。假设个体 i 通过对所有 $j \neq i$ 的 A_{jt} 进行边际化,计算 $T_i(S_{t+1},S_t,A_{it})$。

$$T^{i(S_{t+1},S_t,A_t^i)} = P(S_{t+1} \mid S_t, A_t^i)$$
$$= \sum_{A_t^j \neq i} P(S_{t+1} \mid S_t, A_t^{1:n}) \prod_j P(A_t^j \in A_t^{j \neq i} \mid S_t, G^{1:n})$$

该公式中的 n 是个体的数量。这种计算要求一个个体拥有所有其他个体的模型,无论是简单的,还是复杂的。

对于简单个体,假设简单个体对其他个体的模型按其预期成本的 softmax 比例随机选择行动,即对个体 j 来说,$P(A_j|S) \propto \exp(\beta - c(S,A_j))$。

对于复杂个体,假设社会个体 j 使用其对其他个体的计划过程的模型来计算 $P(A_i|S,G_i)$,对于 $i \neq j$,允许准确预测其他个体的行动。

同时,需要假设个体能够获得真实的环境动态,这是一种对现实情况的简化,因为在现实情况中,个体对环境往往只存在局部或有错误的了解。

基于一个用 M 表示的 MDP 过程,可以计算出最佳状态-行动价值函数 $Q*$: $S \times A \rightarrow R$,它决定了在每个状态下采取行动的预期无穷回报。假设个体有软性最优策略,如 $P(A|S, G) \propto \exp(\beta Q*(S, A))$,允许偶尔偏离最优行动,这取决于参数 β,它决定了个体的确定性水平,较高的 β 意味着较高的确定性或较少的随机性。在多个体环境中,联合价值函数可以递归优化,一个个体代表另一个个体的价值函数,另一个个体代表第一个个体的表征,以此类推,达到一个任意的高阶。研究者把自己限制在这个推理层次的第一层,也就是说,一个个体 A 最多能代表一个个体 B 对 A 的目标和行动的推理,但不能代表更深层次的递归,即 B 不能针对 A 推理 B 的结论进行再一次的推理。

实验在一个简单的二维迷宫世界中测试社会目标归属的逆向规划模型,研究者创建了一组视频,描述在迷宫中互动的个体(图 5-14)。每个视频包含一个"简单个体"(x 色 x)和一个"复杂个体"(x 色 x),如计算框架部分所述。被试者在观看了这些视频的简短片段后,被要求将目标归属个体。许多片段显示出个体的行为与关于个体目标在实验过程中的角色假设一致。来自被试者的数据对逆向规划模型、基于简单视觉线索的模型的预测进行了比较。

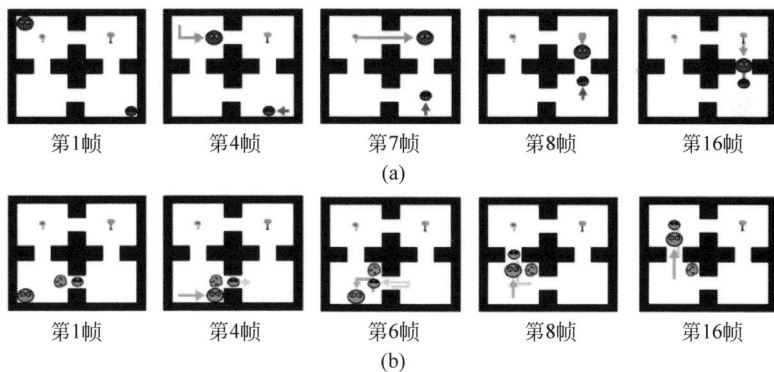

第1帧　　第4帧　　第7帧　　第8帧　　第16帧

(a)

第1帧　　第4帧　　第6帧　　第8帧　　第16帧

(b)

图 5-14　智能体的互动实例

(a) 场景 6;(b) 场景 19

研究者构建了 24 个场景,其中两个个体在一个二维迷宫中移动。迷宫总是包含两个潜在的目标(一朵花和一棵树),在 24 个场景中的 12 个场景还包含一个可移动的障碍物(一块巨石)。这些场景的设计要满足两个标准。

(1) 场景中个体的行为方式要符合关于其一个以上的任务目标假设,以测试模型基于模糊的行动序列的预测。如图 5-14 所示,智能体从第一帧开始行动,沿着相应的彩色路径穿行。在第 1 帧之后,每一帧都对应视频的一个间断点,此时要求被试者判断智能体的目标。图 5-14(a)中,大型智能体移动到自己的目标对象上(第 1~7 帧),因此难以判断其希望完成自身的任务目标还是社会目标;当大型智能体在第 8 帧向下移动并阻止小型智能体继续前往其对象目标的路径时,这种模糊不清的情况得到消除。图 5-14(b)中,大型智能体移动巨石,为小型智能体清除通往花朵的最短路径(第 1～6 帧)。并且一旦小型智能体进入同一个房间(第 6 帧),大型智能体就推它至花朵并允许它在那里休息(第 8～16 帧)。可以看到,随着场景的发展,这些目标之间的模糊情况有时会被消除。

(2) 情景要涉及各种感知不同的行动计划,这些计划可能被解释为帮助或阻碍目标。例如,一个个体将另一个个体推向一个目标、从另一个个体的路径上移走障碍物,以及为另一个个体让路,这些行动计划都可以被解释为帮助。这个标准用于测试研究者社会目标的形式化,即基于奖励函数之间的抽象关系。在研究者的模型中,社会个体的行为是为了最大化或最小化其他智能体的奖励,而它们这样做的确切方式将取决于环境的结构和它们的初始位置。

每个场景都有两个不同的个体,研究者称之为"小"和"大"。大型个体在视觉上更大,能够直接移动到可动障碍和小型智能体的身上来转移它们。大型个体的行动从不失败,例如,当它们试图向左移动时,它们确实向左移动。小型个体在视觉上更小,不能转移个体或巨石。在研究者的方案中,小型个体行动失败的概率约为 0.4。大型个体对应前文中介绍的"复杂个体",因为它们可以有物体导向的目标或社会目标:帮助或阻碍小型智能体。小型个体对应"简单个体",可以只有自身目标而没有社会性目标。

如图 5-14 所示,研究者利用长度为 16 帧的视频展示每个场景。他们展示了每个视频中的 3 个片段,在结束前的一些帧数中停止。如图 5-14(a)中,情景 6 的 3 个片段分别在第 4、7 帧和第 8 帧处被切断。被试者被要求在片段和完整的 16 帧视频的结尾处做出目标归属。在一个序列的多个点上要求被试者进行目标归因,使研究者能够跟踪他们判断的变化,因为特定目标的证据在不断积累。这些分界点或探测点的选择是为了捕捉情景中的关键事件,因此发生在区分不同目标的关键行动之前和之后。由于每个场景都被用于创造 4 个不同长度的刺激物,所以总共有 96 个刺激物(图 5-15)。

由于研究者的主要兴趣在于对有代表性复杂个体的社会目标进行判断,因此他们只分析了被试者对大型个体的判断。图 5-15 中,研究者分析了人类目标判断和逆向规划模型(a)与上文中基于线索的模型(b)的预测之间的相关性,按目标类型细分。条形代表刺激的区间(总共 96 个)。每个被试者对 96 个刺激物进行判断,对应 24 个场景中每个场景的 4 个时间点。对于这 96 个刺激中的每一个,研究者计算了一个经验概率分布,代表被试者有多大可能相信大型智能体具有"花""树""帮助""阻碍"4 个目标中的每一个,方法是在被试者之间平均判断该刺激,并以被试者的信心评级加权。然后,所有的分析都将这些人类的平均判断和逆向规划与基于线索的模型的预测进行比较。在这些区间中,人类对目标概率的平均判断处于特定范围;每个区间范围的中点显示在 x 轴标签上。每个条形的高度显示

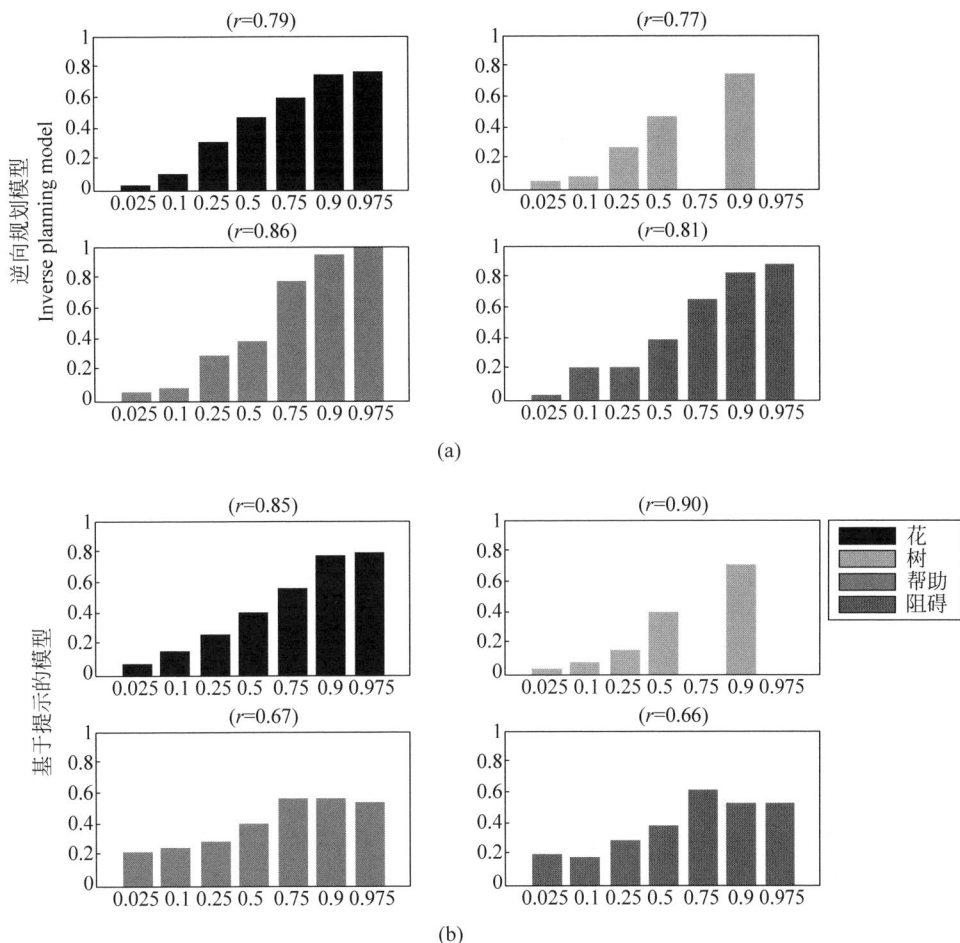

图 5-15 人类判断与模型预测的相关性变化

(a) 人类判断；(b) 模型预测

模型对那个区间内所有刺激的平均概率判断。模型的目标概率与所有 96 个刺激的人类平均判断之间的线性相关性在 y 轴标签中给出。

由图 5-16 可以看出，实验取得了相当好的成果，在一定程度上完成了这些挑战。其中，图 5-16(a)为带有标准差的平均评分，图 5-16(b)为逆向规划模型在切断点的预测，图 5-16(c)为逆向规划模型的全序列预测，图 5-16(d)为线索模型的预测。逆向规划模型根据人类的判断，将多种多样的个体互动归类为帮助或阻碍作用。这个模型也区别于仅基于简单感知线索的模型，在社会性和非社会性目标归属方面，产生了与人类更接近的拟合。并且在区分帮助和阻碍方面远远优于视觉线索模型。这些结果提出了进一步研究的各种思路。其中一项任务是增强正式的帮助和阻碍模型，以捕捉人类判断背后的更多复杂性。在逆向规划模型中，只有当 B 有希望在未来取得可观回报时，A 才会采取行动，帮助 B 推进进度。然而，人们经常帮助他人实现目标,即使他们认为目标不太可能实现。这方面的帮助可以通过假设一个帮助者的效用不仅取决于另一个体的奖励函数,还取决于它的价值函数。

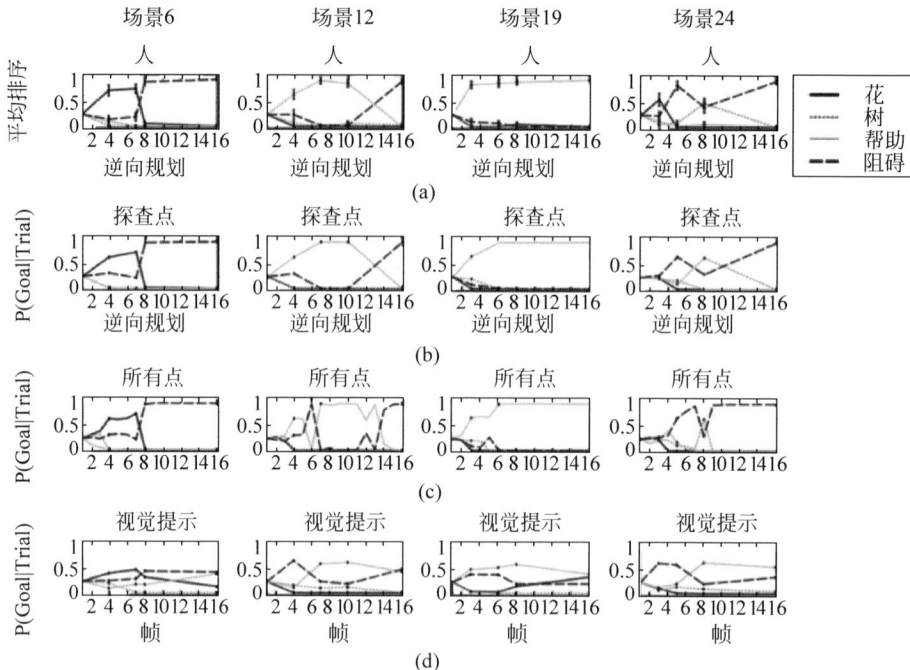

图 5-16 实验结果展示

(a)带有标准差的平均评分;(b)逆向规划模型在切断点的预测;(c)逆向规划模型的全序列预测;
(d)线索模型的预测

可以看到,贝叶斯学习与心智计算理论的结合,为研究者提供了一种新的思路和方法,可以更好地理解和模拟人类学习、决策的过程,并为人工智能的发展提供了新的思路和方法。未来,随着相关领域的深入研究和技术的不断发展,这一领域的研究成果将为人类社会带来越来越多的益处和应用价值。

5.4 深度学习在模拟心智理论方面的不足

心智理论是人类固有的一种基本能力,能够推断他人的心理状态。本节将对心智理论的深度学习方法研究进展、当前面临的挑战及可能存在的潜在问题进行系统的介绍。然而,由于当前深度学习系统在心智理论领域的任务范围过于狭窄,相关研究结果可能具有一定的局限性。

随着深度学习的迅猛发展,其在一些计算机视觉和自然语言处理任务上的表现已经达到甚至超越人类水平。研究表明,人类的视觉[19]和语言处理[20]机制与深度学习模型之间存在共同的计算原理。特别值得注意的是,大脑的神经活动和深度学习系统间存在层级对应关系[21],这种对应关系能够解释人脑在目标识别和自然语言处理任务方面的一些特征[22-23]。然而,这些发现并不意味着深度学习已经完全揭示了人脑处理过程中的全部运作方式。尽管如此,深度学习仍为理解大脑背后的计算原理提供了宝贵的视角。

心智理论是人类用以推断他人心理状态的基本能力,涵盖感知状态、信念、知识、欲望和意图等方面[24]。这一领域已被广泛研究[25-26],许多任务旨在测试人类心智理论的不同方面[27],例如儿童理解一个人可能持有错误信念的能力被认为是心智理论发展的一个关键里程碑,即这个人相信某事为真,尽管事实并非如此[28]。然而获得心智理论并不仅等同于能够通过错误信念任务,而是一项复杂的技能,需要数年时间才能在人类大脑中逐渐发展形成[29],例如,即使一个能够通过错误信念任务的孩子,仍然不能够理解一个人可能假装相信或感受某种情感,实际上却持有相反的信念或情感。考虑到心智理论的复杂性,目前尚不清楚深度学习在视觉和语言任务方面的成功是否能够延伸到心智理论的研究中。

探索将深度学习与心智理论结合已成为人工智能研究的一个关键方向。一方面,研究者正致力于调整深度学习模型,使其策略更符合人类的需求、欲望和价值观[30]。另一方面,深度学习系统的主要目标之一是创建能够与人类互动、支持和理解人类的智能体,因此,心智理论的研究显得尤为重要,它对于促进富有成效的沟通和语言发展至关重要[31]。因此,理解并发展心智理论的能力是构建能够与人类或其他智能体进行有意义交流的智能体的关键途径。这种整合不仅推动了技术的发展,也深化了人们对人类社会交流复杂性的理解。

尽管心智理论在人类领域仍充满未解之谜[11],但现代深度学习工具有望在理解这一理论上取得前所未有的进展。例如,尽管众多研究表明语言在心智理论发展中扮演关键角色[28],传统研究方法面临伦理限制(不能剥夺儿童的语言输入)等挑战。与此形成鲜明对比,深度学习模型允许研究者灵活调整语言输入的参数,并精确控制模型处理单词和短语。此外,这些模型的组件可以被单独调整或修改,使研究者能够模拟和操作代表不同智能体行为的人工神经元和神经网络。这种方法不仅允许评估心智理论的特定元素在多种任务中的作用,还展示了深度学习在揭示心智理论中那些难以或无法通过传统方法探索的领域的潜力。然而,要充分发挥这些模型的潜力,确保它们在模拟自然心智理论方面的精确度是关键。

探讨基于深度学习的心智理论研究中常见的问题,以及之前关于人类自身的研究,这些论述有望为未来深度学习系统的发展提供启发。本节将从深度学习建模心智理论的挑战出发,指出心智理论任务中存在的一些捷径,而这些捷径无法通过单一任务进行评判,从而引出开放任务下的心智理论。随后本节指出人类的心智理论存在特定的归纳偏见,而这种偏见无法通过大量数据拟合出来,而是从人类心智中学习得到。最后本节介绍如何评估深度学习中的心智理论。

5.4.1　深度学习建模心智理论的挑战

深度学习在视觉识别和揭示大脑视觉基本过程方面取得了显著进展,这主要得益于 4 个方面。

(1) 合适的训练数据:深度学习模型在与生物视觉直接相关的数据集上进行训练,如 ImageNet 图像分类数据集[32]。

(2) 内置的或学习到的不变性:深度学习系统通过设计或学习过程实现了一些不变性,如卷积核的平移不变性、从训练数据中学到的不变性,从而增强鲁棒性和泛化能力。

(3) 深度学习系统的训练目标与生物视觉感知目标相近:深度学习系统的直接目标是准确识别、分割和定位场景中的物体,这也是生物视觉感知的目标。

(4) 与神经科学实验数据的比较:人们对涉及视觉的脑区及其连接和组织方式有深入理解。半个多世纪来视觉系统研究揭示了视觉处理的层次结构,深度学习系统学习的层次结构可以与视觉神经科学中的实验发现比较,进而得到改进和优化[33]。

然而,针对心智理论,不同于与视觉感知任务,深度学习与心智理论生物机制之间如何建立连接存在更多挑战。深度学习中主要通过深度强化学习研究心智理论,其中智能体的数据获取与训练目标耦合。智能体的行为将决定其得到的回报,形成持续的反馈,进而得到奖励函数。与之相对的是,在心智理论中,可能并不存在一个简单明确的成本函数或奖励机制,这增加了研究的复杂性。此外,由于缺乏适当的神经科学数据进行比较,这一领域的研究变得更复杂。在视觉领域,研究人员向人类和深度神经网络展示相同的图像并探索这些表示之间的对应关系,相对更容易进行。对于心智理论,由于缺乏相应的数据,研究其与深度学习的对应关系变得困难。计算机视觉算法训练所用的数据集在对象的位置、角度等方面具有变异性,从而使训练得到的模型具有一定的不变性,但研究者对心智理论所需的不变性了解有限,这限制了模型在不同于训练场景的情况下实现稳健的心智能力。

总的来说,通过深度学习建模心智理论的复杂性远超视觉领域,开发具有类似心智理论能力的系统将是充满挑战的,深度学习在视觉领域的成功并不能直接迁移至心智理论领域。

5.4.2　心智理论任务中的捷径

在开发围棋游戏时,可以通过深度学习训练特定模型来掌握这些游戏。然而,心智理论领域的情况复杂得多。由于缺乏可以明确利用心智理论的任务,针对心智理论优化深度学习系统变得异常困难。即使研究人员设计了需要心智理论的任务,如视角转换或意图理解,也不能保证智能体通过训练真正掌握类似心智理论的能力。智能体主要追求最大化奖励,如果能通过其他方法获得奖励,它们可能会学习这些方法,而无需心智能力。

深度学习模型可能采用被称为"捷径"[34]的简单决策规则,在不执行复杂心智理论过程的情况下完成任务[35]。例如,在目标识别任务中,模型可能仅依靠背景元素而无需目标特征进行分类[34]。此类捷径并非仅限于深度学习领域。长期以来,关于婴儿和黑猩猩是具备类似心智理论,还是仅利用低级线索(捷径)完成任务一直存在争议。例如,从部分针对黑猩猩的实验中观察到,从属动物的行为似乎能从主导动物的角度出发[36]。在竞争环境中,这些动物似乎能推断出同类能看到什么[36]和知道什么[37]。这种行为类似人类心智理论研究中深入探讨的视觉透视过程,即理解他人的视觉体验[38]。然而,关于黑猩猩是否真的使用心智理论或仅依赖简单线索的讨论依然存在[39]。同样,一项测量婴儿眼球运动的"预期注视测试"研究声称证明了婴儿能够理解错误信念[40],但这一观点引发了对测试方法可靠性的争议,以及是否真正证明了婴儿理解心智理论的能力[41]。当黑猩猩在类似测试中显示通过错误信念任务时[42],也引发了对这些成果究竟多少可以归因于心智理论的讨论[43]。对于成年人,当其他任务占用认知资源时,他们可能更倾向于使用自动反应、常识和启发式(捷径)完成心智理论任务[38]。例如,人们常常通过他人的外表、表情和姿态推测他人的内在心理状态。因此,研究者应谨慎地将人工智能体表现出的类似心智理论的技能归因于智能体学会了心智理论。

这表明,即使在心智理论研究中,深度学习智能体也可能寻找并利用简单的捷径来完成任务。受到黑猩猩透视实验的启发[36-37],研究者设计了两种智能体,称为"从属"和"主导",以探索这些智能体是否展示出基本的视角转换技能。实验结果如图5-17所示,当主导智能体不注意时,从属智能体能够吃东西;而当主导者注意时,其则避免这么做。这种行为表现出从其他个体的视角推断信息的能力,看似显示了心智理论的技能。然而,智能体可能仅是利用了食物位置与另一主体位置和方向的简单几何关系,这种"捷径"策略足以成功完成任务。在固定环境和明确的奖励体系下,这种简单的空间关系可以使智能体在不需要深入理解其他主体感

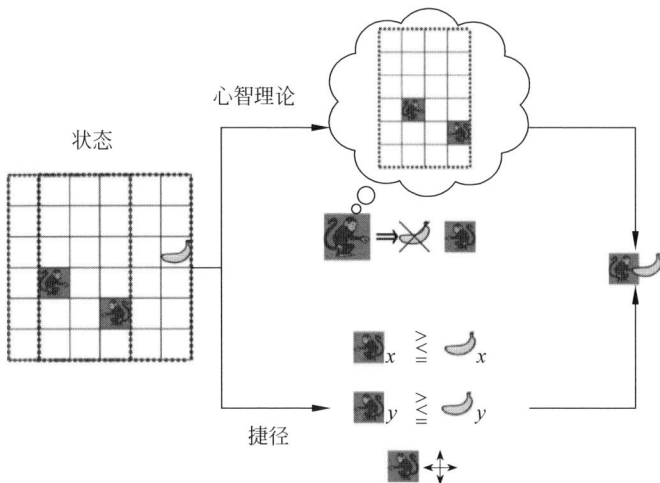

图 5-17　心智理论和捷径在人工智能体透视实验的区别

知状态的情况下成功行动。这说明在某些环境和任务设置中,深度学习智能体能够利用位置和距离等基本几何特征的组合来解决问题,而不必依赖复杂的心智理论过程。

在博弈论的情境中,已知某些简单策略,如"针锋相对"策略(重复对手上一轮的动作),可以带来显著回报。这种策略表明,在看似需要协调或沟通的博弈中,智能体可能只需依据预设的目标和行动模式,即可行动,而无须实际协调或推断对方的意图。例如,尽管使用 Hanabi 这样的纸牌游戏是研究深度强化学习智能体的心智理论能力的一种方法,但深度强化学习智能体可能依赖统计规律来执行任务,因此难以证实类似心智理论的能力是否真正有助于任务完成。

然而,智能体在心智理论任务中使用捷径并不意味着这些行为与人类心智理论的理解完全无关。人类在处理心智理论任务时也会采用捷径。心理学研究表明,心智理论技能与两种不同的系统相关:一种是自动的、隐式的、不够灵活的,它依赖直觉和长期的学习经验,例如人们的社交直觉,当看到某人的面部表情时,人们几乎瞬间理解对方的快乐、悲伤或愤怒,这种理解通常是自动和无意识的;另一种则是在发展的后期出现的,能够更灵活、明确地应用,例如在需要预测对手未来行为的棋类或卡牌游戏中,玩家必须运用心智理论技能,通过分析过去的行动和可能的意图制定策略。

因此,在心智理论研究中,考虑到深度学习智能体可能利用简单策略或捷径完成任务的情况,如何设计实验和任务,以确保智能体发展出真正类似人类的心智理论能力,是研究者面临的挑战。实际上,人类与其他动物在处理社交和博弈任务时,经常采用直观捷径来预测和解释他人行为,而不总是进行深度推理。因此,这些捷径策略的存在并不一定降低智能体的表现,而是反映一个更加现实、实用的适应机制。从深度学习的角度看,理解和模拟这种捷径的能力可能是构建更高效、更真实智能系统的关键。例如,通过学习人类如何在资源有限的情况下使用心智理论,可以设计出能够在复杂社交环境中操作的智能体。此外,将这些认识应用于算法设计,可以帮助人们构建出能够在现实世界中有效执行任务的智能体,同时为人们提供一种新的方式以理解和评估人工智能在高级认知任务中的表现。总之,深度学习研究应该继续探索心智理论的多种表现形式,识别和利用人类和其他动物使用的捷径,以此增强人工智能的社会适应性和决策能力。这不仅可以推动技术进步,也有助于人们更深入地理解心智理论在智能行为中的作用,进而构建出更类似人类的算法。

5.4.3　开放任务的心智理论

上述研究试图将心智理论理解为一种可以根据特定任务进行学习的技能,然而心智理论可能不仅是在某项特定任务中产生的能力。目前尚不清楚生物系统是否存在一个简单明确的成本函数,或一组必然导致心智理论出现的奖励机制。更可能的情况是,存在一种复杂的成本函数,这种成本函数无法简单地通过特定任务的训练进行优化。

在对人类心智理论的研究中,一些任务被用于测量心智理论的表现,例如著名的"Sally-Anne"任务。在此任务中,孩子们观察两个玩偶萨利和安在一个场景中的互动:萨利将一个球藏在房间里后离开,安则将球移到另一个地方。当萨利返回时,孩子们能够理解萨利错误地认为球仍在原来的地方,从而展示心智理论的运用。这项任务展示了人们可能基于与现实不符的信念行事。心智理论不是任务本身固有的,而是人类在处理这些情境时的一种特殊方式。不能简单因为某项任务需要使用心智理论,就认为深度强化学习智能体也需要同样的处理方式,它们可能通过不同的学习策略解决问题。

从单一任务的范式转向处理无限数量的任务是非常有意义的,甚至可能涉及没有明确任务的开放式环境。在心智理论的研究中,这样的环境提供了更合理的场景,智能体可以在其中协作、合作和竞争来解决问题,因而可能会学习到与人类类似的心智理论策略。如同人类儿童一样,深度学习智能体可能需要在这样的开放式环境中学习,其中心智理论技能是必要的,并且可能通过与其他智能体的互动获得。已有研究表明,开放式环境对学习复杂行为的潜力极大。例如,XLand[44]是一个巨大的环境,多个智能体可以在其中学习策略规划能力、社交能力、复杂问题解决能力等。

综上所述,尽管一些任务可用于测量人类心智理论,比如通过"Sally-Anne"任务测得 ChatGPT-4.0 的表现接近七岁儿童水平,但有理由认为,这种任务并不适合作为评估深度学习系统的标准,开放式环境可能更适合开发具有心智理论功能的深度学习智能体。

5.4.4　归纳偏见与心智理论

尽管开发心智理论需要一个开放的环境,但仅依赖大量的训练数据可能不足以获得心智理论。人类大脑可能存在一些特定的归纳偏见和结构性约束,而这些偏见使人类具备心智理论能力。

首先,注意存在天生的偏见,例如新生儿甚至妊娠晚期的胎儿都表现出对人脸类似配置的非人脸对象的偏好[45-47]。此外,类似的偏见也引导婴儿的注意集中于言语、手部、眼睛和凝视方向及生物运动[48-51],这些早期的偏见对理解他人的思想至关重要。

其次,某些偏见可能是结构性的。例如,人类大脑具有专门处理心智理论的神经电路区域,这些区域的活动是由涉及考虑他人想法的任务选择性激活的[52-53]。这些结构性偏见可能与卷积神经网络中实现平移不变性的结构组件类似,有助于大脑提取与心智理论相关的特征和信息。然而,研究者对这些结构性偏见的了解仍然有限,深度学习工具可能比传统的认知科学和神经科学方法更适合探索这些问题。

最后，对人类儿童的研究揭示了发展全面心智理论的以下步骤[54]。

（1）孩子们需要理解其他人可能有不同的欲望。

（2）他们开始理解不同的信念。

（3）孩子们理解"有些事情可能是真实的，但某些人可能无法获得信息"。

（4）孩子们开始理解错误的信念。

（5）孩子们理解欲望、信念和知识可能不容易察觉的内部状态。这些阶段不一定需要深度学习智能体模仿，但理解这一发展序列可能对训练深度强化学习智能体具有指导意义。

这并不意味着深度学习必须严格模仿这些步骤以获取心智理论，但理解心智理论的发展通常需要时间，并遵循特定的序列。这些步骤不仅可以构成训练深度强化学习智能体的课程[55-56]，也可以用作比较和评估的基准。此外，无论是在人类还是在深度学习模型中，这些步骤的进展都表明了某个阶段获得的容易或复杂程度。例如，学习"多样化欲望"的阶段相对容易，因为欲望在行为中明显可见，可以通过视觉输入学习。然而，学习从视觉输入中推断最后一步隐藏的心理状态似乎非常困难，因为这涉及外显行为与内部状态的分离。

根据人类心智理论的研究，儿童逐步形成对他人思想的模拟，以渐进的方式获得对他人心智的理解。语言是获得全面心智理论的关键要素之一[57-59]。例如，不懂手语的聋哑儿童在心智理论的发展方面比其他儿童晚，因为他们的发展依赖学习手语。综述分析表明，语言训练能够提高心智理论任务的表现[60]。目前没有证据显示，在缺乏语言输入情况下儿童能够发展出对错误信念和隐藏心理状态的理解。

人类心智理论的研究假设，特定的语言输入是心智理论技能发展的驱动力。例如，使用表达特定心理状态的动词，如"知道""思考""相信"，是理解这些心理状态的基础。这些语言输入不仅可以模拟婴儿和幼儿接收的语言环境，还可用于操纵深度学习模型中与心智理论相关的语言输入。通过研究哪些类型的语言输入及具体短语能促进心智理论技能的发展，深度学习模型能够更好地模拟人类的心理状态理解过程。此外，开放式环境中的深度学习智能体可能需要与大型语言模型的功能相结合，这为利用深度学习研究心智理论提供了重要途径。

关于人类心智理论，仍有许多未知因素，尤其是其神经和计算基础，这些方面相对未知且尚未被深入探索[61-62]。过去有些研究尝试通过镜像神经元的活动解释心智理论[63-64]，但这些早期假设受到了强烈的批评[65-66]。尽管如此，深度学习研究人员仍视这些争议为研究机遇，并希望通过深入探讨对心智理论有更全面的理解。

5.4.5　从人类心智中学习

人类大脑可能具有特定的归纳偏见，这些偏见不仅可以从与其他智能体的开放式互动中产生,心智理论所需的正确结构偏见也可以通过分析建立。这些偏见可以指导深度强化学习智能体学习心智理论。深度强化学习的一个优点是其能够向专家学习,这些专家既可以是人类,也可以是其他深度强化学习智能体。传统方法如模仿学习(imitation learning,IL)[67-68]或逆强化学习(inverse reinforcement learning,IRL)[69]用于学习策略或奖励函数,但这些方法通常需要专家提供行为示范,这在许多情况下可能极为困难、复杂或不切实际。近期的一些研究[70-73]已提出这些方法的改进版本,目的是产生更复杂的智能体行为。

目前已证明,从人类偏好中可以学习到应对复杂行为的方法[70]。与依赖人类专家提供直接示范的方法不同,这种方法要求人类评价智能体的一些行为轨迹,并使用这些评价监督学习训练奖励函数。这种学习得到的奖励函数可以随着智能体行为的演变而进行适应性调整,相比传统的基于手工规则的奖励设计,它简化了期望行为的描述,仅需人类进行简单的评级。

另一种类似但更具可扩展性的方法是基于解释的学习。例如,研究中将解释作为一项辅助任务[72],要求智能体使用自然语言来阐述其行为理由。这项研究采用了综合解释,结果显示,解释不仅促使智能体倾向于使用更具泛化能力的特征,而且在某些情况下还有助于识别出世界的因果结构。例如,可以通过提示让大模型观察视频以预测物体的运动。并要求大模型不仅识别出影响球运动的因素(如重力和斜面角度),还要理解这些因素是如何相互作用的。通过这种方式,大模型可将观察到的数据(球的运动)与其背后的因果关系(重力作用)联系起来。

总之,这些方法可以为促进深度学习智能体学习类人心智理论提供一个自然的平台,人为评级和解释可以激励智能体找到需要心智理论的解决方案。

5.4.6　通过深度学习评估心智理论

在深度学习领域,心智理论通常通过任务性能评估。然而,正如人们强调的,深度学习系统往往采用捷径,即它们倾向于学习比研究人员的预期更简单的决策规则。这可能导致系统的实际性能与其理论设计有所偏差。

在使用深度学习研究心智理论时,研究可以聚焦网络表示的开放性。例如,可以更深入地探究镜像神经元的作用,研究开放环境中训练的深度学习系统是否能发展出类似镜像神经元的现象,以及移除这些神经元会对系统有什么影响。此外,深度学习在心智理论方面的研究大多未深入探讨模型权重、激活状态与心智理论特定方面的关联性。如果网络能开发并利用其他智能体的隐藏变量作为心智理论的表示,那么这些表示应该被单独隔离和研究。解决这些问题将为心智理论研究提供宝贵的见解。

深度学习可解释性领域已经吸引了广泛的研究关注[74-77],并产生了许多新颖而强大的方法,如特征可视化、归因和降维,这些方法使研究者能够更好地理解学习到的表示。研究者建议利用这些进展来研究心智理论,特别是探索深度强化学习智能体的视觉处理方式。这些方法在智能体神经网络中的应用,可以揭示智能体在处理奖励相关特征时的视觉错觉,甚至识别出智能体对某些高级特征"视而不见"的情况,从而揭示这些特征与其任务表现的关联性。

更直接的方法,如线性探测,也可用于测试网络中间层的显式表示是否对心智理论的某些方面进行了编码。在确定了可能负责心智理论某些方面的特定网络组件后,研究者建议对这些部分进行消融,以检验这些组件对任务的必要性。如果从智能体中删除这些网络组件,它是否仍能完成任务?如果它仍然能够完成任务,那么深度学习智能体可能是在采用捷径,或者完成任务并不需要这些特定的组件。将类似的方法应用于合作和/或竞争环境中训练的智能体,如 XLand[44]、Hide 和 Seek[78] 或 Capture the Flag[79],可以使研究者更接近理解类似心智理论能力的本质。

心智理论作为人类智力的一个核心要素,受深度学习在理解生物视觉和语言处理方面的成功启发,过去几年涌现出了开发能够模仿心智理论各方面深度学习智能体的挑战。尽管研究人员旨在使深度学习系统学习心智理论,但实际上该系统可能学习更简单的决策规则。这不仅是一个问题和挑战,也是未来心智理论研究的机遇。

深度学习架构及其学习算法虽然并非最终的类脑学习系统,但它们确实提供了一个科学模型[80],可以指导人们理解更高层次的心理功能——心智理论。迄今为止,深度学习仍然是研究者了解人类完成任务时可能采用的工作算法的最佳来源,考虑到监测真实大脑中所有相关变量比较困难,可以开发这些人工算法并对其进行详细分析。

参考文献

[1] GEORGEFF M,PELL B,POLLACK M,et al. The belief-desire-intention model of agency [C]//Intelligent Agents V: Agents Theories, Architectures, and Languages: 5th International Workshop, ATAL' 98 Paris,France,July 4-7,1998 Proceedings 5. Springer,1999: 1-10.

[2] MNIH V,KAVUKCUOGLU K,SILVER D,et al. Playing atari with deep reinforcement learning[J]. arXiv preprint arXiv: 1312. 5602,2013.

[3] RUMMERY G A,NIRANJAN M. On-line Q-learning using connectionist systems: Vol 37 [M]. University of Cambridge,Department of Engineering Cambridge,UK,1994.

[4] SCHULMAN J,LEVINE S, ABBEEL P,et al. Trust region policy optimization [C]// International conference on machine learning. PMLR,2015: 1889-1897.

[5] SCHULMAN J, WOLSKI F, DHARIWAL P,et al. Proximal policy optimization algorithms[J]. arXiv preprint arXiv: 1707. 06347,2017.

[6] NG A Y,RUSSELL S. Algorithms for inverse reinforcement learning [C]//Proc. 17th International Conf. on Machine Learning. Morgan Kaufmann,2000: 663-670.

[7]　RISH I,OTHERS. An empirical study of the naive Bayes classifier[C]//IJCAI 2001 workshop on empirical methods in artificial intelligence：Vol 3. 2001：41-46.

[8]　DUDLEY R M. Sample functions of the Gaussian process[M]//Selected works of RM Dudley. Springer,2010：187-224.

[9]　BROOKS S,GELMAN A,JONES G,et al. Handbook of markov chain monte carlo[M]. CRC press,2011.

[10]　RABINOWITZ N,PERBET F,SONG F,et al. Machine theory of mind[C]//International conference on machine learning. PMLR,2018：4218-4227.

[11]　PREMACK D,WOODRUFF G. Does the chimpanzee have a theory of mind? [J]. Behavioral and brain sciences,1978,1(4)：515-526.

[12]　WIMMER H,PERNER J. Beliefs about beliefs：Representation and constraining function of wrong beliefs in young children's understanding of deception[J]. Cognition, 1983, 13(1)：103-128.

[13]　GOPNIK A,WELLMAN H M. Why the child's theory of mind really is a theory[J]. Mind 8 Language,1992,7(1/2)：145-171.

[14]　HOCHREITER S, SCHMIDHUBER J. Long short-term memory [J]. Neural Computation,1997,9(8)：1735-1780.

[15]　THRUN S,PRATT L. Learning to learn：Introduction and overview[M]//Learning to learn. Springer,1998：3-17.

[16]　DUAN Y,ANDRYCHOWICZ M,STADIE B, et al. One-shot imitation learning[J]. Advances in Neural Information Processing Systems,2017,30.

[17]　KAUFMANN R K,ULLMAN B. Oil prices,speculation,and fundamentals：Interpreting causal relations among spot and futures prices[J]. Energy Economics, 2009, 31 (4)：550-558.

[18]　SUTTON R S,BARTO A G,OTHERS. Introduction to reinforcement learning：Vol 135 [M]. MIT press Cambridge,1998.

[19]　KILEY HAMLIN J,ULLMAN T,TENENBAUM J,et al. The mentalistic basis of core social cognition：Experiments in preverbal infants and a computational model [J]. Developmental Science,2013,16(2)：209-226.

[20]　GÜLCÜ U,GERVEN M A van. Deep neural networks reveal a gradient in the complexity of neural representations across the ventral stream[J]. Journal of Neuroscience,2015, 35(27)：10005-10014.

[21]　SCHRIMPF M,BLANK I A,TUCKUTE G,et al. The neural architecture of language：Integrative modeling con-verges on predictive processing[J]. Proceedings of the National Academy of Sciences,2021,118(45)：2021.

[22]　SEIBERT D,YAMINS D,ARDILA D, et al. A performance-optimized model of neural responses across the ventral visual stream[J]. bioRxiv,2016：036475.

[23]　CAUCHETEUX C, KING J R. Brains and algorithms partially converge in natural language processing[J/OL]. Communications Biology,2022,5(1)：134. DOI：10. 1038/ s42003-022-03036-1.

[24]　YAMINS D L, DICARLO J J. Using goal-driven deep learning models to understand sensory cortex[J]. Nature Neuroscience,2016,19(3)：356-365.

[25] BUTTERFILL S A, APPERLY I A. How to construct a minimal theory of mind[J]. Mind & Language,2013,28(5)：606-637.

[26] TOMASELLO M. A natural history of human thinking [M]. Harvard University Press,2014.

[27] QUESQUE F,ROSSETTI Y. What do theory-of-mind tasks actually measure? theory and practice[J]. Perspectives on Psychological Science,2020,15(2)：384-396.

[28] SIEGAL M. Marvelous minds：The discovery of what children know [M]. Oxford University Press,USA,2008.

[29] WELLMAN H. Reading minds：How childhood teaches us to understand people[M]. Oxford University Press,USA,2020.

[30] LEIKE J, KRUEGER D, EVERITT T, et al. Scalable agent alignment via reward modeling：a research direction[J]. arXiv preprint arXiv：1811.07871,2018.

[31] TOMASELLO M. Origins of human communication[M]. MIT press,2010.

[32] DENG J, DONG W, SOCHER R, et al. Imagenet：A large-scale hierarchical image database[C]//2009 IEEE conference on computer vision and pattern recognition. IEEE, 2009：248-255.

[33] KUZOVKIN I,VICENTE R,PETTON M,et al. Activations of deep convolutional neural networks are aligned with gamma band activity of human visual cortex [J/OL]. Communications Biology,2018,1(1)：107. DOI：10.1038/s42003-018-0110-y.

[34] GEIRHOS R,JACOBSEN J H, MICHAELIS C, et al. Shortcut learning in deep neural networks[J/OL]. Nature Machine Intelligence,2020,2(11)：665-673. DOI：10.1038/s42256-020-00257-z.

[35] LEHMAN J,CLUNE J,MISEVIC D,et al. The surprising creativity of digital evolution： A collection of anecdotes from the evolutionary computation and artificial life research communities[J]. Artificial Life,2020,26(2)：274-306.

[36] HARE B,CALL J, AGNETTA B,et al. Chimpanzees know what conspecifics do and do not see[J]. Animal Behaviour,2000,59(4)：771-785.

[37] HARE B,CALL J,TOMASELLO M. Do chimpanzees know what conspecifics know?[J/OL]. Animal Behaviour,2001,61(1)：139-151. DOI：10.1006/anbe.2000.1518.

[38] APPERLY I A,BUTTERFILL S A. Do humans have two systems to track beliefs and belief-like states? [J]. Psychological Review,2009,116(4)：953.

[39] POVINELLI D J,VONK J. Chimpanzee minds：suspiciously human?[J]. Trends in Cognitive Sciences,2003,7(4)：157-160.

[40] ONISHI K H, BAILLARGEON R. Do 15-month-old infants understand false beliefs? [J]. Science,2005,308(5719)：255-258.

[41] HEYES C. False belief in infancy：A fresh look[J]. Developmental Science,2014,17(5)： 647-659.

[42] KRUPENYE C,KANO F,HIRATA S,et al. Great apes anticipate that other individuals will act according to false beliefs[J]. Science,2016,354(6308)：110-114.

[43] HEYES C. Apes Submentalise[J/OL]. Trends in Cognitive Sciences,2017,21(1)：1-2. DOI：10.1016/j.tics.2016.11.006.

[44] TEAM O E L,STOOKE A,MAHAJAN A,et al. Open-ended learning leads to generally

capable agents[J]. arXiv preprint arXiv: 2107. 12808, 2021.

[45]　JOHNSON M H. Subcortical face processing[J]. Nature Reviews Neuroscience, 2005, 6(10): 766-774.

[46]　REID V M, DUNN K, YOUNG R J, et al. The human fetus preferentially engages with face-like visual stimuli[J]. Current Biology, 2017.

[47]　FARRONI T, JOHNSON M H, MENON E, et al. Newborns' preference for face-relevant stimuli: Effects of contrast polarity[J]. Proceedings of the National Academy of Sciences, 2005, 102(47): 17245-17250.

[48]　PERSZYK D R, WAXMAN S R. Linking language and cognition in infancy[J]. Annual review of psychology, 2018, 69: 231-250.

[49]　ULLMAN S, HARARI D, DORFMAN N. From simple innate biases to complex visual concepts[J/OL]. Proceedings of the National Academy of Sciences, 2012, 109(44): 18215-18220. DOI: 10. 1073/pnas. 1207690109.

[50]　GROSSMANN T. The eyes as windows into other minds: An integrative perspective[J]. Perspectives on Psychological Science, 2017, 12(1): 107-121.

[51]　SIMION F, REGOLIN L, BULF H. A predisposition for biological motion in the newborn baby[J]. Proceedings of the National Academy of Sciences, 2008, 105(2): 809-813.

[52]　SAXE R. Theory of Mind: How Brains Think about Thoughts[M/OL]//OCHSNER K N, KOSSLYN S. The Oxford Handbook of Cognitive Neuroscience: Volume 2: The Cutting Edges. Oxford University Press, 2013: 0[2023-08-12]. https://doi. org/10. 1093/oxfordhb/9780199988709. 013. 0013. DOI: 10. 1093/oxfordhb/9780199988709. 013. 0013.

[53]　KOSTER-HALE J, SAXE R, DUNGAN J, et al. Decoding moral judgments from neural representations of intentions[J]. Proceedings of the National Academy of Sciences, 2013, 110(14): 5648-5653.

[54]　WELLMAN H M, LIU D. Scaling of theory-of-mind tasks[J]. Child Development, 2004, 75(2): 523-541.

[55]　MATIISEN T, OLIVER A, COHEN T, et al. Teacher-Student Curriculum Learning[J/OL]. IEEE Transactions on Neural Networks and Learning Systems, 2020, 31(9): 3732-3740. DOI: 10. 1109/TNNLS. 2019. 2934906.

[56]　FORESTIER S, PORTELAS R, MOLLARD Y, et al. Intrinsically motivated goal exploration processes with automatic curriculum learning[J]. arXiv preprint arXiv: 1708. 02190, 2017.

[57]　MILLIGAN K, ASTINGTON J W, DACK L A. Language and theory of mind: Meta-analysis of the relation between language ability and false-belief understanding[J]. Child Development, 2007, 78(2): 622-646.

[58]　HALE C M, TAGER-FLUSBERG H. The influence of language on theory of mind: A training study[J]. Developmental Science, 2003, 6(3): 346-359.

[59]　PETERSON C C, WELLMAN H M, LIU D. Steps in theory-of-mind development for children with deafness or autism[J]. Child Development, 2005, 76(2): 502-517.

[60]　HOFMANN S G, DOAN S N, SPRUNG M, et al. Training children's theory-of-mind: A meta-analysis of controlled studies[J]. Cognition, 2016, 150: 200-212.

[61] BAKER C L, JARA-ETTINGER J, SAXE R, et al. Rational quantitative attribution of beliefs, desires and percepts in human mentalizing[J]. Nature Human Behaviour, 2017, 1(4): 1-10.

[62] JARA-ETTINGER J. Theory of mind as inverse reinforcement learning[J]. Current Opinion in Behavioral Sciences, 2019, 29: 105-110.

[63] GALLESE V, GOLDMAN A. Mirror neurons and the simulation theory of mind-reading [J]. Trends in Cognitive Sciences, 1998, 2(12): 493-501.

[64] RIZZOLATTI G, SINIGAGLIA C, ANDERSON F. Mirrors in the Brain: How Our Minds Share Actions and Emotions[C/OL]. 2007[2023-08-12]. https://www. semanticscholar. org/paper/Mirrors-in-the-Brain%3A-How-Our-Minds-Share-Actions-Rizzolatti-Sinigaglia/1a2c79e90407249efdd8b5e0afc9eb1e9375d093.

[65] HICKOK G. The myth of mirror neurons: The real neuroscience of communication and cognition[M]. WW Norton & Company, 2014.

[66] HEYES C. Where do mirror neurons come from? [J]. Neuroscience & Biobehavioral Reviews, 2010, 34(4): 575-583.

[67] POMERLEAU D A. Efficient training of artificial neural networks for autonomous navigation[J]. Neural Computation, 1991, 3(1): 88-97.

[68] SCHAAL S. Is imitation learning the route to humanoid robots? [J/OL]. Trends in Cognitive Sciences, 1999, 3(6): 233-242. DOI: 10.1016/S1364-6613(99)01327-3.

[69] NG A Y, RUSSELL S, OTHERS. Algorithms for inverse reinforcement learning[C]// Icml: Vol 1. 2000: 2.

[70] CHRISTIANO P. Deep reinforcement learning from human preferences[R]. 2017.

[71] WU J, OUYANG L, ZIEGLER D M, et al. Recursively summarizing books with human feedback[J]. arXiv, 2021.

[72] LAMPINEN A K, ROY N A, DASGUPTA I, et al. Tell me why! -explanations support learning of relational and causal structure[J]. arXiv, 2021.

[73] ABRAMSON D I A T J, AHUJA A, BRUSSEE A, et al. Creating Multimodal Interactive Agents with Imitation and Self-Supervised Learning[J/OL]. ArXiv, 2021[2023-08-12]. https://www. semanticscholar. org/paper/Creating-Multimodal-Interactive-Agents-with-and-Abramson-Ahuja/5a980aa843e40de5f91a243cbf680af273c797ba.

[74] DU M, LIU N, HU X. Techniques for interpretable machine learning[J/OL]. Communications of the ACM, 2019, 63(1): 68-77. DOI: 10.1145/3359786.

[75] OLAH C, SATYANARAYAN A, JOHNSON I, et al. The Building Blocks of Interpretability[C/OL]//Distill: Vol 3. 2018: 10.23915/distill.00010[2023-08-12]. https://distill.pub/2018/building-blocks. DOI: 10.23915/distill.00010.

[76] BOEHMKE B, GREENWELL B, BOEHMKE B, et al. Interpretable Machine Learning[J/OL]. 2019: 305-342. DOI: 10.1201/9780367816377-16.

[77] ALHARBI R, VU M N, THAI M T. Learning interpretation with explainable knowledge distillation[C]//2021 IEEE International Conference on Big Data (Big Data). IEEE, 2021: 705-714.

[78] BAKER B. Emergent reciprocity and team formation from randomized uncertain social

preferences[J]. Advances in Neural Information Processing Systems,2020,33: 15786-15799.

[79]　JADERBERG M,CZARNECKI W M,DUNNING I,et al. Human-level performance in 3D multiplayer games with population-based reinforcement learning[J]. Science,2019, 364(6443): 859-865.

[80]　CICHY R M,KAISER D. Deep Neural Networks as Scientific Models[J/OL]. Trends in Cognitive Sciences,2019,23(4): 305-317. DOI: 10. 1016/j. tics. 2019. 01. 009.

第6章

视觉心智计算应用

随着深度学习模型的引入,前沿的图像处理及人工智能方法已经在很多任务中体现出优秀的性能,例如在人脸分类任务中算法模型[1]已经接近甚至超过人类水平,在 ImageNet[2] 大规模自然场景数据集上深度卷积网络模型[3]取得了比人类分类更低的错误率。这表明大规模数据训练支撑下的高维深度模型具有较强的图像特征表达能力。然而在复杂任务中,依赖高维特征表达与大数据集训练的深度模型没有展现出处理简单任务时的性能。

在复杂图像认知任务中,典型深度卷积网络模型性能有所下降。以目标检测任务为例,一个在 ImageNet 数据集上充分训练的 Faster R-CNN 模型[4-5]在目标数量较多的复杂数据集 MSCOCO 上的性能下降比较明显;以分类任务为例,ImageNet 数据集的深度网络分类性能已经接近甚至超过人类,但在需要逻辑判断和先验知识的细粒度分类任务中,直接训练的深度网络性能下降比较明显。测试结果显示,在 ImageNet 上训练完成的深度模型,即使在细粒度分类数据集上进行微调,整体性能下降仍为 10% 以上。在类似的复杂任务中,如何优化提升模型的性能成为研究的难点。

针对复杂图像认知任务中遇到的困难,一种典型思路是借鉴人类视觉认知规律。人类视觉认知及图像理解能力是强大的,在一些极端情况下,例如罕见视角、物体被严重遮挡、表观特征很相似的不同类物体等复杂图像认知场景中,人类视觉往往表现出快速准确的判断与决策。即使图像以二维形式呈现,人类也具有自动、快速的三维空间感知能力。算法模型如何借鉴人类视觉使用的模型、规则或者先验知识,对视觉领域的相关研究具有重要指导意义和价值。

研究人员不断探索不同的基于特征优化、模型优化或函数优化等思路的方法,致力于多角度提升模型在复杂任务中的性能表现。融合人类视觉规则与算法模型的难点在于二者存在天然的语义鸿沟。算法模型的本质是数学公式、网络搭建与参数优化,而人类视觉规则基于脑神经与视觉信号的联动及人类对客观世界的理解,二者的结合并不直接,而是依赖对神经结构或视觉规则的数学表达与抽象。这成为相关研究需要突破的难点问题,即如何消除人类认知规律与算法数学模型之间的语义鸿沟。

在这一问题中,神经元结构启发的神经网络、基于顶层逻辑指导的网络设计两方面研究分别给出了对人类视觉系统进行模拟的不同思路,但前者存在可解释性弱、理论指导缺乏的问题,而后者存在可迁移性低的问题。

神经网络系列方法是对人脑神经元认知结构的模拟与复现,在取得优秀性能的同时也存在相应的问题。深度卷积网络模型的设计与提出是对人脑神经框架数学表达的优秀示例。人脑的感知决策过程基于神经细胞的电磁信号传递,不同的神经细胞之间用化学递质传递信息,从而完成一次从外界信号到人脑的处理加工过程。而神经网络算法模型的基本结构由模仿神经元连接构成,神经元包括输入输出及激活函数,用层级表征的神经元搭建起一个完整的网络结构。卷积网络模型中卷积层的设计来源于对人类视觉神经元的分析,采用二维正方形的卷积操作,模拟视觉神经元对图像信号输入的响应[6-7]。另外,神经元优化过程中的梯度下降、反向传播等算法,既基于数学公式的推导,也基于对脑神经元强化过程的分析,人脑的学习过程本质上就是对确定神经元连接的强化过程。但随着网络的加深增广,参数量增大,这种类脑模拟机理逐渐弱化。

网络模型及参数的复杂化导致深度模型的可解释性下降。随着模型深度、广度与参数复杂度的逐步增加,深度网络的连接方式也逐渐复杂化,这一系列网络的设计原则更多地遵循数学优化方法的论证及网络信息加工步骤的改良,取得了算法性能的提升。但在此过程中网络模型与最初参照人脑神经元模型的结构差异逐渐增大,复杂网络逐步成为"黑箱模型",缺乏较好的可解释性。许多研究对深度学习模型的认知可解释性进行了探讨,部分研究工作[8-10]着重探讨了深度学习模型的内部参数、输入输出的可视化、内在联系,以及内在因素的可解耦性,对深度模型的运行过程进行了适当的抽取和展示。但这些工作仍然难以说明某个特定网络结构或参数结构的设计初衷与优化原理,视觉领域中对模型优劣的评判和分析仍更多地基于视觉任务的性能结果。如何提升网络框架设计的可解释性,在网络设计的过程中引入更多自顶向下的逻辑先验设计,是相关研究需要突破的难点问题。

除了仿照神经元结构设计的网络模型外,也有很多基于逻辑先验的顶层框架设计方法,这些方法取得了性能的提升,但大多通用性与可迁移性较低。研究者普遍认为,借鉴人类视觉认知模式和原则的思路与方法对算法性能的提升有较大的帮助。然而基于逻辑先验的网络模型设计方法,较难用于适应大多任务的基本特征提取网络,这是因为普遍任务中的顶层人类视觉先验较难抽取,其更多地依赖生物神经科学等相关领域的进展。因此,更多研究聚焦于在特定任务中寻找特异性的逻辑先验,并将其与特征提取网络框架结合,从而取得更好的性能。在这一类思路中,聚焦使用类人空间注意机制的相关方法具有较好的代表性。RA-CNN[11]、MA-CNN[12]和WARN[13]侧重于模拟人类视觉在目标认知过程中空间区域的注意及重点加工策略,提出在复杂分类任务中,图像也存在类似的空间重点区域信息，并对其进行精细加工和额外的特征提取，从而提升算法的整体性能。语义分割任务中 Mask R-CNN[14]算法、图像生成任务中生成式对抗网络相关的研究[15-16]、使用 GAN 模型对图像的风格进行多样化等方法，分别借鉴或参考了人类视觉认知方法中由粗到细的层级结构，以及人类视觉隐含的想象、补全能力等。这一类型研究工作在视觉领域的不同方向都取得了重要的成果且做出了重要贡献。但在探寻使用人类认知规律设计模型的思路中，往往需要相对固定和特殊的任务，或者相对固定的任务目标，以便更好地引入特异化的先验知识，这会导致另一个问题，即这一类型研究的方法相较于提出新的基本网络框架等，可迁移性较差，提出的定制化模型应用于差异较大的视觉任务时，往往性能下降比较明显。出现这些问题的本质原因在于，这些定制化的优化方案对细分方向的知识依赖较高，很难有通用性较强的理论先验指导。如何将相对通用而非特性化的认知先验规律理论引入视觉算法，以提升方法的通用性与可迁移性，是相关研究中的另一难点。

综上所述，本章从视觉心智计算和实际生活应用结合的相关研究和分析出发，着眼于从人类认知过程中获得启发，将强大的人类视觉系统原则与规律以语义先验知识的具象形式引入具体的算法模型。接下来，本章主要针对智能心理评估及自动驾驶两个应用进行介绍，并讨论其中的关键技术。

6.1 智能心理评估技术

心理评估是通过应用临床心理学和实验心理学的理论和方法对人的心理状态做出客观、量化的评价，以了解个体的心理健康水平。心理评估在临床心理障碍矫治及疾病的辅助诊断等方面发挥着重要作用。

6.1.1 心理评估的视觉心智理论基础

与人交往，人们只能观察他们的外显行为，例如言语表述、肢体表达等。每个人的思考、思维、心智却无法观察，但人们可以推断它们的存在和性质，这就是心智理论（ToM）。

ToM 的缺陷是可能导致社交互动困难。当前对两种最常见的社会障碍——抑郁症和孤独症，心智理论的研究相对较深入。根据《精神障碍诊断和统计手册》第五版[17]，患有抑郁症的人会持续情绪低落，对几乎所有活动的兴趣都会减少，在活动中感受不到乐趣，时常感觉没有价值，易疲劳，注意力不集中；而孤独症患者主要表现出两类症状：社交沟通与社交互动的持续性缺陷，以及受限的、重复的行为、兴趣或活动模式。这两种精神疾病都严重影响个人发展，包括学业、职业发展及整体生活质量。

探索他人的行为意图是人类作为社会个体的一项基础能力。以往研究中，ToM 是通过错误信念任务进行考察的[18-21]。在一个标准的错误信念任务中，例如 Sally-Anne 任务[18]，萨利把她的球放在篮子里，然后离开房间；萨利不在的时候，安从篮子里拿出球，放进一个盒子；然后萨利回到房间，这时参与实验的被试儿童会被问：萨利会去哪里找她的球？人们普遍认为，典型发育（typically developing，TD）儿童 4 岁之前可以通过这一错误信念任务测试，表明他们获得了表征性 ToM[22]，习得了推测别人错误信念的能力。

需要注意的是，在标准的错误信念任务中，参与者被要求提供明确的言语回应，这对于年幼的 TD 儿童和孤独症儿童来讲可能存在一定的困难。为了解决这个问题，一种采用眼动追踪等在线技术的非语言任务被用于检查儿童自发的或内隐的 ToM。其中，自发的任务直接测试参与者是否具有 ToM 能力，而内隐的任务则是间接测试。

Southgate 等提出了一个典型的内隐 ToM 任务[23]，这个任务向被试儿童展示了一个女孩正在观看盒子里的物体（物体对被试儿童不可见），当女孩把目光移开时，物体被移开。在事件进行过程中，孩子的眼动情况被记录与分析，以了解他们是否基于女孩对物体位置的错误信念而自发地预料到了女孩随后的行为。非语言 ToM 任务的结果显示，4 岁以下的 TD 儿童，甚至 7 个月大的婴儿，已经表现出与他人信念一致的行为期望，反映了他们对他人错误信念进行推理的能力[23-26]。相比之下，孤独症患者在外显的和内隐的错误信念任务中都表现出明显的困难。此外，一些研究表明，即使是能够通过明确的错误信念任务的孤独症患者，在非语言任务中也无法展示反映自发性错误信念推理的行为[27-29]。

除了对他人信念和意图进行推理的能力外，ToM 还包括对他人情绪进行推理的能力[30]，这两个组成部分分别称为认知 ToM 和情感 ToM。ToM 的两个组成部分都涉及额叶和颞叶的大脑回路[31]。然而，相对于认知 ToM，情感 ToM 的研究较少。情绪是从人们对事件的评价中提取的，通常用作他们对事件即时反应的重要指标。因此，人对他人情绪的敏感性，即情感 ToM，在人的社交生活中发挥着重要作用[32-34]。一项分析表明，抑郁症患者在情感 ToM 方面表现出显著缺陷[35-36]。

迄今为止的研究表明，一个能够代表 ToM 的优秀模型必须同时考虑认知成分和情感成分。然而，大多研究都未能以细粒度的方式捕捉到认知情感 ToM 涉及的潜在过程。为了解决这个问题，一个新的概念框架——视觉心理理论（V-ToM）被提出。该框架通过构建具有情感和认知意义的视觉场景，明确描述人类对他人信念和情绪进行推断的 4 个阶段（图 6-1）。

首先，V-ToM 通过构建具有情感和认知意义的视觉场景并明确描述人类对他人信念和情绪进行推断的 4 个阶段过程，将 ToM 映射到细粒度的视听觉框架中。其次，通过记录个体观看视觉场景时的眼动，V-ToM 模型能够测量认知情感 ToM 计算中涉及的每个阶段，从而推断每个阶段的潜在困难。基于 V-ToM 模型获得的正常人、抑郁症和孤独症个体之间的差异特征克服了传统的基于问卷评估的主观性，可以为基于人工智能辅助数字疗法的心理健康应用设计提供有价值的参考。

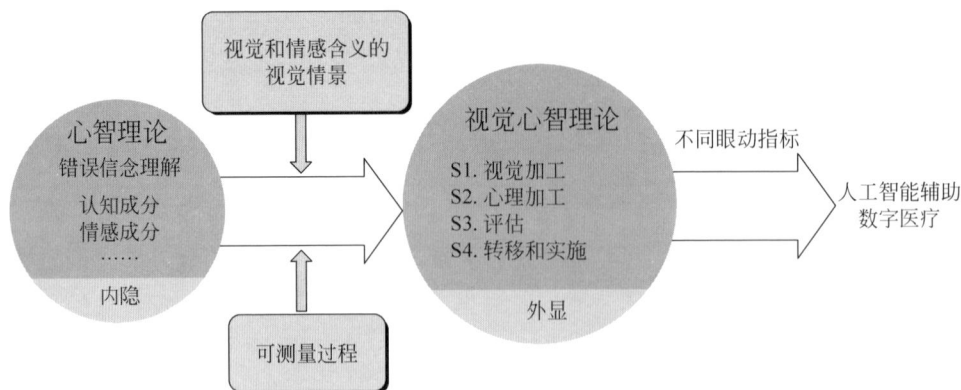

图 6-1 ToM 与 V-ToM 的差异

更具体地说,通过将认知情感 ToM 背后的人类计算过程分为 4 个阶段(图 6-1 的中间面板),该模型能够解释人类如何以更细粒度的方式处理信息。后文将详细介绍这 4 个阶段的具体内容。尽管人类认知的潜在过程是动态而迅速的,但 V-ToM 模型大胆尝试,将它们分为 4 个子过程来表征这些过程,且每个过程都具有可测量的特征。该模型基于经典的视觉注意范式[37-54],但与传统范式不同,它允许在分析眼动数据时应用人工智能(AI)算法,从而推断 4 个阶段中每个阶段可能出现的潜在困难。这对于理解非典型认知情感 ToM(如抑郁症患者和孤独症患者)具有重要意义。通过确定他们在认知过程中困难的潜在来源,人们能够更好地了解他们认知缺陷的性质,从而为抑郁症和孤独症患者提供更有效的识别和干预参考。

随着大模型的诞生,对大模型心智能力的探索研究也不断涌现。Michal Kosinski 依据心智理论相关研究,对 GPT-3.5 等 9 个 GPT 模型做了两个经典测试,并将它们的能力进行了对比。这两个测试是判断人类是否具备心智理论的通用测试。

第一个测试名为 Smarties Task(又名 Unexpected contents,意外内容测试),顾名思义,测试 AI 对意外事情的判断力。任务相关细节如图 3-1 所示。

正常来说,人们会默认巧克力袋子里是巧克力,因此会对巧克力袋子里装着爆米花感到惊讶,进而产生失落或愉悦的情绪:不喜欢吃爆米花的人可能感到失落,而喜欢吃爆米花的人感到愉悦,但都是针对"爆米花"而言。测试表明,在"袋子里装的是什么"任务中,当 GPT-3.5 读取前 3 条信息后,会毫不犹豫地认为"袋子里装着爆米花"。在"她喜欢吃什么"问题上,GPT-3.5 展现出了很强的同理心,尤其是听到"她看不见包装袋里的东西"时一度认为她爱吃巧克力,直到文章明确表示"她发现里面装满了爆米花",才正确给出答案。为防止 GPT-3.5 给出的正确答案是巧合——万一它只是根据任务单词出现频率进行预测,作者将"爆米花"和"巧克力"对调,此外还让它做了 10000 个干扰测试,结果发现 GPT-3.5 不仅根据单词频率进行预测,还根据一系列提示语句之间的逻辑关系进行预测。

第二个测试名为 Sally-Anne(又名 Unexpected Transfer,意外转移任务),测试 AI 预估他人想法的能力。以"萨利把球放进篮子后离开,安趁他不在,把球从篮子里放进盒子里"为例。作者让 GPT-3.5 读了一段文字,来分别判断"球的位置"和"萨利回来后会去哪里找猫",同样这是它基于阅读文本的内容量做出的判断。但在生活中,人们不依靠那些具有逻辑的语言,仅仅依靠观察对方的动作,便可以分析对方的意图,如何为 AI 添加这种视觉层级更为细粒度的信息获取与处理能力,使 AI 更具人类智慧,也是未来 AI 发展的方向。

6.1.2 智能心理评估中的视觉注意偏向

一般来说,注意是指人对一个目标的生理活动或意识所涉及的复杂心理过程。注意的两种最基本特征是指向性和集中性。这两种特征都是个体对外部对象的心理加工,其中每种加工过程的结果都是选择若干目标或刺激,忽略剩下的刺激。因此,这种注意经常是有选择性的注意,如果这种有选择性的注意倾向于优先加工一类刺激,而对剩下的刺激总是推迟甚至排斥加工,就会把此时的心理状态表现称为注意偏向。注意偏向是指相对于中性刺激,人们对与之相关的威胁刺激表现出不同的注意分配。一个人的注意偏向是其加工外部信息的关键部分,也是认知等处理的首要步骤。

心理学研究表明,导致抑郁的因素是多方面的,其中认知因素,尤其是对负性刺激的加工偏向,是抑郁症产生、持续和发展的重要原因之一[55]。注意是认知过程的第一步,也是外界刺激被加工的首要环节,进入人们注意领域的东西往往感知速度快、记忆深刻、情绪体验深,因而注意在认知偏向中的作用也受到学者关注。由于注意偏向的存在,一些刺激被优先加工并放大,而其他刺激被忽略。抑郁人群通常表现为对负性刺激的选择性关注,并维持这种不良信息处理模式,从而导致不良心理状态。

注意偏向可以分为注意定向、注意解除、注意转移等多种成分[56]。

注意定向指人们被某些刺激区域吸引或刻意避开某些刺激区域的现象,即当人面对某些信息时,表现为注意力快速集中,但并不是自己主动控制的,使人更快速、更大概率地识别某些信息或刺激。认知负荷理论认为,人们在进行信息加工时认知资源是一定的,即同一时间内只能有效地进行一项心理活动,而其他任务会被暂时搁置,对抑郁症患者而言,当负性刺激与其他刺激一起出现时,注意资源极易被负性刺激吸引、占用,此时其余任务就不能很好地完成,从而表现出对负性刺激的注意偏向。正如在 Garner 选择性注意范式中证明的那样,抑郁症患者在执行确定其情绪面孔性别的任务时,会不可避免地受到其面部情绪信息的影响,这会导致个体占用本身有限的资源,使性别识别加长。

注意解除是指人们从刺激区域解除注意的能力,注视时间越长,表明测试者在该区域的注意解除能力越弱,越容易受到该区域的吸引。注意解除困难是指人的注意力关注到一些刺激后,注意相对固化,没有办法将注意力转移到其他信息或刺激上,如果出现解除困难,就会导致人的注意一直保持在某种刺激上,很难关注其他刺激。点探测实验研究发现[57],抑郁个体对负性刺激和中性刺激的最初注意并没有差异,差异在于对负性刺激的注意抑制,即抑郁个体并不一定自动注意到环境中的负性刺激,但是一旦此类信息引起他们的注意,注意解除就变得十分困难。

注意转移是一个关于人类认知过程的重要概念,它涉及人们的注意力如何在不同的对象或任务之间进行切换[58]。简单来说,注意转移是指个体在某一时刻将注意力从一个对象或活动转移到另一个对象或活动的能力。这种能力是人们日常生活中不可或缺的,比如从阅读一本书到接听电话,或者从工作到与人交谈,都需要灵活地转移注意力。然而,注意转移并不仅仅是一种主动的行为,还可能受到情绪和心理状态的影响。特别是在经历了一些创伤性事件后,个体可能发展出一种防御机制,即在类似的情境下,他们会自动避开可能引发痛苦回忆的信息或刺激,转而关注其他对应或更安全的信息。这种现象被称为选择性转移,它是大脑保护个体免受心理创伤的一种自我保护策略。然而研究显示,抑郁症患者在处理负性刺激时表现出异常的注意力模式,他们难以将注意力从负面信息中转移出来,进而影响患者的情绪调节进程。

通过分析正常人群和抑郁人群在相同刺激下的不同注意偏向规律,可以进一步理解抑郁产生的原因,并以此为出发点更合理、可靠地对正常人群和抑郁人群进行区分。在处理不同信息的过程中,不同种类的精神病患者和心理疾病患者往往表现出不同的注意模式和习惯,抑郁个体往往过分加工负性信息而忽略其他信息,将注意力资源保持在负性信息上,而分配在正性信息上的注意力资源不足,也经常显示出对负性信息注意后解除的艰难。这种对消极信息的注意偏向很大概率是抑郁症复发的不良因素之一。

负性偏向主要是指相对于其他刺激信息,负性刺激信息被优先注意和处理。其可能存在于大脑信息处理的各个阶段,包括知觉、注意、记忆和推理,而且这种负性偏向是相对系统的。调查显示,抑郁症患者对负性刺激的注意和记忆增加,对正性刺激的注意和记忆减少,整个抑郁发作过程中持续存在的负性信息主导的认知偏差可能是致使抑郁症发生、维持和再发的一个重要原因。

由此可见,通过研究视觉刺激对抑郁患者情绪反应和注意力分配的影响,可以探索新的干预策略,如认知行为疗法或视觉训练,以帮助患者重新调整对视觉信息的处理方式,从而改善他们的心理健康状况。从 ToM 角度出发,如果一个人的 ToM 能力受到影响,可能导致他在理解和处理他人心理状态时出现困难。例如,抑郁症患者表现出的认知偏见常常会影响他们对他人情绪和意图的解读,他们可能倾向于将他人的行为解释为负面的或具有威胁性的,即使这些行为在客观上并无恶意。这种对他人心理状态的错误解读可能导致社交障碍,进一步加剧孤独感和抑郁症状。然而这种解释缺乏抑郁症患者视觉感知与认知情感的映射,难以从视觉刺激的角度帮助患者重新调整对视觉信息的处理方式,而 V-ToM 通过建立视觉世界与认知情感间的关系解决这一问题。

6.1.3 基于 V-ToM 的心理评估范式

V-ToM 模型解释了如何在已建立的视觉世界中将认知情感过程映射到眼球运动模式,从而通过分析这些眼动模式推断潜在的心理状态。

V-ToM 模型将人类认知过程分为 4 个阶段:视觉加工阶段、心理加工阶段、评估阶段、转移和实施阶段,如图 6-2 所示。4 个阶段的具体描述已在第 3 章中阐述,为更加形象地理解人在 4 个阶段的处理过程,这里以图 6-2 中的汽车图片为例讲解。

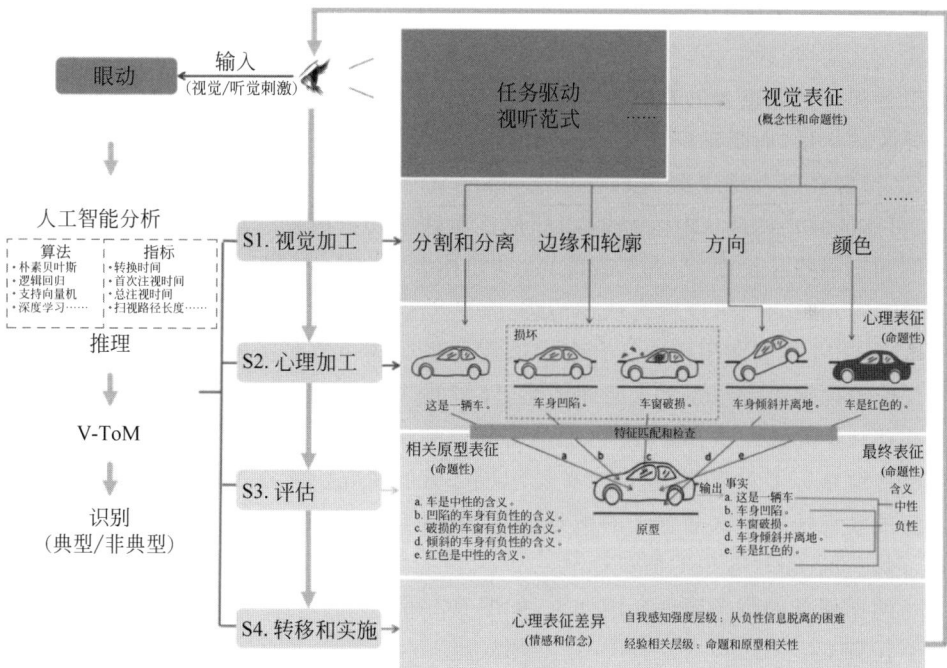

图 6-2 V-ToM 的概念框架

视觉加工阶段发生在知觉层面,涉及在既定的视觉世界中对视觉信息进行处理。按照特征整合理论[59],视觉场景中的基本特征(如颜色、方向)在前注意阶段被自动记录,实现特征绑定。因此,这一阶段包括早期视觉加工,如基本特征的检测、边界和轮廓的检测,以及图形与背景的分割和分离,并基于此建立包含视觉世界的概念性和命题性视觉表征。

在心理加工阶段,对已建立的视觉表征进行心理加工,形成具有命题语义特征的表征(以命题陈述的形式,例如,这是一辆汽车,车窗被打破了)。因此,这一阶段形成的所有心理表征都是命题性的。

在评估阶段，新建立的心理表征根据其与原型(在先前经验和知识基础上建立并储存在长期记忆中的现存心理表征)的相关性进行评估。原型中的表征本质上也是具有命题性的。例如，如果原型中的汽车具有中性含义，而破碎的窗户具有负性含义，那么基于与原型的相关性，两个新建立的心理表征(这是一辆汽车，车窗被打破了)会得到不同的评价。"这是一辆汽车"的表征被认为是中性的，而"车窗被打破了"的表征则是负性的。具体来说，这个评估过程导致两个最终的命题表征：这是一辆汽车的事实具有中性含义，而车窗被打破的事实具有负性含义，这两个最终的心理表征是这个阶段的输出。需要注意的是，由于新建立的表征依据的原型是建立在先验知识上的，而这些先验知识可能因人而异，因此这一阶段可能出现个体差异。

在转移和实施阶段，最终的心理表征(评估阶段的输出)进入工作记忆，并转移到实施认知情感的过程。特别是当呈现具有情感和认知意义的视觉场景时，抑郁症患者和孤独症患者的心理表征很可能与正常参与者存在差异。视觉表征差异会引导眼球运动，而眼动则反映因认知情感信息的计算处理而产生的最终心理表征。例如，抑郁症患者难以脱离负性信息，孤独症患者命题与原型的匹配度较低。因此，可靠的眼动指标(如注视转移时间、首次注视持续时间、总注视持续时间、注视比例和扫视路径长度)与人工智能算法(如朴素贝叶斯、逻辑回归、支持向量机和深度学习等)相结合，可以作为认知情感 ToM 的可靠而准确的度量方法。

V-ToM 模型使用两项结合眼动追踪的视听觉范式任务进行验证。任务 1 旨在探究抑郁症患者与正常人之间情感 ToM 的差异。任务 2 旨在探究典型发育儿童和孤独症儿童在认知 ToM 方面的差异。与传统的 ToM 研究范式相比，该范式创新性地结合了对 ToM 这两个核心组成部分的研究。此外，该视听范式基于构建良好的具有情感和认知意义的视觉场景，并且具有大于 700 位被试样本的大样本量，因此可获得较客观的衡量标准。

两项任务的范式简单介绍如下(如图 6-3 所示)。

任务 1：

(1) 屏幕向测试者呈现一幅黑色背景图像，其目的是移除测试者当前的注意力，使他们随机观看屏幕的任意区域。

(2) 一幅随机的正性或负性背景情感图像出现在屏幕上，测试者可随意观看图像中任意感兴趣的物体或区域，测试者的眼动数据由 Tobii EyeX Controller 眼动仪记录，采样率为 60Hz。

(3) 一幅随机的正性或负性情绪人脸图像出现在屏幕上，测试者可随意观看图像中任意感兴趣的物体或区域。

(4) 测试者需要在情感图像背景中搜索情绪面孔前景，并通过左右按键判断情绪面孔的正负性，其间眼动仪会记录测试者的眼动数据。

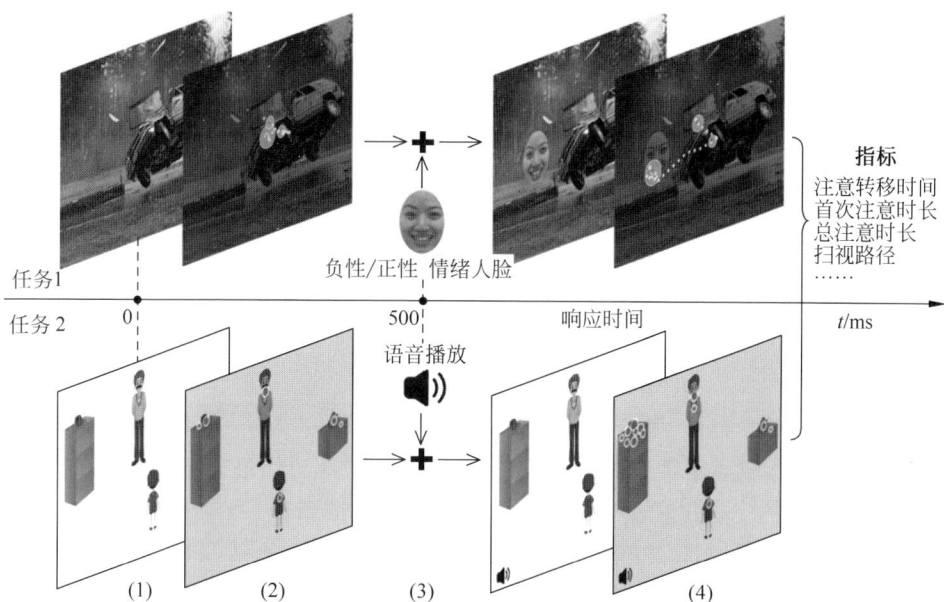

图 6-3　视听实验范式

任务 2：

（1）对于图像的设置，男孩康康喜欢的草莓放在左边较高的箱子上，而不喜欢的绿色辣椒放在右边的较矮的箱子上。站在康康前面的是一位老爷爷（具有的社会性较高），或者是一棵树（具有的社会性较低）。

（2）当图像出现时，眼动仪开始记录测试者的眼动数据，采样率为 500Hz。

（3）上述视觉刺激出现 0.5s 后，会出现一段语音：“看，你觉得康康会去拿哪一个？”

（4）测试者的眼动数据会在语音中的“拿”字出现后再次被记录，持续记录 1s。

6.1.4　基于 V-ToM 的心理学语义到情绪图像的映射

并不是所有的图像都能直接用作情绪刺激图像，或者说不同内容、不同表现方式的图像产生情绪刺激的能力是不同的。从图像的内容上说，与心理学语义相关的图像最能引起人的情绪刺激，或者说最能对具有不同心理状态的人群引发不同的注意偏向。这里的心理学语义指的是心理学研究中，与人的心理状态相关且被用于分析、诊断人的心理状态场景的语义元素。

心理学语义是一维的文字或语言信息，而情绪图像是二维的视觉信息。通过情绪图像表达心理学语义，主要是为了在这两种不同的信息刺激下，获取能够对接受测试的人群进行心理状态分析的同样信息量。由于心理学语义来源于量表，因此这种映射关系首先应该是心理学量表到情绪图像的映射关系，也就是 MMPI（明尼苏达多相人格测查表）到情绪图像的映射关系。

实际上，MMPI 作为一种人格测查量表，可看作一个通过分析被试者对 MMPI 问题的响应结果给出被试者心理状态描述的系统，如图 6-4 所示。其过程为，首先向被试者提出文字描述的 MMPI 问题，其次统计被试者的回答结果，并对问题的答案进行归类和分析，最后给出对被试者心理状态的辅助评价。

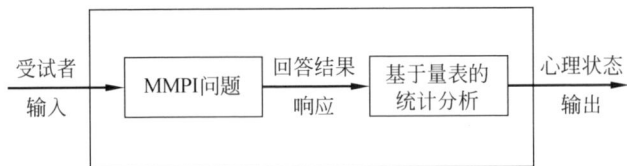

图 6-4　MMPI 量表系统

对于情绪图像而言，要发挥类似 MMPI 的作用，能够对心理状态进行评估，就必须通过图像心理测试系统完成，而该图像心理测试系统将覆盖 V-ToM 的 4 个阶段。与 MMPI 的工作过程类似，在这个图像心理测试系统中，通过让被试者观看一系列的情绪图像，并对被试者在受到情绪图像刺激下的行为反应时间进行统计分析，最终对被试者的心理状态给出评估，如图 6-5 所示。

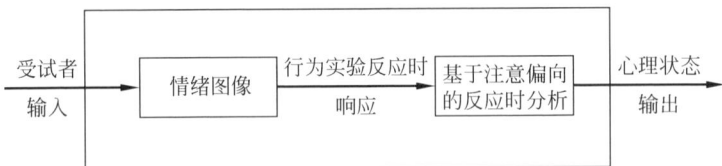

图 6-5　图像心理学测试系统信号响应关系

心理学领域的研究已经表明，不同心理状态的人群对于带有情感的刺激，可能产生完全不同的生理反应。例如，具有高焦虑症状的人群对负性情绪有更多的关注，因而在负性情绪刺激下对任务的反应时间延长。实际上已经有很多心理学方面的实验研究通过记录被试者的反应时证明了不同人群对情绪刺激有不同注意偏向这一说法。所以，对于图像这一视觉情绪刺激，可以设计相应的实验，通过记录和分析被试者受到图像的情绪刺激后完成任务的反应时间，给出被试者的心理状态评估。通过这种方式，可以将 MMPI 的工作过程映射到一个有情绪图像参与的实验过程，同时这个映射中明确了情绪图像与 MMPI 条目之间对应关系的位置，如图 6-6 所示。

心理图像库 ThuPIS 的建立实际上是心理学语义与情绪图像映射关系的直接实现。从最初的 MMPI 量表出发，到最终图像库的建立，整个过程主要包括 4 个步骤。心理学图像库的构建过程如图 6-7 所示。

（1）从 MMPI 中抽取心理学语义元素。这一步骤为心理图像库的构建提供心理学理论基础。

（2）将这些语义元素分类整理成图像库的树形索引结构。将图像库按照树形

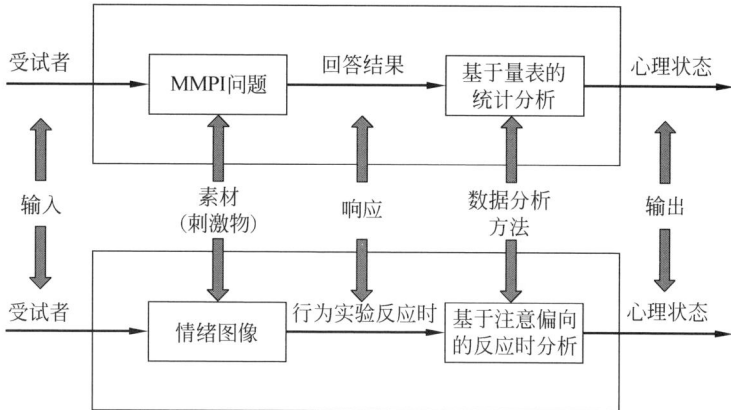

图 6-6 MMPI 量表系统与图像心理学测试系统的对应关系

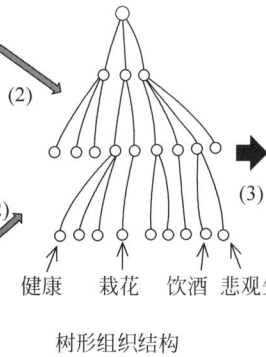

图 6-7 心理学图像库的构建过程

层次结构进行组织,便于图像库的分类、查找和使用。

（3）按照心理学语义元素选择对应的情绪图像入库。对情绪图像进行选择并加入图像库,使图像库中的情绪图像均可对应特定的心理学语义元素。这正是心理学语义与情绪图像映射关系的实现,也是 V-ToM 原型中表征的具象化表现。

（4）对图像的情绪属性进行评定。对于一个心理学情绪图像库而言,对图像进行情绪刺激属性的评定是必不可少的一个环节。已知图像的情绪刺激属性可以在应用过程中对情绪图像便利地进行选择,并对基于情绪图像的实验结果进行数据分析。

对于图像库而言,其组织结构直接影响图像库的可用性。因此,一个良好的组织结构对于一个好的图像库而言十分重要。ThuPIS 心理图像库是一个全新的图像库,其基于心理学语义的构建方法决定图像库将探究人对图像的认知过程,作为其主要应用领域,因此计算机视觉领域根据图像内容的分类方式并不能完全适应这种定位下的需求。

首先从 MMPI 中抽取心理学语义元素,具体的操作为将 550 个没有重复的问题划分为 25 个基础类别;其次,对这 25 个基础类别进行整合;最后将这 25 个基础类别进一步划分为具有不同心理基础的 8 个大类。由于情绪图像对应的心理学语义元素直接从 MMPI 条目中抽取,因此这个分类就是对心理学语义元素的分类,也是对情绪图像的分类。

将这种分类方法直接作用于情绪图像,可得到心理图像库包含 3 个不同级别的树形索引目录结构。其中第一级目录包含 8 个大类,每个类别有各自的心理学基础。第二级目录包含 25 个分类,每个类别包含从涉及同一内容的 MMPI 量表条目中提取的心理学语义元素。第三级目录详细列出每个不同的心理学语义元素,这些心理学语义元素直接或间接与情绪图像的内容或情感相对应。图 6-8 给出了包含这 3 个级别的树形目录结构,也就是心理图像库 ThuPIS 的组织结构。

实际上,由于 MMPI 量表中不同的条目可能涉及同一个心理学语义,因此心理学语义元素与量表条目之间并不总是一一对应关系,即一个心理学语义元素可以对应多个 MMPI 条目。为了在整个图像库的组织结构中更明确地体现 MMPI、心理学语义元素和情绪图像三者之间的关系,可以在第三级目录心理学语义的基础上建立心理学语义与 MMPI 之间的对应关系索引。通过这个索引,可以从 MMPI 条目出发,方便地找到其涉及的心理学语义对应的情绪图像,也可以从情绪图像出发,逆向找到情绪图像对应的心理学语义基础。图 6-9 为心理图像库中一个分支结构的示意。

6.1.5　抑郁症患者与正常对照者的 V-ToM 差异

共有 212 名被诊断为抑郁症的患者参与了任务 1 的研究,包括 79 名男性和 133 名女性。他们的诊断由医院认证的精神科医生使用 DSM-5 确认,并进一步通过两种筛查工具——自评抑郁量表(self-rating depression scale,SDS)和 SCL-90 抑郁子量表[60-61]进行补充。此外,492 名正常人作为对照组参与,包括 273 名男性和 219 名女性。该研究的所有参与者都签署了书面知情同意书。参与者是根据以下标准招募的。

(1) 无先前诊断的精神分裂症、精神分裂症情感障碍或与其他疾病相关的精神障碍病史。

(2) 无酒精或药物依赖史。

(3) 无任何不适合参与本研究的严重身体疾病。实验按照《赫尔辛基宣言》中的准则进行。

			对应MMPI条目	
MMPI	身体状况	一般健康问题	8个条目	体重，医院，医生，病人……
		消化系统	11个条目	食物，胃部，排泄物……
		心血管/呼吸系统	6个条目	咳嗽，肺部，心脏，血……
		泌尿生殖系统	5个条目	皮肤病，便池，带血的尿，性器官……
	精神质量	个人敏感性	5个条目	牙齿，皮肤，爬虫，火……
		血管运动/营养/语言/内分泌	6个条目	四肢，温度计，生锈，天寒地冻，脸红，流汗……
		病理	6个条目	颤抖，四肢……
		一般神经问题	18个条目	情绪（哭、笑），复视，晕眩，判断力……
		脑神经	11个条目	听觉，视力，吞咽，面瘫……
	心理状况	情感/抑郁	33个条目	笑脸，哭，食物，地狱，监狱，刑罚……
		情感/躁狂	25个条目	摔东西，线团，乱糟糟的东西，街道，打架，赌博，马车……
		强迫意念/强迫行为	15个条目	门，窗，房间，电线杆，车牌，火……
		妄想/幻觉/迫害观念/嫉妒观念/牵连观念	30个条目	自然界，人脸，议论的场景，催眠，鬼，武器……
		恐惧/恐怖	33个条目	血，病人，医院，高空，钱，利器，洪水，地震，动物（蛇、蜘蛛、老鼠）……
		施虐/受虐倾向	6个条目	鞋，手套，虐待动物……
	家庭关系	家庭和婚姻问题	25个条目	家庭，房间，孩子……
	社会适应	社会态度	73个条目	海，火车，聚会，孩子，主持人，舞会，排队，吸烟，闪电，深山，风暴……
		职业态度	19个条目	工作，辩论，金钱，银行，老师……
	世界观	政治态度	57个条目	学校，法庭，警察，嬉戏的孩子，乞丐，赌博……
		宗教态度	19个条目	医院，病人，教堂，寺庙，祷告……
	自我认知	个人自信心	32个条目	办公室，大厦，聚会，时钟，交通工具……
		个人习惯	19个条目	太阳，卧室，闹钟，酒，水，药物……
		男女性化	56个条目	机械，剧院，手帕，建筑工地，花园，护士，洋娃娃，钓鱼，摩托车，橱窗，衣服……
		教育	12个条目	图书馆，书本，报纸，小说，爱情，漫画，演讲……
	性认知	性态度	15个条目	男人，女人，色情表演，性行为……

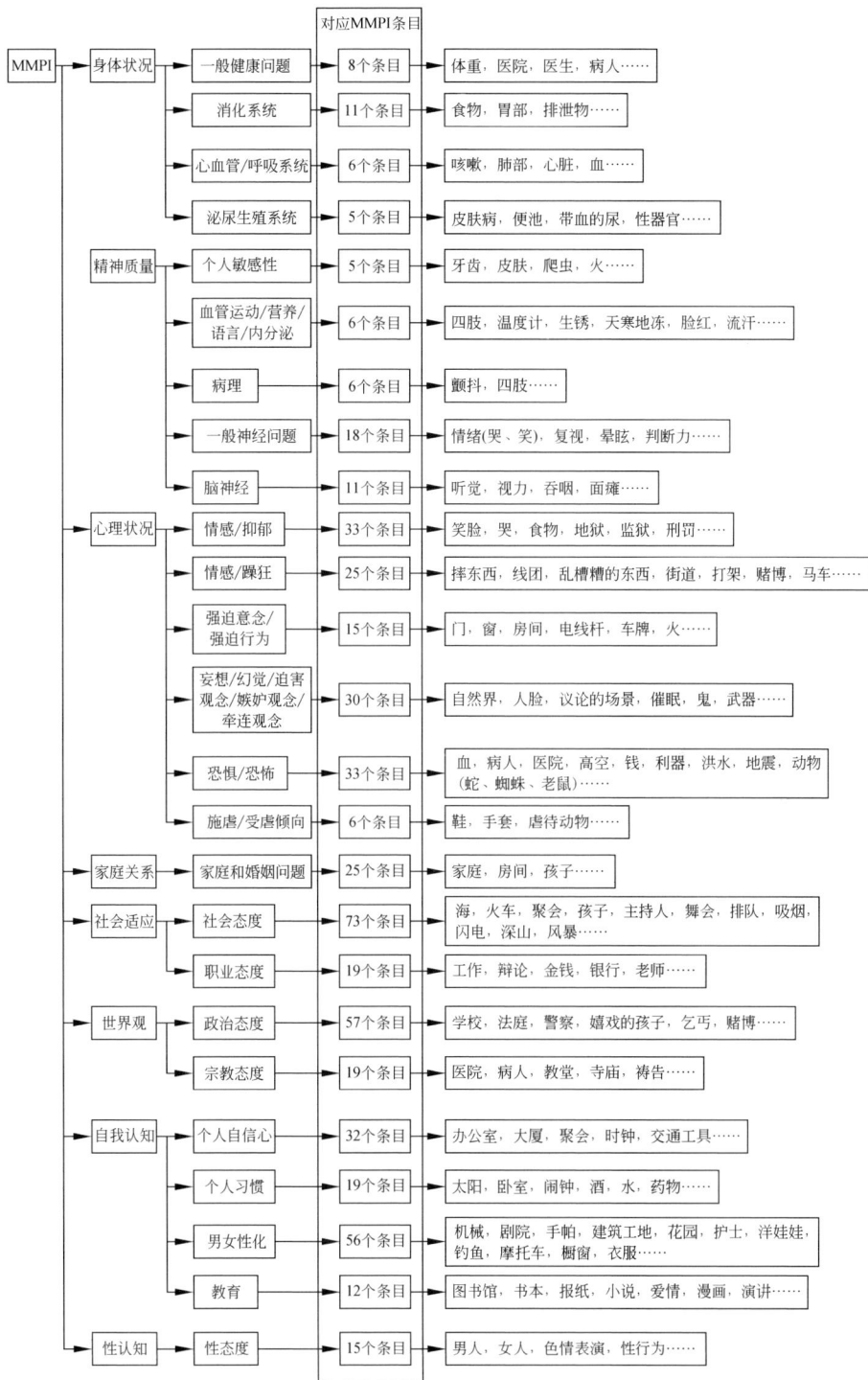

图 6-8 心理图像库 ThuPIS 的树形目录结构

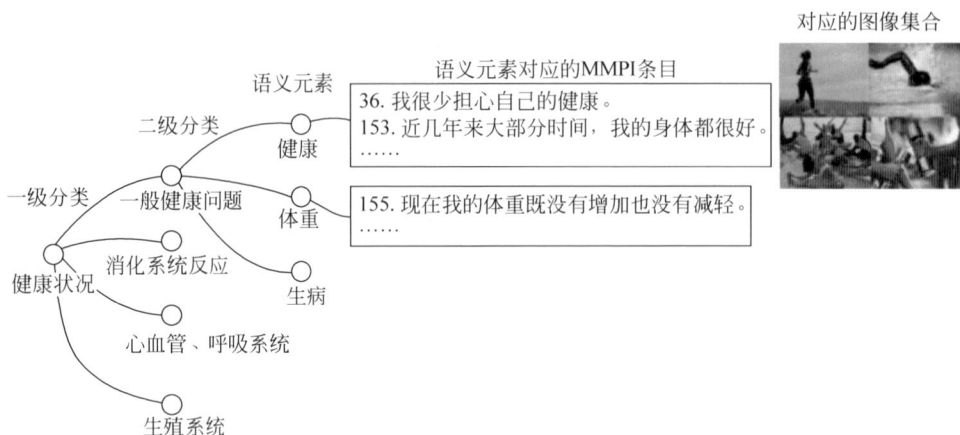

对应的图像集合

图 6-9　心理图像库 ThuPIS 分支结构示意

任务 1 旨在研究情绪理解过程中的注意偏差是否可用于抑郁症识别。使用的范式为之前任务 1 中提到的实验范式,使用的背景图像来自心理图像库 ThuPIS。任务 1 总共构建了 4 组视觉刺激,如图 6-10 所示。4 组图像和人脸的情绪状态组合各不相同:正性背景图像和正性人脸图像、正性背景图像和负性人脸图像、负性背景图像和正性人脸图像、负性背景图像和负性人脸图像。范式共构建了 40 幅正性图像和 40 幅负性图像作为背景场景,情绪面孔选自我国台湾面部表情图像数据库[62],包括 8 张正性面孔和 8 张负性面孔作为前景刺激。在 4 组视觉刺激中,每组包括 20 个实验,由图像和具有相应情绪状态的面部组成。所有实验都是按随机顺序排列的。

图 6-10　背景图像和情绪人脸的 4 种组合

(a) 正性背景图像和正性人脸图像;(b) 正性背景图像和负性人脸图像;(c) 负性背景图像和正性人脸图像;(d) 负性背景图像和负性人脸图像

实验范式要求测试者在背景图像中寻找情绪人脸,然后判断情绪人脸的情感属性并做出相应的按键响应,在此过程中记录测试者的反应时间数据和眼动数据。在正式实验之前,测试者需要进行一次预实验,只有在正确地进行并通过 8 次连续的测试实验方能进入正式实验。正式实验包括 80 次实验,每次实验的进行情况如下。首先,屏幕上会向测试者呈现一幅全部为黑色的图像,持续时间为 1s。然后,将随机呈现的正性或负性图像作为背景图像,以吸引测试者对背景的注意力。在此之后的 0.5~1s,在背景图像的左侧或右侧随机呈现一张具有正性或负性情绪的人脸作为前景刺激。这一过程中,测试者需要将他的视觉注意力从背景场景转移到前景刺激。最后,测试者需要按下左侧按钮(正性)或右侧按钮(负性)判断人脸的情绪属性,同时他们的反应时间会被记录。反应时间代表测试者在判断人脸情绪状态时从背景场景中解除注意并转移到前景刺激的速度。

这一实验范式整合了注意偏向理论的思想,将临床抑郁症的影响映射到对情绪刺激的注意偏向上。在实验过程中,测试者被背景图像和情绪人脸吸引,并形成相应的注视点,这反映了注意定向的特征。此外,为了完成情绪人脸的属性辨别任务,测试者还需要将目光从背景图像区域转移到情绪人脸,从而进一步反映解除注意的能力。最后,测试者将注意力从背景图像区域转移到情绪人脸区域并做出判断,体现实验过程中的注意转移。通过这种方式,3 个注意组成部分(注意定向、注意解除和注意转移)被统一在一个范式中。通过分析实验过程中的眼动轨迹信息,就可以得到抑郁症患者与正常对照者之间的 V-ToM 差异。

实验结果如图 6-11 所示。该任务记录了测试者的眼动数据,反映了测试者如何从背景图像中解除注意,并将注意转移到前景刺激的过程,即眼动数据反映 3 个注意组成部分(注意定向、注意解除和注意转移)的信息。在结果分析阶段,排除了在 10 次以上实验中眼注视持续时间少于 80ms(形成注视点的最短时间)的测试者。此外,在整个实验中平均错误率超过 20% 的测试者的数据也不会在数据分析阶段使用,高于平均值 3 个标准差的数据也会作为异常值被排除。最后共留下 523 名测试者的数据,进行进一步的分析。

根据注意偏向理论,患有抑郁症的测试者在将注意从负性刺激中解除并将注意力转移到正性刺激时,应该比对照组测试者困难得多。这可以用转移时间表示,转移时间被定义为正/负情绪人脸的出现时间与首次在情绪人脸上形成注视点的时间之间的时间差,并由此扩展计算了 4 种前景和背景组合中任意两种组合之间的转移时间差。这个过程产生了 6 种组合:负性背景负性人脸-正性背景负性人脸(nn-pn)、负性背景负性人脸-正性背景正性人脸(nn-pp)、负性背景正性人脸-正性背景正性人脸(np-pp)、负性背景正性人脸-正性背景负性人脸(np-pn)、负性背景负性人脸-正性背景负性人脸(nn-pn)和正性背景负性人脸-正性背景正性人脸(pn-pp)。以负性背景正性人脸-正性背景正性人脸(np-pp)为例,它表示负性背景正性人脸的注意转移时间与正性背景正性人脸的注意转移时间之间的差,而这种情况的显著正值表明测试者将注意力从负性刺激中解除比从正性刺激中解除难。多组测试者的单因素多元方差分析显示,患有抑郁症的测试者与对照组之间存在显著差异。

为进一步研究这种显著差异,图 6-11 显示了两组在每种情况下的注意转移时间差异。x 轴是不同情绪人脸与背景组合之间传输时间的差异,例如 np-pp,其中 np 和 pp 是两种组合,np 表示负性背景正性人脸,pp 表示正性背景正性人脸。然后计算从负性背景到正性人脸的注意转移时间,再减去从正性背景到正性人脸的注意转移时间。只有 np-pp 和 np-pn 两个指标在患有抑郁症的测试者组和对照组之间显示出显著、更大的转移时间差异,而其他指标则无显著差异,这表明与对照组相比,患有抑郁症的测试者在将注意力从负面刺激中解除并转移到正向刺激上更具挑战性。这里需要注意的一点是,尽管两组的转移时间差值都是正值,但抑郁症患者组的数值明显更大,这表明存在进一步的差异。这些发现验证了抑郁症患者的注意偏向理论,表明他们在将注意力从负性刺激中解除和减少对正性刺激的注意力方面表现出显著的困难,从而可以成为衡量个人情感 V-ToM 的指标。

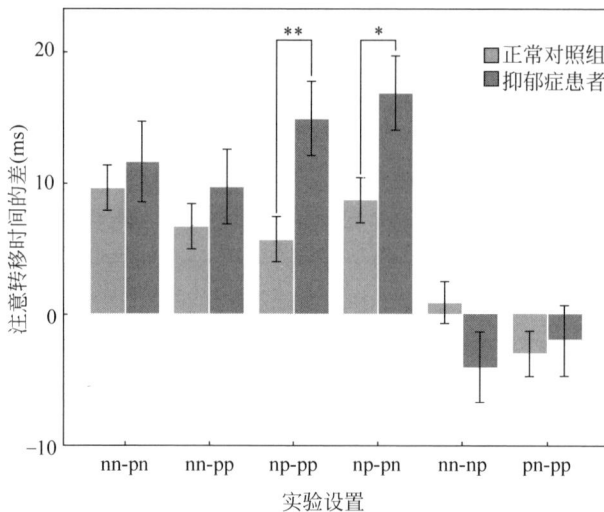

图 6-11 任务 1 的结果

6.1.6 孤独症儿童与典型发育儿童的认知 ToM 差异

在任务 2 中,共有 332 名孤独症儿童参与了这项研究,相关医院使用 DSM-IV-TR 和 DSM-5 对这些儿童进行了诊断,并使用孤独症诊断观察量表(autism diagnostic observation schedule,ADOS)再次确认。所有患有孤独症的测试者都达到了 ADOS 的孤独症临界值,平均得分为 10.5,标准差为 3.5。612 名年龄匹配的典型发育儿童作为对照组参与了这项研究。所有测试者的语言智商得分通过 Wechsler 幼儿和初级智力量表第四版(CN)进行评估,所有测试者的语言智商得分都在 85 分以上。该研究的所有测试者或其监护人均签署了书面知情同意书,且本研究的实验按照赫尔辛基宣言中的准则进行。

任务 2 范式构建了 16 对视觉刺激。在每对刺激中都构建了两幅视觉图像,每幅图像中都有一个叫康康的男孩、两个箱子(一个高的和一个低的)和两个物品(一个是康康喜欢的,另一个是康康不喜欢的)。这两幅图像之间唯一的区别是:一幅图像中康康面对着一位老爷爷,而在另一幅图像中,他面对着一棵树。视觉刺激示例如图 6-12(a)和(b)所示。在整个实验中,伴随视觉图像的音频刺激总是同一句话:"看,你觉得康康会去拿哪一个?"

如图 6-12(a)和图 6-12(b)所示,康康喜欢的草莓被放在左侧高箱子的顶部,而不喜欢的青椒被放在右侧低箱子的顶部。由于喜欢的物品超出了康康的取物范围,因此图 6-12(a)中的老爷爷和图 6-12(b)中的树之间的社会属性差异至关重要——相对于树来说,老爷爷既有能力又有意愿去帮忙。该实验旨在调查与典型发育儿童相比,患有孤独症的学龄前儿童是否能够利用老爷爷的社会属性预测康康的行为(社会认知)。

在 16 对视觉刺激中,高低两个箱子的位置(它们是在左侧还是右侧)和草莓、青椒两个物体的位置(它们是在高箱子上还是低箱子上)在数量上都是平衡的。16 对测试被分成两个实验列表,每个实验列表仅包括每对视觉刺激中的一幅测试图像(图 6-12(a)或图 6-12(b)),并伴有相同的音频播放。每个列表由 8 次含有老爷爷的实验(图 6-12(a))和 8 次含有树的实验(图 6-12(b))组成,此外两个箱子分别放在哪边和两个物品分别放在哪个箱子上,实验次数是相等的;4 次实验是草莓放在左边的高箱子上,4 次实验是草莓放在右边的高箱子上,4 次实验是草莓放在左边的低箱子上,4 次实验是草莓放在右边的低箱子上。两个实验列表中的所有实验都是随机安排的。实验组和对照组的测试者会被随机分配到两个实验列表中的一个。166 名患有孤独症的 5 岁儿童、150 名正常发育的 5 岁儿童和 156 名正常发育的 4 岁儿童使用实验列表 1 进行实验;166 名患有孤独症的 5 岁儿童、150 名正常发育的 5 岁儿童和 156 名正常发育的 4 岁儿童使用实验列表 2 进行实验。

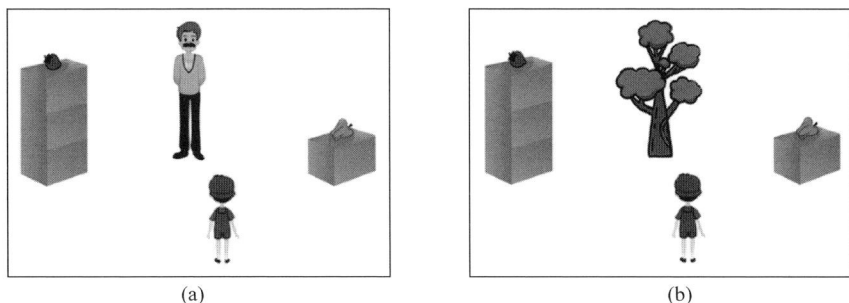

| (a) | (b) |

图 6-12 任务 2 的视觉刺激

(a) 有老爷爷的视觉刺激;(b) 有树的视觉刺激

每个测试者都接受了两次预实验和一次正式实验。第一次预实验旨在帮助测试者了解康康喜欢的物品和不喜欢的物品。预实验会向测试者展示 16 对康康喜欢和不喜欢的物品。在预实验中,有一半的实验是喜欢的物品出现在左侧,另一半实验则是喜欢的物体出现在右侧。例如,当展示图 6-13 中的图像时,会告知测试者康康喜欢西瓜,但不喜欢红辣椒。在向测试者展示完所有物品后,会从这 16 对中随机选择 12 对进行测试,以检验测试者是否能够区分喜欢的物品和不喜欢的物品。在一半的实验中,参与者需要指向康康喜欢的物品,而在另一半实验中,参与者需要指向康康不喜欢的物品。只有在所有 12 次实验中都给出正确回答的测试者才能进入第二次预实验。

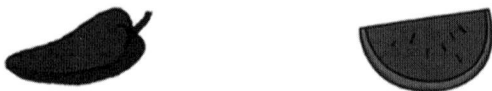

图 6-13　预实验一的图片

第二次预实验旨在帮助测试者建立身高意识。在第二阶段,测试者首先看到类似图 6-14 的图片。如图 6-14 所示,长颈鹿用作衡量高箱子、老爷爷、树、康康和低箱子高度的参照物,并且测试者会被告知,老爷爷可以够到高箱子,但康康不能,康康只能够到低箱子。

图 6-14　预实验二的高度衡量标准图

为了解测试者是否理解康康够不到高箱子,而低箱子在他够得到的范围内,预实验二共包含 12 次实验。如图 6-15 展示的实验所示,康康喜欢的物品(西瓜)在低箱子上,不喜欢的物品(红辣椒)在高箱子上。在一半的实验中,康康喜欢的物品被放在高箱子上,而在另一半实验中,康康喜欢的物品被放在低箱子上。此外,高箱子和低箱子的位置在实验中进行了平衡。这 12 次实验以随机顺序展示给测试者。在一半的实验中,测试者需要指向康康可以够到的物品,在另一半实验中,他们需要指向康康无法够到的物品。只有 12 次实验中都回答正确的测试者才能进入第三阶段,即正式实验阶段。

最终的测试阶段旨在调查测试者是否能够利用视觉场景中存在的社会属性线索推断他人的心理和行为。当视觉刺激出现 0.5s 后,显示器上会显示 16 幅图像,

图 6-15　预实验二的图片

并伴随一段语音"看,你觉得康康会去拿哪一个?"测试者并不需要给出任何明确的回应,只需要自由地观看呈现的图像。实验过程中使用眼动仪记录测试者从动词"拿"出现后 1s 内的眼动数据,这是基于测试者能够在听到动词后推断康康的行为而设置的。

考虑图 6-12(a)和图 6-12(b)中的情况。在这两幅图像中,康康喜欢的物品(草莓)在高箱子上,因此超出了康康的取物范围。然而,在图 6-12(a)中,康康与一个愿意提供帮助且准备帮助他的老爷爷在一起,因此,为了成功推断康康的行为,需要经过 3 个过程。首先推断老爷爷的行为,老爷爷愿意帮助并且会帮助康康;然后推断康康的信念,康康相信老爷爷愿意并会帮助他;基于此预测康康的行为,即康康会去拿高箱子上喜欢的物品,因为他相信老爷爷会帮助他实现目标。在图 6-12(b)中,老爷爷被一棵树取代,测试者应该理解康康无法够到喜欢的物品,也没有人会来帮忙。因此,测试者可能推断康康会去拿低箱子上的物品,因为那个物品在他能够到的范围内。研究设计的目的是查看正常发育儿童或孤独症儿童是否能够从视觉场景中推断出老爷爷和树具有这种社会属性,并利用社会属性预测康康的行为,即康康会去拿哪个物品。

这里需要关注的是,当喜欢的物品被放在高箱子上、场景中存在老爷爷/树时,测试者是否根据不同的场景有不同的反应。从 V-ToM 4 个阶段的处理过程看,如果测试者可以做出具有社会属性的推理,那么他们表现的眼动情况将有所不同。具体来说,当场景中是老爷爷而不是树时,测试者应该更多地注视被放置在高箱子上喜欢的物品,因为测试者可以推理出老爷爷可以伸手拿到高箱子上放置的物品且愿意为康康提供帮助,而树则不能。基于这些推断,测试者会进一步推理康康的行为:当老爷爷在场时,康康可能去拿放在高箱子上喜欢的物品;但当树在场时,康康可能去拿放在低箱子上不喜欢的物品。因此,这两种实验设置中实验组与对照组的眼动情况应该存在显著差异,通过这些差异可以进一步了解儿童是否能够在已建立的视觉世界中基于社会线索进行推断。需要注意的是,当喜欢的物品放在低箱子上时,实验组与对照组的眼动情况不应该存在显著差异,因为康康自己可以拿到这个物品。

图 6-16 展示了该研究的结果。根据实验标准,所有实验的眼动数据中均含有来自孤独症儿童和正常发育儿童的数据。视觉图像中有 4 个注意区域:高箱子区域、低箱子区域、社会属性区域(人或树)和康康所在的区域。每个测试者在每次实验中对这 4 个注意区域的注视比例将作为因变量参与计算,并使用广义线性混合模型(generalized linear mixed model,GLMM)进行进一步分析。

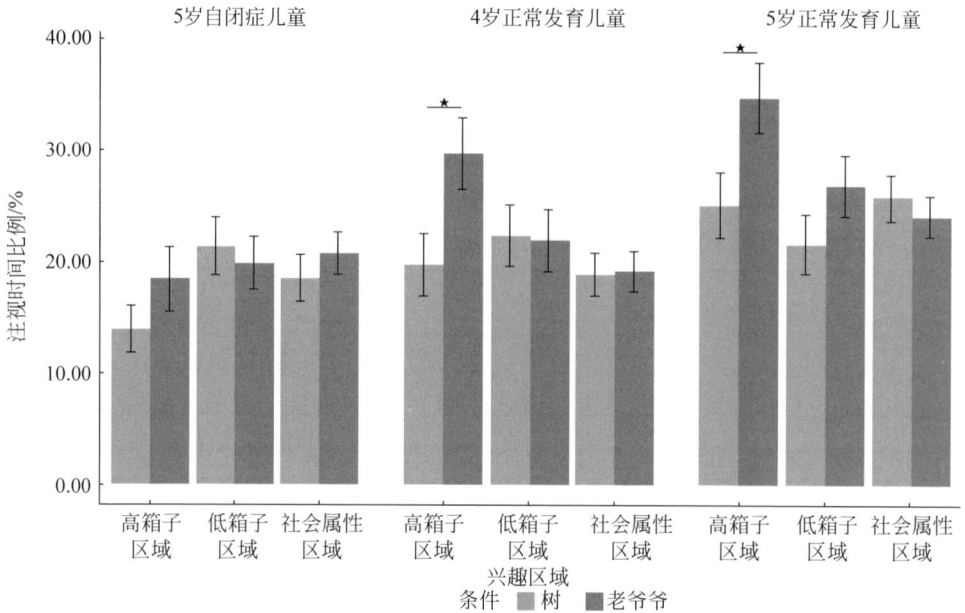

图 6-16 任务 2 的实验结果

如图 6-16 所示,当喜欢的物品放在高箱子上时,4 岁和 5 岁的正常发育儿童在老爷爷存在时对高箱子的注视比例高于树存在时,存在显著差异。然而,对于 5 岁患有孤独症的儿童来讲,这种情况并没有发生。此外,在喜欢的物体被放置在低箱子上时,老爷爷与树分别在场的注视比例不存在显著差异。研究结果清楚地表明,正常发育儿童和孤独症儿童在社会推理方面存在差异,因此可以作为衡量儿童认知 ToM 的敏感指标。

6.1.7　V-ToM 应用:抑郁症和孤独症的检测

这两项研究结果清楚地表明,抑郁症患者和孤独症患者在认知情感过程中与对照组存在显著差异,而实验过程中获得的眼动指标可以作为衡量认知情感 ToM 的可靠有效指标。此外,还可以通过这些发现进一步了解 V-ToM 的有效性和泛用性。前文分别根据任务 1 和任务 2 的发现,讨论了 V-ToM 如何解释典型和非典型认知情感 ToM,接下来将关注抑郁症和孤独症的检测与 V-ToM 中提出的 4 个阶段之间的关系。

首先讨论前文提到的任务 1 范式所研究的心理状态情感 V-ToM。

阶段一：视觉加工。当呈现任务 1 的背景图像视觉刺激时，如图 6-17 所示，其中一辆汽车在路上行驶，之后发生了事故，测试者首先对场景进行视觉加工。其处理方法是从背景中分割整个汽车，构建汽车的边界，确定汽车的方向，并分析汽车的颜色，然后建立视觉场景的表征。

(a)　　　　　　　　　　　　　　(b)

图 6-17　任务 1 的视觉图像

（a）一场车祸；（b）情绪化的面部刺激

阶段二：心理加工。在视觉表征建立之后，心理加工立即开始。在这个阶段，心理表征以命题的形式存储于工作记忆中。例如这是一辆车，车凹陷了，车窗坏了，车倾斜飞离了地面，车是红色的，等等。

阶段三：评估。测试者将阶段二中建立的心理表征与长期记忆中存储的认知原型进行比较，并以命题的形式建立相关的原型表征。相关的原型表征包括汽车——具有中性含义，凹陷的表面——具有负性含义，破碎的车窗——具有负性含义，车辆倾斜和车辆脱落地面——具有负性含义，以及车辆的颜色是红色——具有中性含义。基于原型，评估过程产生相应的最终命题表示：这是一辆汽车的事实具有中性含义，汽车凹陷的情况具有负性含义，窗户被打破具有负性含义，汽车倾斜并飞离地面具有负性含义，而汽车是红色的事实具有中性含义。这些相关的心理表现就是这个阶段的输出。

阶段四：转移和实施。测试者将阶段三中计算的最终表示记录在工作记忆中，并用于指导视觉世界中的眼球运动。在任务 1 中，测试者会看到一张正性或负性的情绪人脸，并需要将注意力从背景图像上解除，对情绪人脸的属性做出判断。

抑郁症患者的眼动情况与对照组不同，这种差异可能来自 V-ToM 中提出的 4 个阶段中的任意一个。例如在阶段一中，患有抑郁症的个体可能与正常人用不同的方式处理视觉信息，从而得到不同的视觉表征；在阶段二中，他们可能建立与正常人不同的心理表征；在阶段三中，他们可能具有与正常人不同的情感相关的原型，或者可能难以将注意力从负性信息上解除。与对照组相比，这 4 个阶段中任意一个阶段的差异都会导致抑郁症患者的眼动情况与正常人不同。因此，该实验中获得的眼动指标，例如注意转移时间（从情绪人脸出现到完成注意转移），可以作为情绪理解的可靠指标。

接下来讨论前文提到的任务 2 范式所研究的孤独症认知 V-ToM。

阶段一：视觉加工。 当呈现任务 2 的视觉刺激时，如图 6-12 所示，其中康康喜欢的物品草莓被放置在高箱子上，场景中有一位老爷爷（图 6-12（a））或一棵树（图 6-12（b）），测试者首先将元素从背景中分离，并检测元素的基本特征，包括边界、轮廓，然后建立视觉场景的表征。

阶段二：心理加工。 阶段一之后测试者进入心理加工阶段。在这个阶段，心理表征是以命题语义陈述的形式建立和存储的。例如，图 6-12（a）的心理表征包括：这是康康，康康个子矮，这是一位老爷爷，老爷爷个子高，这是一个比较高的箱子，这是草莓，康康喜欢草莓，草莓放在了康康够不着的地方，老爷爷可以够到草莓，这是一个比较低的箱子，这个是青椒，康康不喜欢青辣椒，康康可以够到青辣椒，老爷爷可以够到青辣椒，等等。

阶段三：评估。 阶段二中建立的心理表征是根据它们与原型的相关性评估的。原型也以命题的形式表示，并存储在长期记忆中。在图 6-12（a）的社会环境中，两个相关的原型表示是：老爷爷是高度社会化的，愿意帮助他人；康康相信老爷爷愿意帮助他。根据原型表征对已建立的表征进行评估，会产生两种新的心理表征：老爷爷已经准备好帮助康康并会帮助康康；康康认为老爷爷准备好了帮忙并会帮忙。相比之下，在图 6-12（b）的社会环境中，两个相关的原型表示是：树木不是社会化的，无法提供帮助，康康认为树木无法提供帮助。对原型的评估导致两种新的心理表征：树无法帮助康康；康康认为树无法帮助他。

阶段四：转移和实施。 阶段四中计算的两种新的心理表征会被记录在工作记忆中，并引导视觉世界中的眼球运动。在这项任务中，测试者将根据相关的心理表征预测康康的行为，并做出社会推断，即在看到图 6-12（a）时，康康可能会请求老爷爷帮助他拿到放在高箱子上喜欢的草莓。相反，当展示图 6-12（b）时，测试者会推断康康无法请求树的帮助，只能去拿放在低箱子上不喜欢的青辣椒。因此，与图 6-12（b）中包含树的高箱子区域相比，测试者在图 6-12（a）中包含老爷爷的场景下应该更多地看向高箱子区域。

当呈现图 6-12 所示的视觉图像时，患有孤独症的儿童表现出与正常发育的同龄人不同的眼动情况，这可能是由于在 V-ToM 提到的 4 个阶段中，两者存在差异。例如在阶段一中，孤独症儿童在处理和整合视觉信息方面可能表现出某些特定偏好，从而导致与正常发育儿童不同的视觉表征；在阶段二中，他们可能建立与正常发育的同龄人不同的心理表征；在阶段三中，与正常发育儿童相比，他们可能具有不同的与社会相关的原型表征；在阶段四中，命题与原型的匹配度可能较低。4 个阶段中任一个阶段的差异都会导致孤独症儿童与正常发育儿童的眼动情况不同。因此，任务 2 中获得的眼动指标可以作为社会认知的可靠指标。

6.2　自动驾驶中的视觉心智计算

驾驶是一种基本的社会活动,多个交通参与者在道路上相遇时,心智理论可构建并解释对人类行为的看法。例如,司机需要根据道路规则、过去的经验、行人的动作姿势对行人意图进行推测并决定是否让行;行人也需要决定是继续前行还是等待、改变路线等。人们需要这些信息才能参与复杂的社交互动,正是这些复杂的相互作用产生了道路常识或惯例。如果缺乏心智计算理论的支撑,交通参与者的互动可能变成一个简单而危险的概率游戏,这是不可接受的。

6.2.1　自动驾驶智能技术

自动驾驶系统通过车载传感器感知道路环境,并根据感知获得的道路、车辆位置和障碍物信息,预测未来的场景状态,控制车辆的转向和速度,从而使车辆安全、可靠地在道路上行驶并到达预定地点。

2014 年,国际自动机工程师学会(SAE)制定了一套自动驾驶汽车分级标准《标准道路机动车驾驶自动化系统分类与定义》[63],其中将驾驶自动化的描述分为 $L_0 \sim L_5$ 共 6 个等级。2018 年 6 月,SAE 制定并发布了最新修订版《标准道路机动车驾驶自动化系统分类与定义》。新版标准对机动车驾驶自动化系统分类与定义进行了重新修订,并对部分或全部动态驾驶任务的机动车驾驶自动化系统进行描述,为汽车行业提供了一个分类标准,其中包含 6 个级别的驾驶自动化详细定义,从无自动化(0 级)到全自动化(5 级)及其在道路上的操作。

Level 0:无自动化。该级别不提供任何自动驾驶功能,但可提供定速巡航功能,该功能并不会因应路况主动调整加减速,必须通过手动自行调整,属于完全人为驾驶。

Level 1:驾驶员辅助。此时车辆仍由驾驶员操作,而系统会依据路况在特定状况下介入操作。例如,防锁死刹车系统与动态稳定系统,两者都是在驾驶员操作不慎时辅助介入,以确保行车安全。

Level 2:部分自动化。L_2 自驾是目前的主流方案,其定义说明与 L_1 相同。不同的是,L_2 可提供的安全辅助更加多元,如自动紧急刹停、主动式巡航控制、车道偏移辅助等,可以对多种路况进行反应,降低事故发生的概率。

Level 3:有条件自动化。L_3 自驾类似特定驾驶模式,在满足特定条件下,可以暂时取代人工操控,但驾驶员仍然必须注意行车状态,随时做好接手准备。

Level 4:高度自动化。车辆完全交由系统自动操控,驾驶员只需输入信息便可到达目的地。由于系统有可能在受限环境条件下无法执行,因此车辆仍保有方向盘、油门与刹车等手动驾驶装置,便于切换至驾驶员操作。

Level 5:完全自动化。即完全具有自动化功能的汽车,座舱内完全取消人为操作装置,车内不存在相应的人为控制硬件。

　　自动驾驶技术的核心是智能算法,主要包括感知、认知决策和控制 3 个部分。感知部分负责通过车载传感器获取道路、车辆、行人和其他交通参与者等信息,并构建车辆周围的三维环境模型。认知决策部分基于感知信息进行学习推理,运用机器学习和其他智能算法实现对当前场景的理解,进而预测交通状况,制定行驶策略和动作。控制部分则通过车载控制系统执行具体的行驶动作,包括加速、制动、转向等操作。

　　自动驾驶要实现对周边环境的感知及对交通参与者意图的推断,需要多种传感器稳定高效的运行。车载传感器包括激光雷达(LIDAR)、摄像头(CAM)、毫米波雷达(MMW radar)、超声波雷达(ultrasonic radar)、全球定位系统(GPS)和惯性测量单元(IMU)等,如图 6-18 所示。这些传感器数据通过硬件平台进行收集和同步,经过融合后供模型推理,以提高环境感知的精度和可靠性,并为后续的视觉心智计算模型提供数据支撑。多种类型传感器的有效融合是保证自动驾驶安全性的前提,其提供的数据能够作为基础支撑各类感知决策算法,对周边环境进行理解并作出决策。

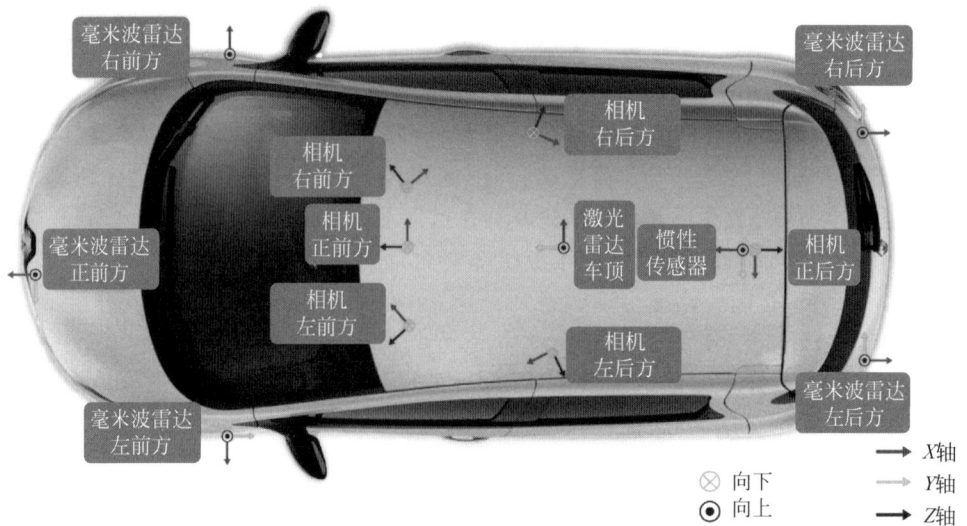

图 6-18　自动驾驶传感器系统示意(NuScenes 数据集[63])

　　自动驾驶技术中的认知决策是一个复杂而关键的环节,涉及将从感知系统获得的环境数据转化为车辆的行动策略(图 6-19)。这个过程需要智能算法模拟人类驾驶员在驾驶过程中的认知决策能力,确保车辆在各种道路和交通条件下安全、高效地运行。其依赖多种算法,这些算法共同工作,以实现对复杂环境的快速理解、合理的行为选择,如表 6-1 所示。

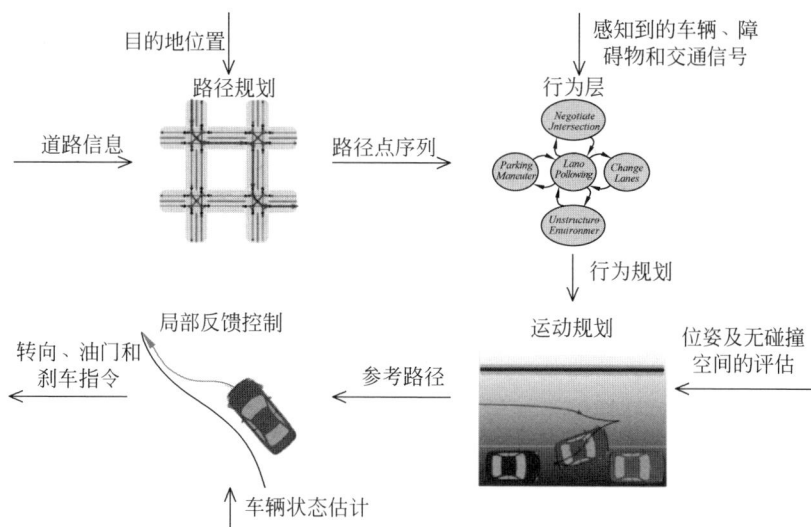

图 6-19 决策认知流程图

表 6-1 自动驾驶认知决策的经典算法

算 法 名 称	算 法 示 例
特征学习算法	循环神经网络(RNN)、卷积神经网络(CNN)、深度置信网络(DBN)
路径规划算法	A* 搜索算法、快速探索随机树算法(RRT)、动态规划算法(DP)、Dijstra 算法
决策选择算法	有限状态机(FSM)、马尔可夫决策过程(MDP)、多目标优化(MOO)

  自动驾驶决策规划大致可分为 4 个阶段,具体的流程结构如图 6-19 所示。首先,将目标位置输入路径规划模块,该模块通过接收道路网络信息生成路径点序列。其次,行为层对环境进行分析,规划车辆沿选定路径前进的行为。再次,运动规划器求解实现该规划的参考路径。最后,反馈控制通过调整执行变量纠正参考路径执行中的误差,从而得到最终要执行的转向、油门或刹车指令。

  控制算法在自动驾驶技术中扮演着至关重要的角色,负责将决策系统的输出转化为车辆的实际操作(图 6-20)。这一过程涉及精确控制车辆的方向、速度和路径,以确保车辆安全、平稳地行进,涉及的主要技术如表 6-2 所示。

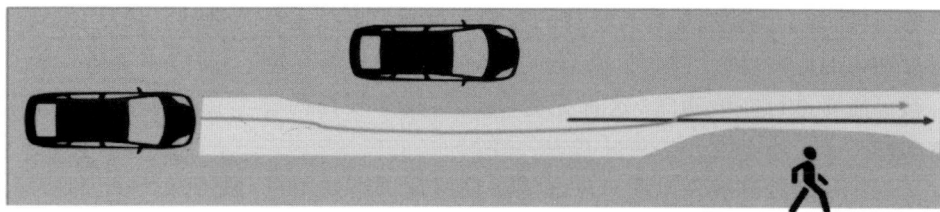

图 6-20 自动驾驶控制算法效果示意图

表 6-2　自动驾驶控制技术示例

控 制 技 术	技 术 示 例
长度控制	自适应巡航控制(ACC)、PID 控制器
横向控制	车道保持辅助系统(LKA)、模型预测控制(MPC)
综合控制	遗传算法、自适应控制技术

6.2.2　自动驾驶视觉心智计算架构

自动驾驶感知部分主要负责周边环境的识别理解,包括识别道路、车辆、行人等。感知算法是目前自动驾驶技术的热点,主要分为基于相机的、基于雷达的和两者融合的 3 种方案。其任务包括目标检测、语义分割、目标跟踪等。

(1) 目标检测:检测环境中特定目标的位置和大小,通常用矩形框标出。

(2) 语义分割:在图像中用像素级的掩膜标出特定目标,或在 3D 点云中标出点的目标类别。

(3) 目标跟踪:在给定视频序列初始帧的目标大小与位置的情况下,预测后续帧中该目标的大小与位置。

认知决策部分根据感知的结果实现对当前场景的理解,并作出相应决策,如车辆的加减速、转弯、路径规划等。决策算法是自动驾驶的核心,能承接上游的环境感知结果,并为自动驾驶汽车作出安全合理的决策。其任务包含行为预测、路径规划等。

(1) 行为预测:通常以高精度地图和车辆的历史轨迹为输入,通过对历史状态的观察及规律性先验,预测当前场景下交通参与者的未来行为/轨迹。

(2) 路径规划:在避开障碍物的情况下,从起点到终点找到一条路径的过程,其核心为路径优化。

V-TOM 的四阶段视觉心智计算架构可以在现有的主流自动驾驶感知和认知决策方法中找到充分的对照。

(1) S_1 视觉加工阶段对应图像底层的像素处理和特征提取。

(2) S_2 心理加工阶段对应形成表征,即算法中对底层特征的进一步抽象与加工,通常对应模型对底层特征的学习。

(3) S_3 原型命题阶段对应模型的原型抽象和对比,无论是感知还是认知决策任务,目前基于大数据训练和统计的模型方法及驾驶员本身,在驾驶过程中都存在高度抽象的原型对比,例如车辆为长方体的形状、车辆有轮子、前方车辆打左转向灯很可能要进行左变道等,这种先验知识和共性规律的学习在算法模型中至关重要。

(4) S_4 转换和实现阶段对应在算法模型评价方式下进行最终的输出和决策,如车辆行人目标检测任务中输出行人和车辆的边界框、语义分割任务中输出像素对应所属的类别、行为预测任务中输出行为意图类别和概率等。

那么如何在自动驾驶中应用视觉认知心智理论,从而构建知识与数据双向驱动的认知学习架构呢? 首先,需要建立目标高层语义原型知识表达,例如车辆图像本身具体、复杂、多样,但其高层语义原型抽象、简单、稳定。认知心理学格式塔法则指出,通常情况下人们对一个复杂物体进行认知时,倾向于把物体看作有组织的、简单的规则结构或图形,以轻松克服遮挡和变形对认知的影响,本书中假定这种几何结构为记忆中的原型。其次,视觉心智模型在现有的深度神经网络感知通路之外,添加了先验知识命题分支和共性规律原型分支两个可描述长期记忆的认知通路,建立基于视觉心智理论的认知学习网络架构,如图 6-21 所示。智能体接收样本数据,对这些数据进行学习,形成工作记忆;同时知识命题和记忆原型作为长期记忆,提供当前场景的先验知识和共性规律,如物体的形状、大小、位置、对于其他智能体行为的社会认知等,与工作记忆共同完成决策和行动过程。智能体的行为结果又会反馈到网络中,用于更新长期记忆,从而不断优化其对复杂环境的理解和适应能力。

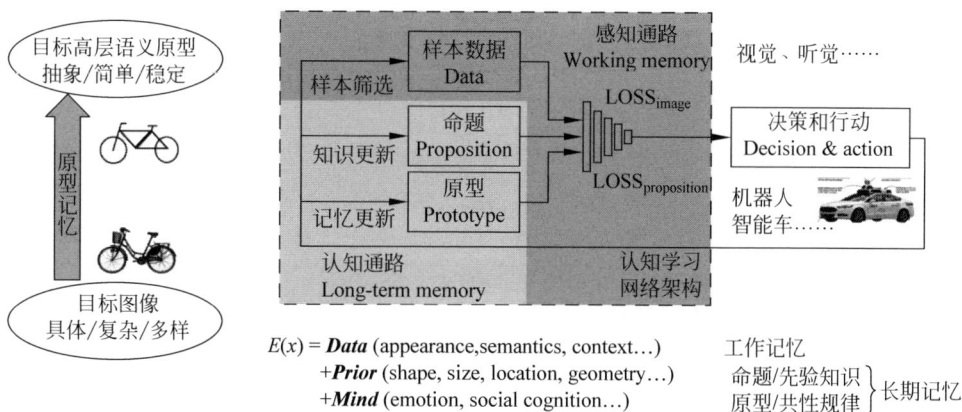

$$E(x) = \textbf{\textit{Data}}\ (appearance, semantics, context\ldots)$$
$$+\textbf{\textit{Prior}}\ (shape, size, location, geometry\ldots)$$
$$+\textbf{\textit{Mind}}\ (emotion, social cognition\ldots)$$

图 6-21　自动驾驶中的认知学习网络架构

下文将具体从语义分割、目标检测和驾驶员行为预测等任务出发,介绍目前自动驾驶中与视觉心智计算理论融合较为紧密的相关研究。

6.2.3　自动驾驶视觉心智计算方法

自动驾驶视觉心智计算是指模拟人的心智过程,运用计算机视觉技术,对自动驾驶车辆周围环境进行感知和理解,从而实现自动驾驶。主要通过目标检测、目标跟踪、语义分割、深度估计等计算模块的协同作用,实现对道路、车辆、行人等各种交通参与者的感知和理解,从而实现自动驾驶的安全、高效、智能化。下面主要介绍以视觉心智计算 V-TOM 原型理论为指导的场景分割和目标检测方法:相似性关系原型引导的弱监督驾驶场景分割[64],以及似物性原型引导的驾驶场景三维目标检测[65]。

1. 相似性关系原型引导的弱监督驾驶场景分割

自动驾驶系统中,计算机视觉感知任务在承接传感器数据与决策控制算法时发挥重要作用。然而驾驶场景的复杂度高,物体间的遮挡模式复杂多样,目标信息难以表征。目前主流的弱监督语义分割方法效果均表现不佳,为解决这一问题,本节介绍一种基于格式塔组织原则提出的相似性关系原型引导的分割框架[64]。

目前深度学习的效果依赖大量的数据及精确标注,语义分割任务需要标注准确的像素掩膜,时间和资源成本巨大。为降低标注成本,许多研究者开展了弱监督语义分割研究,利用较少的标注信息进行分割模型的训练,如图 6-22 所示,根据视觉认知中的格式塔组织原则,从人对图像观察的主观注意角度看,图像-背景原则指出属于不同实例类别的区域会引起不同强度的注意。同属于车、同属于路的像素区域往往具有相似的注意强度,而路与车之间则具有注意强度的差异。从相似、封闭、接近原则看,同一类别的客观表征具有相似性,即同属于车的表观特征是相似的。从熟悉性原则看,语义分割模型应该为每个物体提取适合的原型表达。

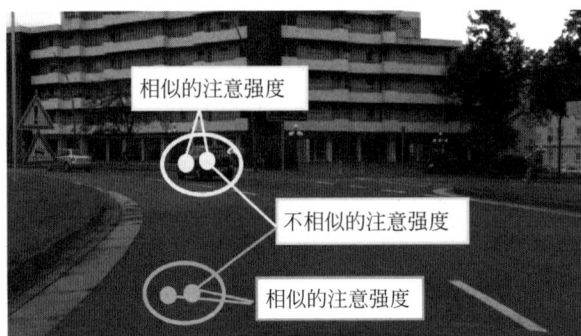

图 6-22 不同实例的注意强度区别

在面向复杂驾驶场景时,每个图像样本都包含大量目标类别,且很多类别(如道路、天空等)几乎存在于所有图像样本中。同时,在驾驶场景语义理解应用中,即使能够快速采集海量数据、精细标签也难以高效提供。这一问题使针对所有样本提供弱标签的模式变得较为烦琐,且难以从图像级标签中获取初始类别信息表达。综合上述原因,该方法选择了与类别标注不同的弱监督标注,即单点标注,选择每个类的一个表达能力完整的像素,如图 6-23 所示,这种标注在降低标注成本的同时,可以获得更合适的原型表达。进而提出了一种融合图内和图间相似性关系学习的框架,通过构建最适合类别相似性度量的特征编码、引入驾驶场景空间先验的约束,以及交替迭代不同相似性学习过程的语义理解框架,实现了面向复杂驾驶场景的弱监督语义模型设计。

在驾驶场景中,不同类别间的相似性在不同特征空间上的可判别能力会有所差异。图 6-24 为不同类别进行相似性度量时依赖的特征空间示例。在驾驶场景中,不同属性的类别在不同的特征空间中具有更好的相似性判别能力。对于属于

図 6-23　各类别单一像素点级标注的设置示例

物体实例(车辆、行人等)的类别,其在高维语义特征上具有更稳定、类内距离更小的特征表达;而对于属于场景(道路、天空等)的类别,有限的颜色、纹理等表观成像特征组合可以实现对该类别的覆盖描述。结合驾驶场景的空间先验和融合图内、图间相似性学习的框架,可以实现适应复杂驾驶场景应用的弱监督语义分割。

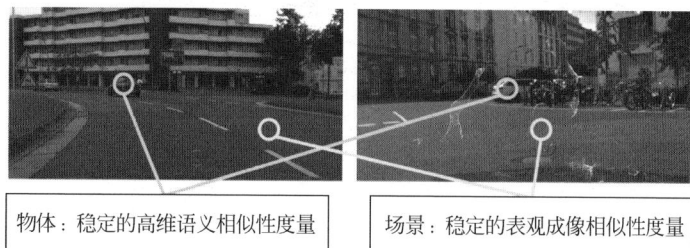

物体:稳定的高维语义相似性度量　　场景:稳定的表观成像相似性度量

图 6-24　不同特征空间下的相似性度量

　　模型分为两个阶段,首先基于单一像素标签得到整个训练集的伪标签信息,而后基于分割网络实现像素级语义学习与推理。图 6-25 展示了本章提出的任务设置与算法框架。

　　具体流程如下。

　　(1)给定一个目标数据集,其中每个类别只有一个像素被标注。

　　(2)使用高维语义特征 $\vec{R}_{obj}$ 描述物体类别。

　　(3)使用低维表观特征 $\vec{R}_{sce}$ 的集合描述每个场景类别。

　　(4)输入数据集中的原始图像样本,计算得到步骤(2)和步骤(3)中各类别的特征表达。

　　(5)使用全监督语义分割框架学习不同图像实例间的相似性关系。

　　(6)生成伪标签。

　　(7)计算每个样本在各类别中的像素级相似度。

　　(8)基于驾驶场景的空间先验关系,使用基于上下文位置的修正模块对伪标

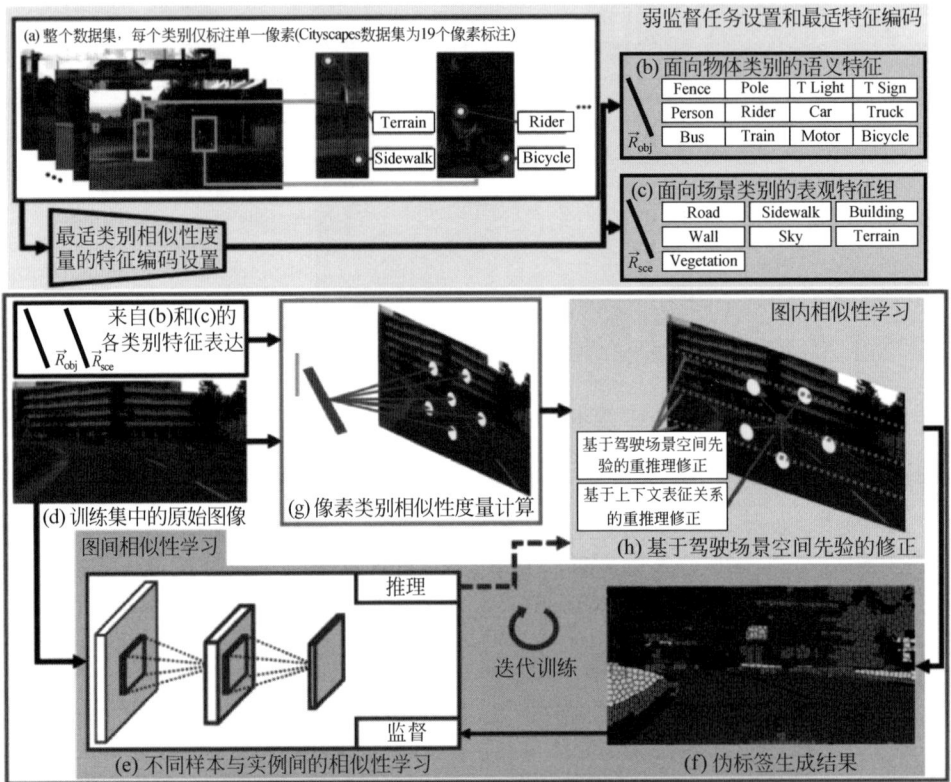

图 6-25 算法流程及整体框架

签进行优化。

此外,可以交替迭代地进行图间和图内的相似性学习,不断优化相似性学习,提高生成的伪标签质量并逐步提升语义分割的性能。

伪标签生成阶段包括 3 个步骤。

(1) 使用最适特征编码的方式为每种目标类别建立适合相似性度量的特征表达。在驾驶场景下,不同物体类型(汽车、信号灯等)中属于同类别的不同实例往往在语义特征上具有较小的类内方差,而场景类型(天空、路面等)则在颜色、纹理等表观成像特征上具有有限的特征分布聚类簇。因此,将目标类别划分为物体和场景两种类型,并分别基于各类型最适合的特征编码方法实现对目标类别的特征描述。其中,语义特征使用类别激活映射图(class activation mapping,CAM)[66] 进行编码,表观特征使用颜色、纹理、边缘和显著性等。

(2) 结合特征表达,获取每个图像样本各区域对应各类别的相似性度量结果。

(3) 基于驾驶场景空间的图内上下文关系和固定视角下的类别空间位置先验,提出基于上下文位置先验的修正模块以提升伪标签的生成质量。

在语义分割阶段,使用生成的伪标签和基于语义分割网络的图间相似性学习模型,实现同类别不同实例间的相似性学习。基于训练完成的语义分割模型,每个样本被重新推理并得到新的标签,新标签被送入基于上下文位置先验的修正模块,进行基于图内相似性关系的优化。通过交替执行基于图间和图内的相似性学习,使模型更好地理解区域关系并得到更优的像素级语义分割结果。

为了给包含复杂场景的图像提供更精细的语义信息,在热图生成时采用多交叠切片融合(multi overlapping slice fusion,MOSF)的方法,即先将图像划分为若干相互交叠的图像切片,分别生成局部区域热图,再根据位置映射合并得到最终的全图语义特征编码结果。

具体来说,对于一幅尺寸为 $l \times w$ 的图像,将其划分为 15 个交叠的尺寸为 $l/2 \times w/3$ 的切片。每个切片左上角点像素的位置分别为 $(lm/4, wn/6)$(其中 $m=0,1,2,n=0,\cdots,4$)。对于每个切片,使用 CAM 方法进行热图编码。进一步,基于热图中每个像素位置与原图对应位置的映射关系,实现对这些区域高维语义特征图的融合。其中,对于在多个切片中都存在映射对应的像素,计算该像素与每个切片中心位置的欧氏距离,并选取其中距离最小切片中映射位置的特征向量,作为该像素位置的语义特征。

基于生成的低维表观特征图和高维语义特征图,将超像素作为区域编码和表示单元对图像进行描述。对于一个超像素 sp_i,其语义特征向量被定义为 $\vec{H}(\text{sp}_i)$,而 $\vec{C}(\text{sp}_i)$ 和 $\vec{T}(\text{sp}_i)$ 分别代表其颜色和纹理特征向量。基于全局和局部视角编码的显著性图特征被分别定义为 $\vec{Sal}_g(\text{sp}_i)$ 和 $\vec{Sal}_{l_*}(\text{sp}_i)$。

给定一幅输入图像,可以计算其 1000 维热图的编码信息,而 $\vec{H}(\text{sp}_i)$ 被定义为 1000 维的向量,由热图上该超像素 sp_i 包含的所有像素的热图响应向量进行逐维度平均得到。同时,使用 32 维的归一化向量表示每个颜色、纹理等显著性特征图上的超像素特征。首先将每一维特征的值归一化到[0,1]区间,并将此区间分为 32 个相等的子区间。对于一个超像素,将其包含所有像素的值在各子区间上的统计分布作为该超像素在该维度上的特征表达。每个超像素在各特征图上均可以获得 32 维的归一化特征向量。颜色特征空间包含 R、G、B 3 个维度,因此 $\vec{C}(\text{sp}_i)$ 具有 96 维。两个超像素区域 sp_i 和 sp_j 在边缘图上的相似性度量被定义为 $E(i,j)$,其值分布在[0,1]区间,同时更大的值对应更高的相似性评估分数。

图 6-26 展示了最适特征编码设置框架,给定一幅含有标注像素的图像,将不同的类别分别定义归属于物体或场景。提取该样本图像基于多交叠切片融合的高维语义特征编码图和表观特征编码图。对于归属于物体的类别,将其在高维语义图上的特征表达作为初始类中心。基于超像素间的高维语义相似性度量和图内区域关系,使用期望最大化 E-M 算法进行类别特征的更新。与之相似,对于归属于场景的类别,其过程依赖低维特征。最终用单一语义特征向量 $\vec{R}_{obj}$ 描述每类物体,另外用一系列表观特征向量的集合 $\vec{R}_{sce}$ 描述每个场景类别。

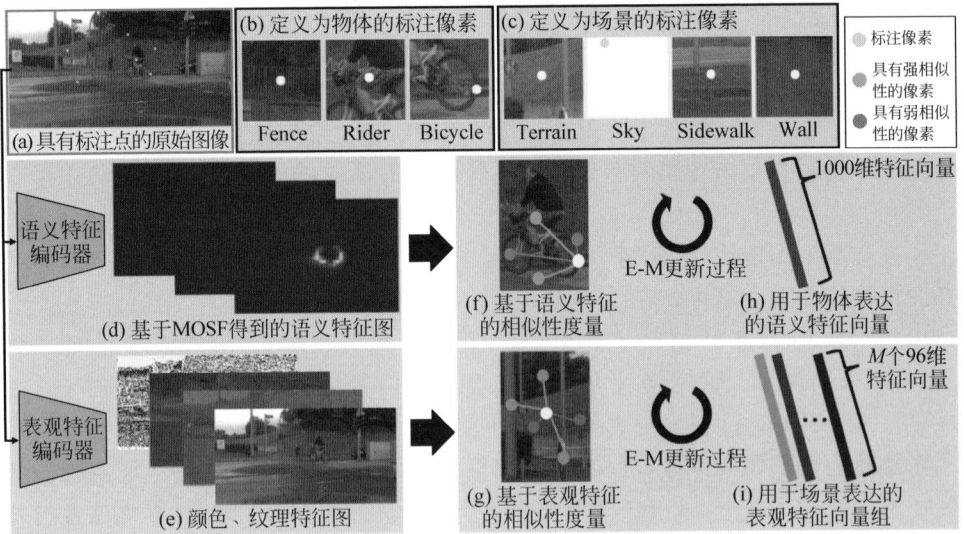

图 6-26　对不同目标类别的最适相似性度量的特征设置

对于一幅包含物体类别 C_{obj} 的图像 I，首先记录图像中每个超像素 sp_i 及其对应的语义特征向量 $\vec{H}(sp_i)$，并定义带标注像素的语义特征向量为 $\vec{H}(anno)$。每个语义特征都是归一化的。接着使用 E-M 算法对该类别特征向量进行更新。将 $\vec{H}(anno)$ 作为初始的类中心向量 $\vec{M}_g$，图中每个超像素 sp_i 与该类中心向量 $\vec{M}_g$ 的相似性度量被定义为

$$\text{Sim}(\vec{X}_i, \vec{X}_j) = \sum_{n=1}^{N} \min(x_{in}, x_{jn}) \tag{6.1}$$

在进行语义特征相似性度量的计算时，式(6.1)中的 $\vec{X}_i$ 和 $\vec{X}_j$ 分别由 $\vec{M}_g$ 和 $\vec{H}(sp_i)$ 代表。由于这两个向量都是归一化的，因此越大的相似性度量值表示两个向量之间具有越近的响应表达。选取所有超像素中响应分数前 1% 的向量记录为特征向量集合 Ω_g。该类别特征编码 $\vec{M}_g$ 的更新过程如下：

$$\max \sum_{g=1}^{G} \sum_{\vec{X}_i \in \Omega_g} \sum_{n=1}^{N} \min(x_{in}, m_{gn})$$

$$\text{s.t.} \ \| \vec{M}_g \|_1 = 1, \quad g = 1, 2, \cdots, G \tag{6.2}$$

通过 E-M 算法可以交替更新类别中心特征响应向量和图中选取的特征组集合。由于物体类型的类别表达仅使用了一个特征向量进行类别编码。因此，聚类组数 G 此时被设置为 1，聚类得到的最终类中心向量 $\vec{M}_g$ 作为类别 C_{obj} 的特征编码表达结果 $\vec{R}_{obj}$。

与之相似，用相同的过程实现场景类型类别的特征编码表示。对于一幅包含场景类别 C_{sce} 的图像，使用其颜色、纹理、全局-局部显著性和边缘特征。由于一种

场景往往包含有限的、彼此间具有较大类内方差的多个表观成像(颜色-纹理)特征聚类簇,因此对多组表观成像特征进行动态选取以实现对一个场景类别的特征表示。由于同一场景的不同区域在颜色和纹理成像特征上具有较大的差异性,因此采用显著性-边缘特征实现对表观特征相似性的描述。两个超像素间基于全局-局部显著性和边缘特征的联合相似性度量定义如下:

$$\mathrm{Sim}_c(i,j) = E(i,j)\mathrm{Sim}_g(i,j)\max_{k=1,2}(\mathrm{Sim}_{l_k}(i,j)) \qquad (6.3)$$

Sim$_c$ 是相似性度量矩阵,其中的每个元素 $\mathrm{Sim}_c(i,j)$ 代表超像素 sp_i 和 sp_j 的联合相似性度量值。其中,全局显著性 Sim_g 和两种基于不同切片规则的局部显著性的相似性值 Sim_{l_1}、Sim_{l_2} 由式(6.1)计算得到。在局部显著性值计算时,对于来自不同切片的超像素对,定义其显著性一致相似性值为 0。

将包含带类别 C_{sce} 标注像素的超像素定义为 $\mathrm{sp}_{\mathrm{anno}}$,并将基于式(6.3)得到的与该超像素表观相似性度量大于 0.5 的超像素区域及其对应的颜色、纹理特征记录为 $\vec{C}(\mathrm{sp})$ 和 $\vec{T}(\mathrm{sp})$。对于选取的所有超像素 sp_i 的颜色特征 $\vec{C}(\mathrm{sp})$ 和纹理特征 $\vec{T}(\mathrm{sp})$,用式(6.1)分别计算这些超像素之间的相似性度量,并将二者的乘积定义为超像素对之间的表观成像相似度。将成像相似度大于 0.5 的超像素判别为同一簇,将这些超像素划分为 G 个聚类簇,每个簇 Ω_g 的初始中心向量 $\boldsymbol{m}_g$ 由该簇中所有特征向量逐维平均得到。使用 E-M 算法对每个聚类簇的类中心进行更新。最终得到的 G 个类中心向量组成的集合 $\{\vec{R}_{\mathrm{sce}}\}$,作为场景类别 C_{sce} 的特征表达结果,其中每个向量由 128 维特征构成,是颜色和纹理特征向量的级联结果。

基于对每个目标类别的特征表示及每幅样本图像的语义和表观特征编码结果,可以计算一幅图像中每个区域对每个类别的相似性度量。对于训练集中的一个图像样本,以超像素为单元定义了其图像区域,将每个超像素 sp_i 在各维度特征上的表达定义为 $\vec{H}(\mathrm{sp}_i)$、$\vec{C}(\mathrm{sp}_i)$ 和 $\vec{T}(\mathrm{sp}_i)$。

在计算相似性度量时,物体类别和场景类别是分别处理的。计算超像素 sp_i 与每个物体类别 C_{obj} 之间的相似性关系度量值时,使用式(6.1),式中的特征向量 $\boldsymbol{X}_i$ 和 $\boldsymbol{X}_j$ 分别由物体类别特征 $\vec{R}_{\mathrm{obj}}$ 和该超像素区域的高维语义特征 $\vec{H}(\mathrm{sp}_i)$ 表示。与之类似,在计算该超像素与每个场景类别的相似性度量时,对表示该类场景的 G 个特征向量 $\vec{R}_{\mathrm{sce}}$ 和该超像素的表观特征向量依次进行相似性度量计算,并取其中的最大值作为超像素对该类别的响应分数。最后定义两个结果向量 $\mathbf{SM}_{\mathrm{obj}}(\mathrm{sp}_i)$ 和 $\mathbf{SM}_{\mathrm{sce}}(\mathrm{sp}_i)$,分别代表超像素 sp_i 在每个物体和场景类别上的度量分数组成的向量,每个维度分别对应其在对应物体和场景类别上的响应分数。

为了实现更高质量的像素级伪标签生成,该方法提出了一种基于上下文位置先验的修正单元。对于一幅包含 K 个超像素的图像,在特征相似性度量阶段可以得到 K 组类别响应向量 $\mathbf{SM}_{\mathrm{obj}}(\mathrm{sp}_i)$ 和 $\mathbf{SM}_{\mathrm{sce}}(\mathrm{sp}_i)$。其矩阵形式可以表示为 $\boldsymbol{M}_{\mathrm{obj}}$ 和 $\boldsymbol{M}_{\mathrm{sce}}$,$\boldsymbol{M}_* = [\vec{\mathbf{SM}}_*(\mathrm{sp}_1), \cdots, \vec{\mathbf{SM}}_*(\mathrm{sp}_K)]$,其中 $*$ 代表 sce 或 obj。此外,基于

式(6.3)中定义的联合相似性度量方法,$\mathbf{Sim}_c$ 表示由每个超像素对之间有相似性关系的元素组成的矩阵。利用式(6.4),基于图内相似性关系每个超像素可以进行加权计算,并最终得到其对每个类别响应分数的更新:$\boldsymbol{M}_* \leftarrow \boldsymbol{M}_* \cdot \mathbf{Sim}_c$。考虑驾驶场景具有相对固定的视角,因此不同类别具有不同的空间分布规律,基于位置先验的约束,可以滤除不符合物理规律的类别推理结果。给定一幅图像,将其从上到下划分为 4 个等分区域,对于每个区域范围均规定其中可能存在的目标类别,如天空类别只会出现在第一区域,道路类别只会出现在第三、第四区域。对于一个划分为某一区域范围的超像素sp_i,仅有该范围中规定存在的物体和场景类别,相似性度量特征向量 $\mathbf{SM}_{\mathrm{obj}}(\mathrm{sp}_i)$ 和 $\mathbf{SM}_{\mathrm{sce}}(\mathrm{sp}_i)$ 中的对应维度才会被选取。挑选出的候选类别将分别具有最高响应分数的物体和场景类别 $\mathrm{Cls}_{\mathrm{obj}}(\mathrm{sp}_i)$、$\mathrm{Cls}_{\mathrm{sce}}(\mathrm{sp}_i)$ 及其分数值 $\mathrm{Sco}_{\mathrm{obj}}(\mathrm{sp}_i)$、$\mathrm{Sco}_{\mathrm{sce}}(\mathrm{sp}_i)$,作为该区域像素的类别标签和分数。

在得到每个超像素区域的类别标签后,通过位置映射将其对应到原始图像中,得到图像样本的伪标签生成结果。CLR 单元可以引入图内上下文区域间的相似性信息和驾驶场景的位置先验信息,得到像素推理准确率更高且符合场景先验约束的高质量伪标签。

对于一系列具有伪标签的图像样本,使用基于 CNN 的全监督语义分割框架进行图间同类别不同实例的相似性学习。具体模型为以 VGG-16[67] 为基础的 DeepLab-V2[68],该学习和推理模型可以被任何其他语义分割模型框架和特征提取骨架所替代。在进行一次模型训练后,对于训练集中的一幅图像 I,可以获取其对每个像素(x,y)的类别推理结果 $\mathrm{Cls}(x,y)$。定义图像中每个超像素的类别相似度特征向量$\mathbf{SM}(\mathrm{sp}_i)$,其表示该超像素含有的所有像素的类别分布,如:

$$\mathrm{sm}_j = \frac{\sum_{(x,y) \in \mathrm{sp}_i} \mathrm{Cls}(x,y) = j}{\sum_{(x,y) \in \mathrm{sp}_i} 1}, \quad j = 1, 2, \cdots, C \tag{6.4}$$

sm_j 代表类别相似度向量$\mathbf{SM}(\mathrm{sp}_i)$中的第 j 维数值,C 代表目标数据集中的类别总数。

基于上下文-位置修正单元,可以得到每个超像素的类别判别 $\mathrm{Cls}(\mathrm{sp}_i)$ 及其对应的置信分数 $\mathrm{Sco}(\mathrm{sp}_i)$。对于置信分数小于阈值的超像素区域,将其标注为训练中可忽略的像素。由于在语义分割网络的训练中全部目标类别均得到了语义学习,因此在迭代过程中,CLR 单元直接对所有类别进行处理,而不再划分场景和物体。基于新生成的伪标签结果,执行新一轮的图间相似性学习。在交替迭代框架中,语义分割网络实现了对来自不同图像同类别实例的相似性学习,而 CLR 单元提供了基于图内驾驶场景相似性先验的指导优化,因此二者的交替执行能够有效融合图像间和图像内的相似性表达,并得到更高的像素级语义理解性能。

该方法的可视化结果如图 6-27 所示。

该方法建立了一种面向驾驶场景语义分割应用的新的弱监督标注方式和任务

图 6-27 Cityscapes 训练集上伪标签生成结果和验证集上的推理结果

（a）训练集中图像样本；（b）伪标签生成结果；（c）真值标签；
（d）验证集中图像样本；（e）推理结果；（f）真值标签

设置。针对具有海量数据采集效率、精细标注难度大的驾驶场景，提出了一种针对每种目标类别，在整个数据集中仅标注单一像素标签的方法。相比已有针对全部图像样本提供完整图像级标签的弱监督条件，在面向复杂场景时，其标注方法具有更强的类别特征可学习性和标注轻量化性。该方法从图间、图内的图像级和像素级相似性度量建模出发，通过建立驾驶场景下的图内、图间相似性学习先验模型，实现了弱监督条件下的复杂驾驶场景语义分割。

2. 似物性原型引导的驾驶场景三维目标检测

似物性区域提取已经成为图像场景中语义理解的关键技术，在物体检测、物体实例分割等语义理解任务中有着广泛应用。例如，基于区域的卷积神经网络模型[69,5]是经典的检测框架，通常首先采用自底向下的方法从图像中生成少量的二维似物性区域，然后采用计算复杂度较高的分类器（如卷积神经网络）对似物性区域进行分类。典型的二维似物性区域提取方法包括 SelectiveSearch[70]、BING[71]、MCG[72] 等。这些方法在二维物体检测应用中已被证明非常有效，在 PASCALVOC[73]、ImageNet[2] 等图像数据集上取得了非常高的召回率。然而已有的这些方法仍然存在以下问题。

（1）缺乏语义信息：已有方法通常基于底层特征（如颜色、边缘、纹理）设计似物性预测模型，这种自底向上的方式缺乏高层信息，导致语义分类能力较弱。

（2）搜索复杂度高：三维空间中不同位置的物体投影到二维图像后尺寸差异

很大,为覆盖各种尺寸的物体,已有方法通常基于图像平面进行穷举搜索以产生候选区域,因此搜索复杂度高,导致计算量大。

(3)缺乏三维信息:尽管已有的似物性预测方法已经成功应用于二维物体检测、分割等图像理解任务中,但这些方法只能生成二维区域信息,无法应用于三维场景。

如何进行三维场景目标的推理呢? 三维场景目标推理基于先验知识加图像特征,如图 6-28 所示。先验知识包括三维场景知识(位置、几何属性等)和三维物体知识(形状大小等),图像特征包含物体的外观(appearance)、语义信息(semantics)、上下文(context)等。这些不同的属性可以通过概率模型进行表达,以形成一个综合的物体表示 $E(x)$,用于目标的推理。该框架借鉴了 V-TOM 中人类利用视觉信息和先验知识来理解和推理三维世界,通过整合来自视觉感知的底层数据和高层语义信息构建对物体和场景的内在理解和预测,完成对三维空间中物体位置和相互关系的推理。

$$E(x) = \textbf{Prior}\,(\text{shape, size, location, geometry,}\ldots) = \boldsymbol{w}_{\text{prior}}^{\text{T}} \begin{bmatrix} \phi_{\text{size}}(x) \\ \phi_{\text{shape}}(x) \\ \phi_{\text{location}}(x) \\ \phi_{\text{geometry}}(x) \end{bmatrix} + \boldsymbol{w}_{\text{data}}^{\text{T}} \begin{bmatrix} \phi_{\text{appearance}}(x) \\ \phi_{\text{semantics}}(x) \\ \phi_{\text{context}}(x) \end{bmatrix}$$

+**Data** (appearance, semantics, context,...)

图 6-28　三维场景目标推理

Mono3D[65] 是一种代表性的基于语义特征的三维似物性预测方法(图 6-29)。该方法针对基于单目图像的三维似物性区域提取和物体检测任务,提出了一种基于高层语义特征的能量最小化模型,有效突破了传统依赖底层特征方法语义信息不足的局限性。此外还引入了一种在三维空间中进行物体采样的策略,降低了传统基于图像的物体区域搜索带来的计算复杂性,并提出了一种利用道路几何先验的三维场景建模技术。最终构建一个多任务学习的三维物体检测网络,实现对物体检测和姿态估计的联合优化。

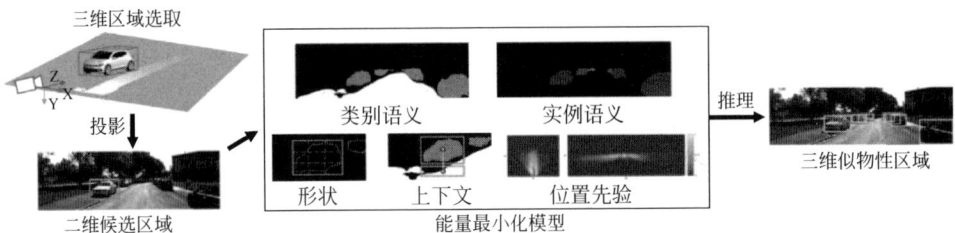

图 6-29　Mono3D 基于语义特征的图像似物性预测方法

1) 基于场景先验的三维区域选取

三维似物性区域提取的目的是生成少量的多样化三维候选区域,以尽量覆盖三维场景中的物体。其关键在于将物体检测放在三维场景空间中进行建模和推理。为解决单目条件下三维信息的获取问题,首先对三维道路场景进行建模,利用标定的相机参数和物体位于路面上的先验来提取三维信息。具体而言,假设路面在三维空间中与图像平面垂直,即路平面的法向量与重力方向一致。在给定相机标定参数的情况下,可以获得相机距离路面的高度,结合路面语义分割和相机参数估计出三维路面,进而确定感兴趣物体在三维空间中的范围。在三维空间中,结合路面先验设计有效的三维区域采样方法,可以获得大量的三维候选区域。

2)三维场景物体空间估计

为了进行三维区域采样,首先需要确定物体在三维空间中的范围。由于在只有单幅图像条件下,像素的深度信息未知,无法直接得到物体在三维空间中的范围,Mono3D 方法结合路面语义分割和相机参数估计物体分布的三维空间。首先,采用 CRF-RNN 网络[74]对图像进行路面分割。路面高度 h_{cam} 可以通过相机标定参数得到,例如 KITTI[75]数据集中 $h_{cam}=1.65\mathrm{m}$。接下来,根据相机参数和路面高度将分为路面的像素反投影到三维空间,得到每个路面像素在三维空间中的坐标。由于感兴趣物体位于路面附近,根据路面区域在三维空间中的延伸范围,可以估计出物体在三维空间中的大致范围,并对三维空间进行离散化。离散化越精细,其捕捉细节的效果越好,但计算开销也越大。考虑到算法效率,离散化采用 0.2m 的分辨率,该粒度可以捕捉到关键的几何信息,同时避免了过于精细的分辨率带来的计算负担。

3)三维物体区域选取策略

三维候选区域采样的目的是生成大量的候选三维框,用于后续进行似物性预测和排序。物体采用三维框表示:$y=(x,y,z,\theta,c,t)$。其中,(x,y,z) 表示三维框的中心,θ 表示物体的方位角,$c\in C$ 表示物体的类别,在 KITTI 数据集上 $C=$ {car,pedestrian,cyclist}。三维框的三维大小采用一个模板集合 t 表示,t 编码了长宽高 l、w、h 信息。该模板集合通过在训练集聚类得到,对每个类别分别选取 3 个典型的形状大小及 2 个典型的方位角 $\theta\in\{0°,90°\}$。

为减小搜索空间,只在路面附近进行候选三维框采样。在单目条件下,估计出一个准确的三维路平面较为困难,因此假设路平面在三维空间中与图像平面垂直,利用相机的标定参数获得路面的高度。但由于这个路面假设可能与实际路面存在偏差,例如倾斜的路面,物体必须位于该路面上并非强制性条件。实际上其只假设物体与该先验路面接近,因此只需要在该路面附近进行采样。进一步将路平面沿竖直方向上下小幅平移,得到额外的路平面,用于三维框采样。

算法首先使用一个高斯分布拟合物体底部平面到路面的高度分布,并使用最大似然估计方法得到其方差 σ_{road}。固定路平面的法向量与 Y 轴方向一致,并将路面高度设为 $h_{cam}=1.65+\delta$。其中,对于 car 类别,$\delta\in\{0,\pm\sigma\}$;对于 pedestrian 和 cyclist 类别,$\delta\in\{0,\pm\sigma,\pm2\sigma\}$。因为小物体对路面高度的误差更敏感,因此针对

pedestrian 和 cyclist 类别的采样使用了更多的路平面偏移。为进一步减小搜索空间,在计算似物性得分之前会将以下两类候选区域移除。

(1)投影到图像后二维框包含的像素全部属于路面。

(2)在三维空间中位置先验值低于一定阈值的候选区域。对于每幅图像,一个三维框模板在一个路平面上采样可以得到约 $14K$ 个候选三维框。采用以上采样方法可以将原始的三维框数量减少至 28%,有效加速计算。

4)基于语义特征的似物性预测

在得到大量的候选框后,需要进行似物性预测,其目标是提取可能包含物体的

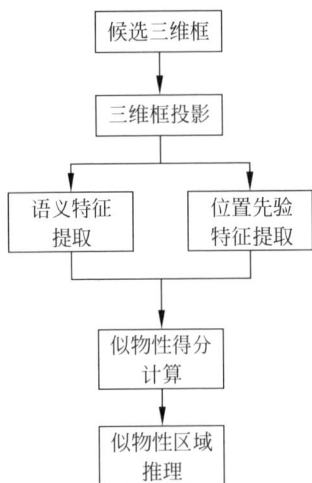

**图 6-30　基于语义特征的似物性
预测流程图**

三维区域,生成多样化的候选区域,这些区域尽可能地覆盖图像中的所有物体。为实现这一目标,Mono3D 方法中的似物性预测模块采用一个能量最小化模型,该模型整合多种语义特征和场景先验信息,以预测每个候选区域的似物性得分。语义特征具体包含以下几类:类别语义特征、实例语义特征、上下文语义特征、形状特征和位置先验特征。这些特征共同作用,帮助模型准确地识别出图像中的物体区域。似物性预测流程图如图 6-30 所示,包括三维框投影、特征提取、似物性得分计算及似物性区域推理。

5)基于语义特征的能量最小化模型

物体采用三维框表示: $y=(x,y,z,\theta,c,t)$ 。基于三维场景建模,可以采样得到大量的候选三维框。为了筛选出少量可能包含物体的区域,模型将三维框投影到图像平面,并使用如下马尔可夫随机场(markov random field,MRF)模型对候选区域的似物性进行预测:

$$E(x,y)=w_{c,\text{sem}}^{\text{T}}\phi_{c,\text{sem}}(x,y)+w_{c,\text{inst}}^{\text{T}}\phi_{c,\text{inst}}(x,y)+w_{c,\text{cont}}^{\text{T}}\phi_{c,\text{cont}}(x,y)+$$
$$w_{c,\text{shape}}^{\text{T}}\phi_{c,\text{shape}}(x,y)+w_{c,\text{loc}}^{\text{T}}\phi_{c,\text{loc}}(x,y) \tag{6.5}$$

以上能量函数包含 5 项势能项,分别表示类别语义特征、实例语义特征、上下文语义特征、形状特征和位置先验特征。通过该能量函数预测三维候选区域 y 的似物性。势能项之间的权重通过结构化 SVM(support vector machine)学习得到。式(6.5)中的权重依赖物体类别 c ,即对不同类别分别学习各自的权重。然而模型也可以通过对所有类别的物体进行统一学习来共享权重。函数中各项含义如下。

(1)类别语义特征。在基于像素级的语义分割基础上编码了两种特征。第一种特征希望最大化候选区域所包含类别语义的像素比例,它表示候选区域 y 投影到图像后包含的类别 c 的像素比例:

$$\phi_{c,\text{seg}}(x,y) = \frac{\sum\limits_{i \in \Omega(y)} S_c(i)}{|\Omega(y)|} \tag{6.6}$$

其中，$\Omega(y)$ 表示三维框 y 投影到图像后得到的二维框所包含像素的集合。S_c 表示语义分割得到的类别 c 的二值函数，即如果像素 i 被预测为类别 c，则 $S_c(i)=1$，否则为 0。

类似地，第二种特征希望最小化候选区域所包含其他类别语义的像素比例：

$$\phi_{c,\text{non-seg},c'}(x,y) = \frac{\sum\limits_{i \in \Omega(y)} S_{c'}(i)}{|\Omega(y)|} \tag{6.7}$$

该特征是一个二维向量，其中一维表示路面语义，另一维表示其他剩余类别（除类别 c 和路面外）的语义。单独考虑路面特征是基于物体位于路面的假设。因此结合两种特征，类别语义势能项希望最小化候选区域内部非类别 c 的像素比例，只需要对每个类别的二值图分别计算积分图像，即可快速计算得到这些特征。可以采用 CRF-RNN[74] 方法和 SegNet[76] 方法进行语义分割。CRF-RNN[74] 方法通过联合优化卷积神经网络和高斯马尔可夫势能对分割标注进行平滑。

（2）实例语义特征。类别语义特征只能区分每个像素的语义，无法区分同一类别的不同个体，因此可以引入实例语义特征来度量似物性。实例语义特征是基于互斥的实例分割区域进行的，因此不需要推理实例候选区域，计算速度更快。模型中采用联合 MRF 和 CNN 方法[77-78] 进行实例语义分割。该方法使用一个卷积神经网络和马尔可夫随机场，预测实例级别的像素标注及物体的深度顺序。模型使用该方法获得互斥的实例分割区域。对于每个二维候选框，从实例语义分割结果中选出与该候选框 IoU 重叠度最高的实例。

对于一个最匹配的实例分割区域，实例语义特征包括两项：一项是候选框包含的实例分割区域的比例，另一项是实例分割区域位于候选框外部的比例。这两项特征都可以通过积分图像加速计算。实例语义特征有利于提高互相遮挡的物体的检测率。

（3）上下文语义特征。上下文语义特征在道路场景中可以提供空间位置关系等信息。例如车辆应该位于路面上这种上下文信息可以有效减少误检的车辆。因此在二维候选区域的下方，模型增加一个上下文区域。上下文区域的高度设为候选区域高度的 1/3，而长度与候选区域长度相同。基于上下文区域，该特征表示该区域中包含的路面语义的像素比例。

（4）形状特征。形状特征描述物体的轮廓。传统的形状描述方法包括基于边缘检测的方法、Hough 变换方法、傅里叶形状描述符法等。Mono3D 提出了一种基于语义分割描述物体形状的方法。与传统的基于原始图像提取特征的方法不同，使用语义分割的结果来提取形状特征可以减少原始图像带来的噪声（图 6-31）。首先计算出语义分割图的语义轮廓。轮廓计算只需要在二值分割图上使用一个 3×3

模板卷积即可实现。轮廓图仍然采用二值图的表示方式。对于投影得到的二维候选框,模型提取一种两级网格特征:第一级网格即二维候选框本身 1×1,第二级网格具有 3×3 大小。对于网格的每个格子,模型计算格子中包含的轮廓像素比例。由此将所有格子的结果拼接起来,模型可以得到 $1+3\times3$ 维的特征向量。如此计算得到的形状特征可以有效描述物体轮廓的空间分布。如果一个候选框紧紧地包围了物体,那么其轮廓的空间分布将接近该类别物体的真实轮廓分布,得分也会很高。与类别语义特征类似,形状特征也可以通过计算轮廓二值图的积分图像实现快速计算。

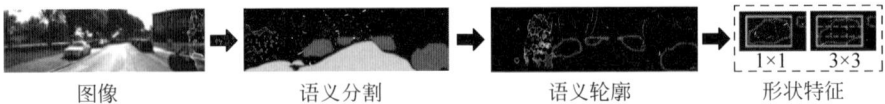

图像　　　　　语义分割　　　　　语义轮廓　　　　　形状特征

图 6-31　Mono3D 模型中形状特征提取过程

(5)位置先验。位置先验特征编码了物体在俯视图和图像平面上的位置先验分布。首先采用核密度估计(kernel density estimation,KDE)方法估计物体的位置先验。对于俯视图的位置先验,核密度估计的标准差设为 4m;对于图像平面的位置先验,核密度估计的标准差设为 2 个像素。将核密度估计的标准差设为 4m,可以合理地捕捉物体在三维空间中的位置变化,同时避免过小的标准差带来的噪声敏感性。然而由于图像分辨率较高,物体在图像平面上的尺寸变化相对较小,因此使用较小的标准差可以更精细地捕捉物体在图像平面内的位置分布。两种位置先验可以通过训练集提供的真实物体的三维框标注学习得到。

1.三维似物性区域的推理

Mono3D 将推理过程建模为 M-best 模型[79],在每次迭代中选择一个候选区域作为新的似物性区域,该区域必须具有最低能量值且与已选出区域的 IoU 重叠程度小于某个阈值 δ。因此,迭代过程的第 m 个似物性区域可以通过求解式(6.8)获得:

$$y^m = \underset{y\in Y}{\arg\min}E(x,y)$$
$$\text{s.t. IoU}(y,y^i)<\delta,\quad \forall i\in\{0,1,\cdots,m-1\} \tag{6.8}$$

2.能量模型的参数学习

三维框模板聚类:三维框的形状模板可以通过对训练集的真实三维框聚类得到。为了获得 K 个三维框模板,首先计算物体大小的直方图分布,再将与直方图的峰值对应的三维框 IoU 重叠程度大于阈值 0.6 的框选出来作为一类,然后将该类框移除,选取下一个峰值相应的三维框,依次迭代,直到获得 K 个聚类。通过计算每个聚类包含的三维框的平均大小,模型可以得到 K 个典型的形状模板。

基于结构化 SVM 的参数学习:马尔可夫随机场模型 $E(x,y)$ 包含权重参数

$\{w_{c,\mathrm{sem}}^{\mathrm{T}}, w_{c,\mathrm{inst}}^{\mathrm{T}}, w_{c,\mathrm{cont}}^{\mathrm{T}}, w_{c,\mathrm{shape}}^{\mathrm{T}}, w_{c,\mathrm{loc}}^{\mathrm{T}}\}$。这些参数通过结构化 SVM[80] 学习得到。给定 N 个输入-输出的训练样本 $\{x^{(i)}, y^{(i)}\}_{i=1,2,\cdots,N}$，结构化支持向量机通过求解以下优化问题获得参数：

$$\min_{w \in R^D} \frac{1}{2} \|w\|^2 + \frac{C}{N} \sum_{i=1}^{N} \xi_i$$

$$\mathrm{s.t.}: w^{\mathrm{T}}(\phi(x^{(i)}, y) - \phi(x^{(i)}, y^{(i)})) \geqslant \Delta(y^{(i)}, y) - \xi_i, \forall\, y/y^{(i)} \quad (6.9)$$

其中，损失函数 $\Delta(y^{(i)}, y)$ 用三维 IoU 表示，与二维 IoU 类似，三维 IoU 表示两个三维框之间重叠体积与其合并体积之间的比值。三维 IoU 是一个更严格的准则，可以监督模型生成更精确的三维定位。而最小化问题的求解采用并行切平面方法[81]。

6）基于多任务学习的三维物体检测网络

基于提取出的三维似物性区域，Mono3D 提出了一种多任务三维物体检测网络以实现三维语义预测，包括联合二维物体检测与姿态估计，以及三维物体检测。网络的输入为图像和 Mono3D 生成的三维似物性区域，通过多分支卷积网络融合感兴趣区域特征和上下文特征，进行多任务预测。

首先是区域上下文信息融合。图 6-32 展示了用于联合二维物体检测与姿态估计的基本网络结构，该网络将快速区域卷积网络[5] 作为基础网络。网络结构可分为两个部分：共享卷积网络，作用于全图输入；区域预测网络，作用于感兴趣区域。与快速区域卷积网络不同，最后一个共享卷积层之后增加了一个上下文分支，用于提取感兴趣区域附近的上下文特征。此外还增加了一个姿态回归损失函数，以联合预测物体的位置和姿态。

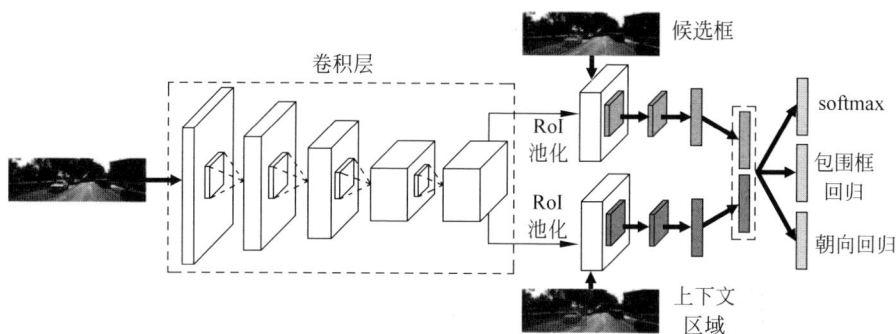

图 6-32　多任务学习的单路三维物体检测网络

用于联合二维物体检测与姿态估计的网络包含两个分支：第一个分支编码感兴趣区域（region of interest，RoI），即似物性区域的特征；第二个分支学习了 ROI 的上下文特征。两个分支具有相同的结构，均由一个感兴趣区域池化层和两个全连接层组成。将 Mono3D 产生的三维似物性区域投影到二维图像上，获得 ROI 区域。上下文 ROI 通过将原始的二维 ROI 扩大 1.5 倍获得。两路分支输出的特征级联起来作为预测层的输入。

之后是多任务预测网络。联合二维物体检测与姿态估计：预测层包含三路输出，用于实现多任务学习。三路输出分别预测每个 ROI 的物体类别、坐标修正量及物体的朝向角度。因此，对于似物性区域 i，多任务损失函数定义如下：

$$L(p_i, t_i, \alpha_i) = L_{cls}(p_i, k_i^*) + \lambda [k_i^* > 0] L_{loc}(t_i, t_i^*) + \beta [k_i^* > 0] L_{ort}(\alpha_i, \alpha_i^*) \quad (6.10)$$

其中，$[k_i^* > 0]$ 只有当 $k_i^* > 0$ 时取值为 1，否则为 0。$k_i^* = 0$ 表示 i 属于背景。当 i 属于背景时，L_{loc} 和 L_{ort} 会被忽略。第一个类别损失项 L_{cls} 是一个定义在 $K+1$ 类的预测概率 $p_i = (p_0, \cdots, p_K)_i$ 和类别标签 k_i^* 之间的交叉熵损失函数。第二个坐标回归损失项 L_{loc} 用于计算预测的坐标偏移量 $t_i = (t_x, t_y, t_w, t_h)_i$ 和目标偏移量 $t_i^* = (t_x^*, t_y^*, t_w^*, t_h^*)_i$ 之间的误差。最后一项为姿态回归损失函数 L_{ort}，用于计算预测的相对姿态角 α_i 与真实的相对姿态角 α_i^* 之间的误差。L_{loc} 和 L_{ort} 均采用平滑 L_1 损失作为损失函数。超参数 λ、β 用于平衡 3 个损失项之间的权重。

联合三维物体检测与姿态估计：三维物体检测任务的输出是物体完整的三维框表示。在网络中只需将二维 ROI 回归改为三维框回归。与二维 ROI 回归类似，将三维框 (x, y, z, l, h, w) 进行参数化表示。假设一个三维似物性区域为 $P = (P_x, P_y, P_z, P_x^s, P_y^s, P_z^s)$，其中元素表示三维框的中心坐标和三个维度大小。相应地，可以得到与其重叠最高的真实三维框 $G = (G_x, G_y, G_z, G_x^s, G_y^s, G_z^s)$。三维框回归的目标中心值 $T_c(P)$ 和大小 $T_c^s(P)$ 通过参数化表达为

$$T_c(P) = \frac{G_c - P_c}{P_c^s}, \quad T_c^s(P) = \log \frac{G_c^s}{P_c^s}, \quad \forall c \in \{x, y, z\} \quad (6.11)$$

结合三维框回归和姿态回归的结果，可以计算得到物体的方位角：$\theta = \alpha + \arctan2(x, z)$，由此可以得到任意朝向的三维框输出。

该方法的可视化结果如图 6-33 所示，图中从左到右依次是得分最高的 50 个似物性区域（颜色越接近红色表示得分越高）、二维物体检测结果、三维物体检测结果。

图 6-33　Mono3D 物体检测可视化结果（见文前彩图）

Mono3D 提出了基于场景先验和高层语义特征的图像似物性预测和三维物体预测方法,用高层语义特征和场景几何先验模拟 V-TOM 中人类对物体的典型属性和空间布局的认知,从而实现在单目图像中准确预测三维似物性区域,创新性地解决了从二维图像提取物体三维信息的问题。通过构建能量最小化模型,该方法融合了类别语义、实例语义、上下文语义信息、物体形状和位置先验等多种语义特征,形成了对物体的原型理解,进行区域似物性预测。此外,借鉴 V-TOM 中的命题原型提出的三维空间采样策略和对场景道路几何的先验假设进一步增强了模型对物体三维信息的推断能力,并通过多任务学习联合预测物体的语义、位置和姿态。该方法在国际公开自动驾驶数据集 KITTI[75] 上取得当时领先的结果,在似物性区域提取任务中的召回率比当时已有方法提升 20% 以上,并在物体检测与姿态估计任务取得了显著提升。

6.2.4 自动驾驶决策算法

在感知算法的基础上,自动驾驶系统还需预测场景中车辆、行人和障碍物的行为,才能做出合适的决策以保证安全驾驶。在低层级的自动驾驶车辆中,驾驶员辅助系统需要与驾驶员协作,辅助或替代驾驶员完成部分驾驶任务,安全达到这一目的,对驾驶员要执行的驾驶行为进行准确预测是不可或缺的。其任务目标与心智计算中的预测意图信念一致,因此许多方法借鉴了视觉心智理论或从认知机理出发,设计了驾驶员的行为预测算法。下面主要介绍 3 种针对驾驶员自身意图进行驾驶行为预测的方法,并对其中借鉴的心智理论和认知机理进行介绍。

1. 感知-反应延时策略

在驾驶场景中,驾驶员操纵汽车的过程中包含几个步骤:首先在驾驶过程中,驾驶员通过眼睛和耳朵接收周围的视觉信息和声音信息,其中最核心的是双眼看到的视觉信息,通过对这些视觉信息进行处理,驾驶员可以感知车辆周围的环境信息,包括前方是否有车辆、侧方是否有其他车辆进行超车等,针对这些外界的环境信息,驾驶员依据其驾驶经验做出相应的驾驶决策,比如是否刹车减速、是否加速超车、是否停止变道以使后面车辆超车等,驾驶员的驾驶意图最终反映在其驾驶操作行为上,从而影响自身车辆的运动情况,又反过来导致外界环境的变化。外界环境的变化会进一步被驾驶员感知,产生新的驾驶意图和驾驶决策,进而产生新的驾驶行为。因此,人类的驾驶过程实际上是外界环境和驾驶员感知、决策过程的一次又一次循环,最终形成一次又一次的驾驶意图和实际操作行为。

驾驶员的动作在一定程度上体现了驾驶员的行驶意图,如对侧视镜的观察可能是变道前的准备,头部姿态的变化一定程度上意味着驾驶员注意区域的改变。此外驾驶行为还受到周边道路结构、其他交通参与者的影响。车道作为最重要的道路特征,车辆当前所处的车道既是对可执行行为的限制,也是驾驶行为能否进行的条件。因此需要对驾驶员特征和环境特征进行联合学习,共同完成预测。

在传统驾驶意图预测算法中,车内外两部分特征直接进行拼接融合,得到完整的车内外特征后再进行驾驶意图的预测。直接融合同一时刻的车内外特征,这样一个数据驱动的特征融合过程并没有考虑驾驶员对外界环境的视觉认知过程。由于驾驶员对外界环境的感知存在一定的反应过程,因此当前时刻驾驶员做出的反应和行为,实际上是对过去某一时刻车外环境做出的驾驶决策。所以,从心智理论的认知层面说,当前时刻的车内特征应该与过去某一时刻的车外特征进行融合,才能使车内外特征真正的对齐。CF-LSTM[82] 提出引入延时控制,将驾驶员感知和反应时间之前的外部环境信息与当前驾驶员特征信息进行时间对齐和学习。宏观角度认知融合方法的结构如图 6-34 所示。

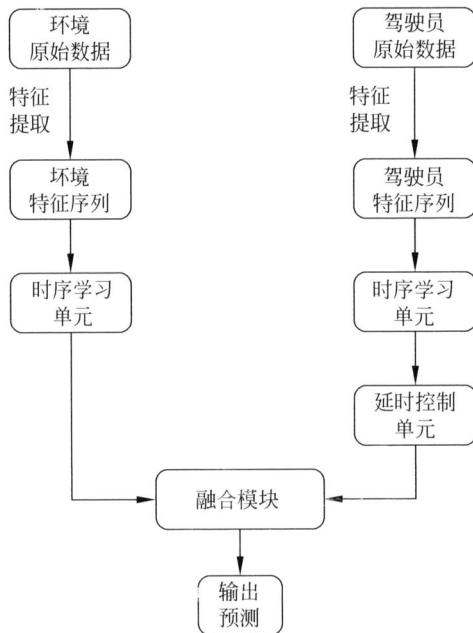

图 6-34 基于感知-反应延时策略的算法流程

在驾驶场景中可以通过视觉传感器采集车内外视频信息,得到以帧间时间差为间隔的图像序列,将其送入特征提取模型,得到特征序列。接下来,以数学形式具体表述采集的一系列车内外特征。观察 T 个时间步长的外部变化特征,可以形成一系列向量,记作 $x_{t_0}, x_{t_0+t_d}, x_{t_0+2t_d}, \cdots, x_{t_0+(T-1)t_d}$。观察 T 个时间步长的驾驶员变化特征也可以形成一系列特征向量,记作 $z_{t_0}, z_{t_0+t_d}, z_{t_0+2t_d}, \cdots, z_{t_0+(T-1)t_d}$。表示每个时间间隔的 LSTM[83] 单元状态可以记作 $M_{t_0}, M_{t_0+t_d}, M_{t_0+2t_d}, \cdots, M_{t_0+(T-1)t_d}$。每个时间间隔的 LSTM 单元的高阶表征特征可以表示为 $H_{t_0}, H_{t_0+t_d}, H_{t_0+2t_d}, \cdots, H_{t_0+(T-1)t_d}$。融合后的最终预测结果记作 $y_{t_0}, y_{t_0+t_d}, y_{t_0+2t_d}, \cdots, y_{t_0+(T-1)t_d}$。$y_t^k$ 表示属于 k 事件在 t 时间点的时间序列的概

率,驾驶行为事件的总数量记作 K,有

$$\sum_{k=1}^{K} y_t^k = 1 \tag{6.12}$$

每个 y_t 是一个 one-hot 向量,其中 K 只有一个维度位置被编码为概率 1,其余位置概率均为 0。时间的符号为 t,将 t_d 作为时间间隔区间,表示从 t_0 到 $t_0 + (T-1)t_d$ 的序列索引下标。L 表示 LSTM 的操作单位,L_x 表示对驾驶场景特征序列 x_t 的 LSTM 学习函数,L_z 表示对驾驶员特征序列 z_t 的学习函数。根据 LSTM[83] 的基础结构原理,可以表示为

$$(H_t^z, M_t^z) = L_z(z_t, M_{t-t_d}^z, H_{t-t_d}^z) \tag{6.13}$$

融合层的操作使用 softmax 函数进行,记作 F。基于认知理论 x_t 和 z_t 应该有一个相对延迟,之前记作 t_d。因此提出的认知融合 RNN 的预测公式可以写为

$$(H_t^x, M_t^x) = L_x(x_t, M_{t-t_d}^x, H_{t-t_d}^x)$$

$$(H_{t+t_d}^z, M_{t+t_d}^z) = L_z(z_{t+t_d}, M_t^z, H_t^z)$$

$$y_{t+t_d} = F(H_t^x, H_{t+t_d}^z) \tag{6.14}$$

在上述基础上,引入一个延时控制单元,控制提取出高阶特征后的融合结果,整体方法如图 6-35 所示。

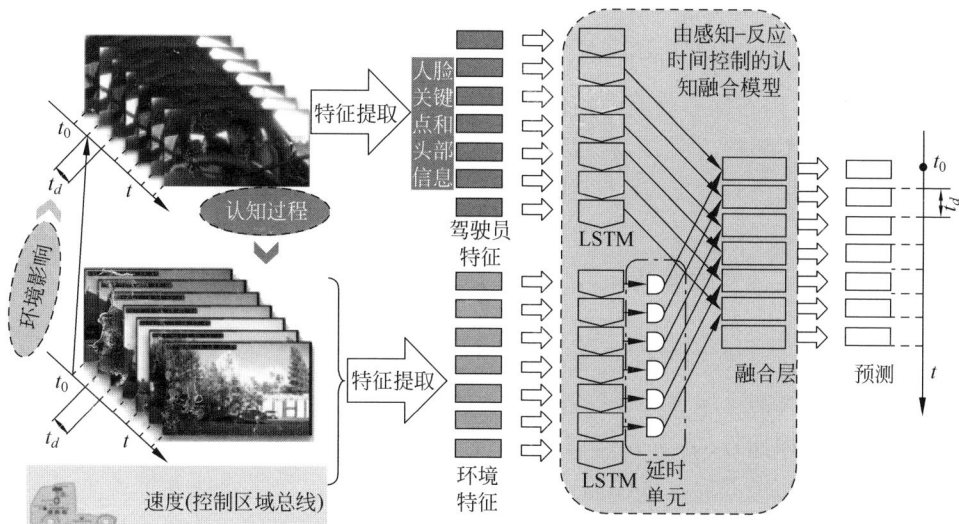

图 6-35　基于感知-反应延时的模型框架图

车内外图像序列及车辆信息经特征提取后可以得到驾驶员特征序列和环境特征序列,随后特征序列被送入特征融合层。在进行特征融合时,由于驾驶员在处理环境信息的过程中存在感知-反应延时,因此在环境模块中增加延时单元,实现车内外特征的对齐融合。融合后的特征序列被送入分类头,进行行为类别的预测。

2. 基于视觉惯性假设的简化

在驾驶过程中,驾驶场景变化与驾驶员行为的时序交互关系是用于判断驾驶行为的一个重要因素。更好地捕捉驾驶过程中环境与人之间的关系对当前和即将发生的驾驶行为产生的影响,是准确预测驾驶行为的关键。

Predictive-Bi-LSTM-CRF 算法[82]引入视觉惯性假设,将驾驶行为预测问题转化为可以双向学习的驾驶行为序列标注问题。通过设计预测问题中的双向时序特征学习模型,充分学习当前驾驶信息对过去驾驶员脑海中驾驶状态的更新和影响。同时根据判别模型条件随机场设计的损失层输出特定时间戳的驾驶行为预测结果,有偏好地学习其从当前时刻到信息流开始时刻的特征函数。

驾驶行为预测问题是给定一段时间内车载传感器采集的驾驶场景和驾驶员相关信息,根据这些已有信息对未来可能发生的驾驶行为做出预测。驾驶行为序列标注问题,同样是给定一段时间内车载传感器采集的驾驶场景和驾驶员的相关信息,在这段信息流上对每个时刻的驾驶行为进行分类标注。驾驶行为预测问题和驾驶行为序列标注问题的本质差别在于是否需要对时序上未知的信息进行推断。行为预测问题不能像自然语言处理中的命名实体识别等序列标注问题一样,使用尚未发生的驾驶场景提取的未来信息来推断当前及过去的驾驶员意图状态,这与预测的本质是矛盾的。为解决这一矛盾,Predictive-Bi-LSTM-CRF[82]提出了视觉惯性假设。

视觉惯性是一种常见的现象。例如,当人类在黑夜里看到光亮的视觉刺激时,如果闭上眼睛,仍然能看到光的残留痕迹;人们观看的动画片,其实是通过一帧一帧的静态图像不断播放所得,利用的就是人眼的视觉暂留现象。人类的视觉系统具有暂时的记忆检索功能,当人判断一段连续图像帧中哪些图像帧存在时间前后相关性的时候,人脑至少需要检视连续三个时间图像帧。视觉暂留又称余晖效应,特别容易出现在物体快速移动的状态,这与驾驶场景的高速行驶特性是非常吻合的。

图 6-36 展示了视觉惯性在实际驾驶场景中的一些表现形式。这种现象本质上是由视觉神经的反应速度导致的:视觉刺激引起的神经活动会在其产生后持续一段时间,这段时间持续 $0.1 \sim 0.4\text{s}$。在情景知觉过程中,视觉系统存在对已知场景状况的信息积累过程。这种视觉惯性的现象给驾驶行为预测任务带来了启发,虽然当前给定的驾驶信息是有限的,但如果利用人眼残留的这段短时间内的图像信息,假设之后出现的图像与当前感知的图像之间变化很小,就可以用当前图像帧补全未来的视频。补全后的示例如图 6-37 所示。

针对驾驶场景中的视觉惯性,通过上述理论支持,可以假设驾驶员视觉系统中感知的驾驶场景,在很短时间内不会改变太多。例如当车辆进行转向操作时,路面的曲率变化在转向过程中通常是平稳的。特别是当车辆直行时,前方的道路状况有时候不会发生太多变化。参考图 6-36,在 1s 以内环境存在几乎不变的可能性。

(a)

(b)

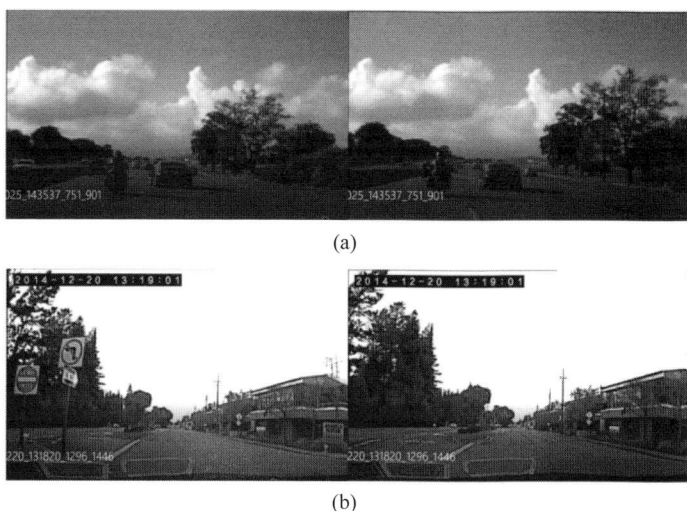

图 6-36 驾驶场景下的相邻图像变化较小

（a）右转场景时相邻 1s 两帧图像的变化；（b）直行场景时相邻 1s 两帧图像的变化

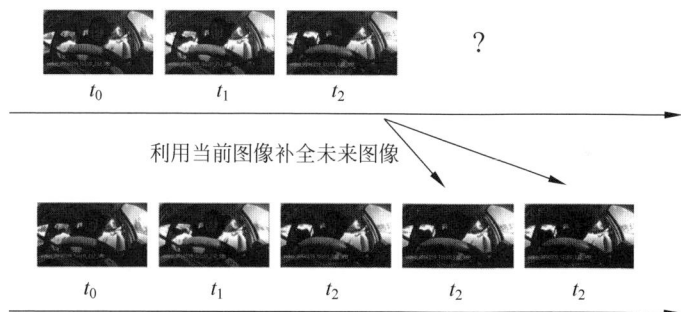

图 6-37 利用视觉惯性补全未来特征

基于这个视觉惯性假设,可以假设当前的状态在少数后续的视觉期望中,驾驶员获取的信息不会发生太大的改变。所以在预测过程中,可以使用当前特征填充空白的未来特征。因此,利用当前信息估计、补全未来信息之后,驾驶行为预测问题就转化成了驾驶行为序列标注问题。对于驾驶行为序列标注问题,可在将驾驶场景的特征与驾驶员的特征送入双向时序学习模型之前,就进行特征拼接,进而使用双向学习的方式充分挖掘驾驶场景和驾驶员之间的交互关系。对于序列标注问题,双向的学习模型往往比单向的模型具有更好的捕捉时间序列上的上下文关系的能力。因此,可以构建双向序列学习的驾驶行为预测流程,如图 6-38 所示。

在单向的 LSTM 结构中,信息从序列的开始端流向结束端。当新的信息进入模型时,LSTM 通过三个门控处理新进入的信息并输出新的预测。双向 Bi-LSTM 可以利用新进入的驾驶特征更新过去时刻的驾驶员状态,充分利用视觉惯性现象的优势。驾驶员视觉中的场景在很短的时间内不会发生较大改变的假设,使双向

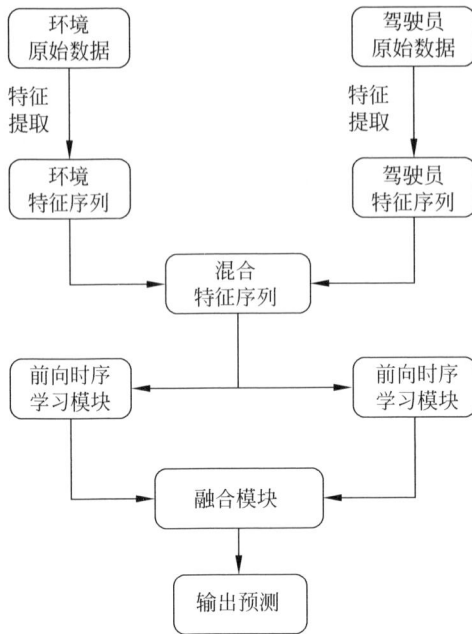

图 6-38 双向序列学习算法流程

的结构 Bi-LSTM 变得可行。这种 Predictive-Bi-LSTM-CRF 的机构可以有效避免未来信息流回历史信息,成为一种利用当前信息修正历史错误判决的方式。

相应地,每个时刻的特征提取对应 V-TOM 中的视觉加工和心理加工阶段。LSTM 对序列中时序关联的学习,建模了驾驶员对当前驾驶场景的认知,并将其抽象化存储于 LSTM 的细胞状态中。由于未来的不确定性,这种抽象的场景认知通常都会存在一定的误差,这对于以往的前向方法很难避免,而双向结构基于视觉惯性假设对未来进行推测,改善了时序上下文的学习。在转换阶段,对当前场景的认知和对短暂未来场景的预估共同构建驾驶员的心智模型,并最终形成具体的驾驶意图,输出对驾驶行为类别的预测。

条件随机场结构不仅可以作为一种在序列标记问题中性能良好的判别模型结构使用,也可看成是一个性能良好的损失函数。CRF 使用一对不同的特征函数描述过去的信息对当前状态的影响。假设预测结果序列表示为 $\bar{y} : (y_0, y_1, \cdots, y_{T-1})$。

T 表示序列任务中有多少时间戳,特征向量序列表示为 $\bar{x} : (x_0, x_1, \cdots, x_{T-1})$,CRF 中的参数表示为 θ。在 x 的标签序列 y 上的联合分布可以描述为

$$p_\theta(y \mid x) \propto \exp\left(\sum_{i,k} \lambda_k t_k(y_{i-1}, y_i, x, i) + \sum_{i,l} \mu_l s_k(y_i, x, i)\right) \quad (6.15)$$

其中,归一化因子 $Z(x)$ 描述了 $p_\theta(y|x)$ 与指数和的线性关系:

$$Z(x) = \sum_y \exp\left(\sum_{i,k} \lambda_k t_k(y_{i-1}, y_i, x, i) + \sum_{i,l} \mu_l s_k(y_i, x, i)\right) \quad (6.16)$$

λ 和 μ 因子是特征函数 s 和 t 的系数。特征函数 s 意味着在某一特定当前节点上的特征函数，特征函数 t 表示来自过去节点的函数。环境和驾驶员的特征一起构建的驾驶交互关系耦合特征由 s 函数和 t 函数一同捕捉和学习。由于内部特征和外部特征在 s 特征函数之前通过拼接的方式融合在一起，因此通过特征函数 s 本身模拟当前时间戳的交互。特征函数 t 的作用是捕捉之前的信息对当前信息状态的影响。驾驶场景和驾驶员的交互影响关系是从训练集中学习到的，并且存储在 CRF 的参数中。

在实际应用中，为了加速 CRF 的计算，通常用矩阵形式表示其模型关系。驾驶行为共有 K 类，可定义一个 $K \times K$ 的矩阵 $\boldsymbol{M}$：

$$
\begin{aligned}
M_i(x) &= M_i(y_{i-1}, y_i \mid x) \\
&= \exp(W_i(y_{i-1}, y_i \mid x)) \\
&= \exp\left(\sum_{k=1}^{K} w_k f_k(y_{i-1}, y_i, x, i)\right)
\end{aligned} \tag{6.17}
$$

由此，y 的未归一化概率可以通过 $n+1$ 个矩阵的乘积得到：

$$
p_\theta(y \mid x) = \frac{1}{Z(x)} \prod_{i=1}^{n+1} M_i(y_{i-1}, y_i \mid x) \tag{6.18}
$$

该方法的整体结构如图 6-39 所示。车内外图像序列经过特征提取后在每个时刻都进行拼接融合，得到融合后的特征序列。对于历史和当前时刻，其特征是从图像中提取的，而未来时刻的特征是根据视觉惯性假设由当前时刻特征填补的，充分利用了双向 LSTM 强大的时序建模能力，有效捕捉了驾驶场景中驾驶员与环境

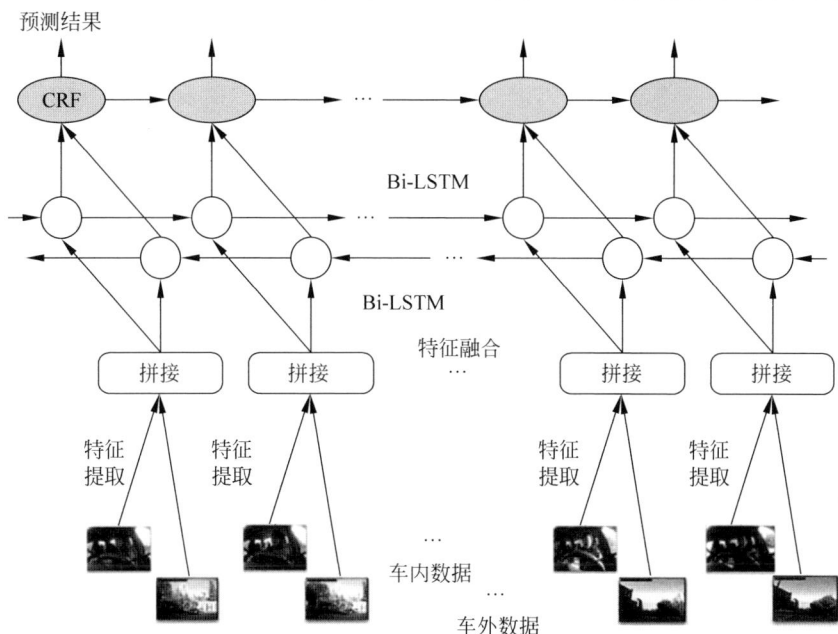

图 6-39　基于视觉惯性的双向预测模型结构

的复杂交互。在完成时序学习后,条件随机场通过转移和状态矩阵计算可能的行为序列,并输出尽可能合理的行为预测结果。

3. 基于认知注意力的信息聚合框架

驾驶是一个连续的决策和操作过程,是人-车-环境系统内部相互作用的结果。驾驶员是交通的真正参与者,是驾驶行为的决策主体。驾驶员决策的执行主体是车辆,所有的实际机动都由车辆完成,车辆状态是历史决策的累积结果。相比之下,环境主要与周围的道路结构和其他交通参与者有关。

如图 6-40 所示,驾驶员感知的外部数据包含环境和车辆状态,通过信息处理可以将其映射到语义空间并编码为可理解的信息。在感知外部世界时,驾驶员会更多地关注特定的区域或物体。这种现象是由人类视觉系统的选择性注意机制引起的,它强调与当前目标相关的信息。这种以目标为中心的机制能够使人们更有效地完成当前任务。这一现象启发了驾驶员和环境信息的选择性信息聚合框架(temporal information fusion network,TIFN)[84]。

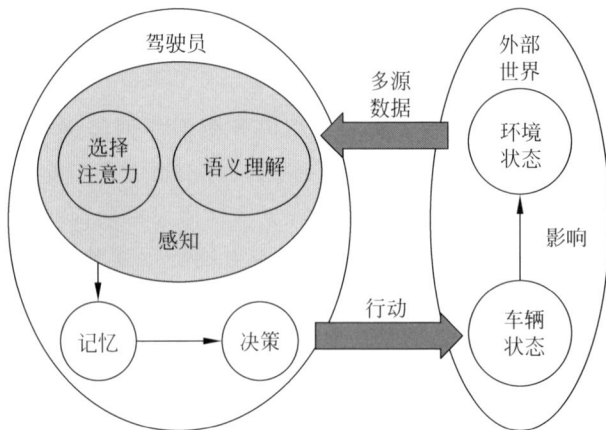

图 6-40　驾驶过程中的信息流动

在进行机动之前,驾驶员需要根据外部情况判断可行性,从而产生具体的观察动作。因此将驾驶员关心的环境语义特征引入驾驶员状态建模,可以更好地理解驾驶员的驾驶意图。编码后的环境信息被存储并重新加工为短期记忆,形成驾驶员对当前驾驶场景的认知。此外,驾驶员的认知导致特定的驾驶意图和最终决策,长时记忆也以独特的个人驾驶风格的形式参与决策。GRU[85] 可以用更新门和复位门恰当地描述记忆的更新和遗忘过程。因此,TIFN 使用两个 GRU 分支分别建模驾驶员状态和环境状态,且最后双分支的 GRU 隐藏状态被拼接,共同预测最终的驾驶行为结果。

模型整体结构如图 6-41 所示,整体由双分支 GRU 和后续的融合模块组成,其中驾驶员分支使用状态更新单元(state update unit,STU)控制从外部环境到内部驱动的信息流,该单元由 GRU 单元和多头注意组成。GRU 是由复位门和更新门

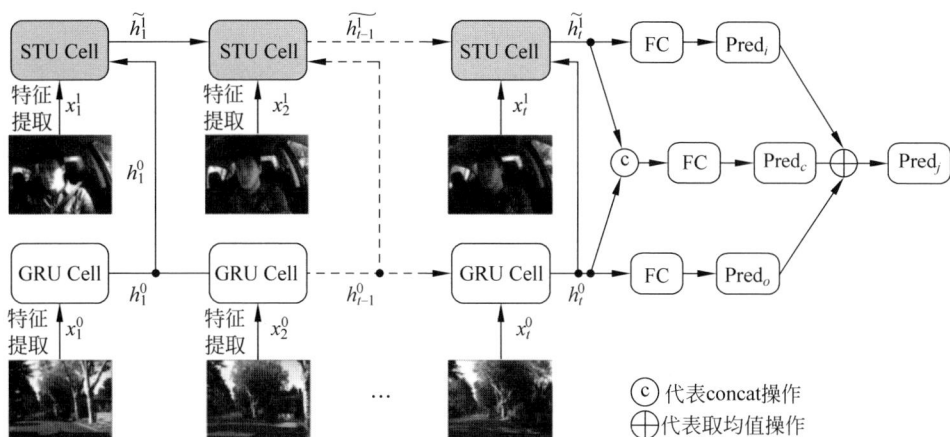

图 6-41 基于认知注意力的信息聚合框架结构

组成的简洁高效的递归神经网络。与 LSTM 相比，GRU 将遗忘门和输入门合并为更新门，并将单元状态和隐藏状态合并。计算中采用带偏差的公式：

$$r = \sigma(W_{ir}x_t + b_{ir} + W_{hr}h_{t-1} + b_{hr})$$

$$z = \sigma(W_{iz}x_t + b_{iz} + W_{hz}h_{t-1} + b_{hz})$$

$$n = \tanh(W_{in}x_t + b_{in} + r \odot (W_{hn}h_{t-1} + b_{hn}))$$

$$h_t = (1 - z_t) \odot n + z_t \odot h_{t-1} \tag{6.19}$$

因子 r 和 z 控制从上一个隐藏状态和当前输入到当前隐藏状态的信息流。σ 表示 sigmoid 函数，它将数据映射到 0～1。

网络采用 GRU 作为基本的循环单元。在每个时刻，驾驶员的隐藏状态 h_t^1 会随着环境状态 h_t^0 而更新。STU 单元在 t 时刻的输入为驾驶员特征 x_t^1，上一个时刻的隐藏状态 $\widetilde{h_{t-1}^1}$，以及环境分支的状态 h_t^0。驾驶员特征 x_t^1 和上一个时刻的隐藏状态 $\widetilde{h_{t-1}^1}$ 首先被送入 GRU 单元，得到隐藏状态 h_t^1，然后使用多头注意力，以驾驶员隐藏状态为指导，从环境状态中引入相关信息，进行状态更新。注意力的计算公式如下：

$$\text{Att} = \text{softmax}\left(\frac{QK^{\text{T}}}{\sqrt{d_k}}\right)V \tag{6.20}$$

其中，h_t^1 是 Q，h_t^0 是 K、V，d_k 是向量的维数。后续使用隐藏状态计算相关矩阵，然后与环境状态相乘以增强特定的环境特征。残差连接用于保留原始的驾驶员信息。STU 单元可以自然地捕捉时序上的状态变化，并在驾驶员状态的引导下将驾驶员关心的环境特征与驾驶员的行为联合建模。上述过程的公式化表达如下：

$$h_t^1 = \text{GRU}(x_t^1, \widetilde{h_{t-1}^1})$$

$$h_{\text{att}} = \text{Att}(h_t^1, h_t^0, h_t^0)$$

$$\widetilde{h_t^1} = h_t^1 + h_{\text{att}} \tag{6.21}$$

STU 通过在每个时刻进行更新,进一步改进了驾驶员的意图建模。而对于最终的行为预测,驾驶员和环境信息的结合是必不可少的。在做出决策之前,驾驶员通常会评估外部环境状态,以确定驾驶行为是否可行。此外,环境还可以为预测提供先验约束。例如,司机更有可能在十字路口转弯或保持当前车道行驶。在通过两个独立的分支对驾驶员和环境状态进行建模后,TIFN 提出了信息聚合(information aggregation,IA)模块对双分支的信息进行聚合。驾驶员和环境分支的输出分别由 h^1 和 h^0 表示,它们的拼接为 h^c。这三个特征向量通过三个独立的全连接层映射到行为类别,得到 pred_i、pred_o 和 pred_c。最终的输出 pred_j 是三个预测的平均值。在训练过程中,每个预测都会计算损失并通过反向传播更新参数,加快模型的学习和收敛。

通过借鉴视觉认知中的选择注意机理,TIFN 建立了基于认知注意力的端到端信息聚合框架,提出了双分支的选择性交互建模和信息聚合模块,在降低参数量的同时,提升了驾驶员行为预测的准确率。

以上三种方法均从数据与知识双向驱动的角度提出了相应的假设及模型构建,借鉴了 VTOM 视觉心智理论,运用 Haar 特征、KLT 光流、CNN 网络等方式进行特征提取,模拟视觉加工和心理加工阶段从原始图像中提取低层的颜色轮廓及高层的类别语义、运动信息等,形成对驾驶员动作及场景中各物体的理解;而提出的感知-反应延时的特征对齐策略,视觉惯性假设和信息融合框架提升了基础时序模型对场景整体的抽象概括能力,改善了对驾驶场景中规律性知识的学习,有效建模了驾驶员和环境的动态交互,形成了整体场景的认知理解;并最终通过解码模块将其转化为预测类别输出。以上方法在国际公开的驾驶行为预测数据集 Brain4Cars[86] 上均处于领先地位,验证了视觉心智理论与自动驾驶决策算法结合的可行性和有效性,展示了视觉心智计算在自动驾驶领域的广阔应用空间。

参考文献

[1] TAIGMAN Y, YANG M, RANZATO M, et al. Deepface: Closing the gap to human-level performance in face verification[C]//Proceedings of the IEEE Conference on Computer Vision and Pattern Recognition. 2014: 1701-1708.

[2] RUSSAKOVSKY O, DENG J, SU H, et al. Imagenet large scale visual recognition challenge[J]. International Journal of Computer Vision, 2015, 115: 211-252.

[3] HE K, ZHANG X, REN S, et al. Delving deep into rectifiers: Surpassing human-level performance on imagenet classification [C]//Proceedings of the IEEE International Conference on Computer Vision. 2015: 1026-1034.

[4] LIN T Y, MAIRE M, BELONGIE S, et al. Microsoft coco: Common objects in context [C]//Computer Vision-ECCV 2014: 13th European Conference, Zurich, Switzerland,

September 6-12,2014,Proceedings,Part V 13. Springer,2014：740-755.

[5]　REN S,HE K,GIRSHICK R,et al. Faster r-cnn：Towards real-time object detection with region proposal networks［J］. IEEE Transactions on Pattern Analysis & Machine Intelligence,2017,39(6)：1137-1149.

[6]　NAJAFABADI M M,VILLANUSTRE F,KHOSHGOFTAAR T M,et al. Deep learning applications and challenges in big data analytics［J］. Journal of Big Data,2015,2：1-21.

[7]　ABBAS Q,IBRAHIM M E,JAFFAR M A. A comprehensive review of recent advances on deep vision systems［J］. Artificial Intelligence Review,2019,52(1)：39-76.

[8]　WANG S,ZHANG J,LIN N,et al. Probing brain activation patterns by dissociating semantics and syntax in sentences［C］//Proceedings of the AAAI Conference on Artificial Intelligence：Vol 34. 2020：9201-9208.

[9]　LOCATELLO F,BAUER S,LUCIC M,et al. Challenging common assumptions in the unsupervised learning of disentangled representations［C］//International Conference on Machine Learning. PMLR,2019：4114-4124.

[10]　LEE H Y,TSENG H Y,HUANG J B,et al. Diverse image-to-image translation via disentangled representations［C］//Proceedings of the European Conference on Computer Vision (ECCV). 2018：35-51.

[11]　FU J,ZHENG H,MEI T. Look closer to see better：Recurrent attention convolutional neural network for fine-grained image recognition［C］//Proceedings of the IEEE Conference on Computer Vision and Pattern Recognition. 2017：4438-4446.

[12]　ZHENG H,FU J,MEI T,et al. Learning multi-attention convolutional neural network for fine-grained image recognition［C］//Proceedings of the IEEE International Conference on Computer Vision. 2017：5209-5217.

[13]　RODRÍGUEZ P,GONFAUS J M,CUCURULL G,et al. Attend and rectify：a gated attention mechanism for fine-grained recovery［C］//Proceedings of the European Conference on Computer Vision (ECCV). 2018：349-364.

[14]　HE K,GKIOXARI G,DOLLÁR P,et al. Mask r-cnn［C］//Proceedings of the IEEE International Conference on Computer Vision. 2017：2961-2969.

[15]　HUANG S W,LIN C T,CHEN S P,et al. Auggan：Cross domain adaptation with gan-based data augmentation［C］//Proceedings of the European Conference on Computer Vision (ECCV). 2018：718-731.

[16]　FRID-ADAR M,DIAMANT I,KLANG E,et al. GAN-based synthetic medical image augmentation for increased CNN performance in liver lesion classification［J］. Neurocomputing,2018,321：321-331.

[17]　ASSOCIATION A P. Diagnostic and Statistical Manual of Mental Disorders［M/OL］. American Psychiatric Association,2013. https://doi. org/10. 1176/appi. books. 9780890425596.

[18]　BARON-COHEN S,LESLIE A M,FRITH U. Does the autistic child have a "theory of mind"?［J/OL］. Cognition,1985,21(1)：37-46. https://doi. org/10. 1016/0010-0277(85) 90022-8.

[19]　WELLMAN H M,CROSS D,WATSON J. Meta-analysis of theory-of-mind development：The truth about false belief［J］. Child Development,2001,72(3)：655-684.

[20]　WELLMAN H M,LIU D. Scaling of theory-of-mind tasks［J］. Child Development,2004,

75(2)：523-541.

[21] WIMMER H. Beliefs about beliefs：Representation and constraining function of wrong beliefs in young children's understanding of deception[J/OL]. Cognition,1983,13(1)：103-128. https://doi. org/10. 1016/0010-0277(83)90004-5.

[22] WELLMAN H M. Understanding the psychological world：Developing a theory of mind [M/OL]//Blackwell handbook of childhood cognitive development. Malden：Blackwell Publishing,2002：167-187. https://doi.org/10. 1002/9780470996652. ch8.

[23] SOUTHGATE V,SENJU A,CSIBRA G. Action anticipation through attribution of false belief by 2-year-olds[J/OL]. Psychological Science,2007,18(7)：587-592. https://doi. org/10. 1111/j. 1467-9280. 2007. 01944. x.

[24] ONISHI K H,BAILLARGEON R. Do 15-month-old infants understand false beliefs? [J]. Science,2005,308(5719)：255-258.

[25] SONG H J,ONISHI K H, BAILLARGEON R, et al. Can an agent's false belief be corrected by an appropriate communication? Psychological reasoning in 18-month-old infants[J/OL]. Cognition,2008,109(3)：295-315. https://doi. org/10. 1016/j. cognition. 2008. 08. 008.

[26] SURIAN L,CALDI S, SPERBER D. Attribution of beliefs by 13-month-old infants[J/OL]. Psychological Science, 2007, 18(7)：580-586. https://doi. org/10. 1111/j. 1467-9280. 2007. 01943. x.

[27] ABELL F,HAPPÉ F,FRITH U. Do triangles play tricks? Attribution of mental states to animated shapes in normal and abnormal development[J/OL]. Cognitive Development, 2000,15(1)：1-16. https://doi. org/10. 1016/S0885-2014(00)00014-9.

[28] RUFFMAN T,GARNHAM W,RIDEOUT P. Social understanding in autism：eye gaze as a measure of core insights[J/OL]. Journal of Child Psychology and Psychiatry, 2001, 42(8)：1083-1094. https://doi. org/10. 1111/1469-7610. 00807.

[29] SENJU A,SOUTHGATE V,WHITE S,et al. Mindblind eyes：an absence of spontaneous theory of mind in Asperger syndrome[J/OL]. Science (New York, N. Y.),2009,325(5942)：883-885. https://doi. org/10. 1126/science. 1176170.

[30] TAGER-FLUSBERG H, SULLIVAN K. A componential view of theory of mind：evidence from Williams syndrome[J/OL]. Cognition,2000,76(1)：59-90. https://doi. org/10. 1016/S0010-0277(00)00069-x.

[31] PLATEK S M,KEENAN J P,JR G G G,et al. Where am I? The neurological correlates of self and other[J]. Cognitive Brain Research,2004,19(2)：114-122.

[32] SCHERER K R. Introduction：Cognitive components of emotion. [M]. Oxford University Press,2003.

[33] SAXE R,HOULIHAN S D. Formalizing emotion concepts within a Bayesian model of theory of mind[J/OL]. Current Opinion in Psychology,2017,17：15-21. https://doi. org/10. 1016/j. copsyc. 2017. 04. 019.

[34] SCHERER K R,SCHORR A,JOHNSTONE T. Appraisal processes in emotion：Theory, methods,research[M]. New York,NY,US：Oxford University Press,2001.

[35] BORA E,BERK M. Theory of mind in major depressive disorder：A meta-analysis[J/OL]. Journal of Affective Disorders,2016,191：49-55. https://doi. org/10. 1016/j. jad.

2015. 11. 023.

[36] MATTERN M,WALTER H,HENTZE C,et al. Behavioral evidence for an impairment of affective theory of mind capabilities in chronic depression[J/OL]. Psychopathology,2015, 48(4): 240-250. https://doi. org/10. 1159/000430450.

[37] BAILLARGEON R,SCOTT R M,HE Z. False-belief understanding in infants[J]. Trends in Cognitive Sciences,2010,14(3): 110-118.

[38] BARNHILL G P,MYLES B S. Attributional Style and Depression in Adolescents with Asperger Syndrome[J/OL]. Journal of Positive Behavior Interventions,2001,3(3): 175-182. https://doi. org/10. 1177/109830070100300305.

[39] BECK A T. Cognitive therapy of depression[M]. New York: Guilford Press,1979.

[40] BYLINSKII Z,JUDD T, OLIVA A, et al. What do different evaluation metrics tell us about saliency models? [J/OL]. IEEE Transactions on Pattern Analysis and Machine Intelligence,2019,41(3): 740-757. https://doi. org/10. 1109/TPAMI. 2018. 2815601.

[41] CORNIA M,BARALDI L, SERRA G, et al. A deep multi-level network for saliency prediction[C/OL]//2016 23rd International Conference on Pattern Recognition (ICPR). IEEE,2016: 3488-3493. https://doi. org/10. 1109/ICPR. 2016. 7900174.

[42] CORNIA M,BARALDI L,SERRA G,et al. Predicting human eye fixations via an LSTM-based saliency attentive model[J/OL]. IEEE Transactions on Image Processing, 2018, 27(10): 5142-5154. https://doi. org/10. 1109/TIP. 2018. 2851672.

[43] JETLEY S, MURRAY N, VIG E. End-to-End Saliency Mapping via Probability Distribution Prediction[C/OL]//2016 IEEE Conference on Computer Vision and Pattern Recognition (CVPR). IEEE, 2016: 5753-5761. https://doi. org/10. 1109/CVPR. 2016. 620.

[44] JIANG M,BOIX X,ROIG G,et al. Learning to predict sequences of human visual fixations [J/OL]. IEEE Transactions on Neural Networks and Learning Systems,2016,27(6): 1241-1252. https://doi. org/10. 1109/TNNLS. 2015. 2496306.

[45] KOVÁCSÁM,TÉGLÁS E, ENDRESS A D. The social sense: susceptibility to others' beliefs in human infants and adults[J/OL]. Science,2010, 330 (6012): 1830-1834. https://doi. org/10. 1126/science. 1190792.

[46] KRUTHIVENTI S S S,AYUSH K,BABU R V. DeepFix: a fully convolutional neural network for predicting human eye fixations[J/OL]. IEEE Transactions on Image Processing,2017,26(9): 4446-4456. https://doi. org/10. 1109/TIP. 2017. 2710620.

[47] LIU N, HAN J, LIU T, et al. Learning to predict eye fixations via multiresolution convolutional networks[J/OL]. IEEE Transactions on Neural Networks and Learning Systems, 2018, 29 (2): 392-404. https://doi. org/10. 1109/TNNLS. 2016. 2628878.

[48] MACLEOD C,MATHEWS A, TATA P. Attentional bias in emotional disorders. [J/OL]. Journal of Abnormal Psychology,1986,95(1): 15-20. https://doi. org/10. 1037/0021-843X. 95. 1. 15.

[49] MOGG K, BRADLEY B P. Orienting of attention to threatening facial expressions presented under conditions of restricted awareness[J/OL]. Cognition & Emotion,1999, 13(6): 713-740. https://doi. org/10. 1080/026999399379050.

[50] PAN J,SAYROL E,GIRO-I-NIETO X,et al. Shallow and Deep Convolutional Networks for Saliency Prediction[C/OL]//2016 IEEE Conference on Computer Vision and Pattern Recognition (CVPR). IEEE,2016：598-606. https：//doi. org/10. 1109/CVPR. 2016. 71.

[51] PHELPS E A,LEDOUX J E. Contributions of the amygdala to emotion processing：from animal models to human behavior[J/OL]. Neuron,2005,48(2)：175-187. https：//doi. org/10. 1016/j. neuron. 2005. 09. 025.

[52] SHEN C,HUANG X,ZHAO Q. Predicting eye fixations on webpage with an ensemble of early features and high-level representations from deep network [J/OL]. IEEE Transactions on Multimedia,2015,17(11)：2084-2093. https：//doi. org/10. 1109/TMM. 2015. 2483370.

[53] VIG E,DORR M,MARTINETZ T,et al. Intrinsic dimensionality predicts the saliency of natural dynamic scenes[J/OL]. IEEE Transactions on Pattern Analysis and Machine Intelligence,2012,34(6)：1080-1091. https：//doi. org/10. 1109/TPAMI. 2011. 198.

[54] ZHOU P,ZHAN L,MA H. Understanding others' minds：social inference in preschool children with autism spectrum disorder[J/OL]. Journal of Autism and Developmental Disorders,2019,49(11)：4523-4534. https：//doi. org/10. 1007/s10803-019-04167-x.

[55] 廖成菊,冯正直. 抑郁症情绪加工与认知控制的脑机制[J]. 心理科学进展,2010,18(2)：282-287.

[56] 郭子涵,张馨予,王喆. 抑郁患者的注意偏向及其干预[J]. 心理科学进展,2021,11(4)：8.

[57] WILLIAMS J M G, WATTS F N, MACLEOD C，et al. Cognitive psychology and emotional disorders[M]. John Wiley & Sons,1988.

[58] WANG M,TAO R,HU S J,et al. The origin,effects and mechanisms of attentional bias training[J]. Advances in Psychological Science,2011,19(3)：390.

[59] TREISMAN A M, GELADE G. A feature-integration theory of attention [J/OL]. Cognitive Psychology, 1980, 12 (1)：97-136. https：//doi. org/10. 1016/0010-0285 (80) 90005-5.

[60] ZUNG W W K. A self-rating depression scale[J]. Archives of General Psychiatry,1965,12(1)：63-70.

[61] DEROGATIS L R,LIPMAN R S,COVI L. SCL-90：an outpatient psychiatric rating scale-preliminary report. [J]. Psychopharmacology Bulletin,1973,9(1)：13-28.

[62] CHEN L F,YEN Y S. Taiwanese facial expression image database[J]. Brain Mapping Laboratory, Institute of Brain Science, National Yang-Ming University, Taipei, Taiwan,2007.

[63] CAESAR H,BANKITI V,LANG A H,et al. nuscenes：A multimodal dataset for autonomous driving[C]//Proceedings of the IEEE/CVF conference on computer vision and pattern recognition. 2020：11621-11631.

[64] LI X,MA H,YI S,et al. Single annotated pixel based weakly supervised semantic segmentation under driving scenes[J]. Pattern Recognition,2021,116：107979.

[65] CHEN X,KUNDU K,ZHANG Z,et al. Monocular 3d object detection for autonomous driving [C]//Proceedings of the IEEE conference on computer vision and pattern recognition. 2016：2147-2156.

[66] ZHOU B,KHOSLA A,LAPEDRIZA A,et al. Learning deep features for discriminative

localization[C]//Proceedings of the IEEE conference on computer vision and pattern recognition. 2016：2921-2929.

[67] SIMONYAN K,ZISSERMAN A. Very deep convolutional networks for large-scale image recognition[J]. arXiv preprint arXiv：1409.1556,2014.

[68] CHEN L C, PAPANDREOU G, KOKKINOS I, et al. Deeplab：Semantic image segmentation with deep convolutional nets,atrous convolution,and fully connected crfs [J]. IEEE Transactions on Pattern Analysis and Machine Intelligence,2017,40（4）：834-848.

[69] GIRSHICK R,DONAHUE J, DARRELL T,et al. Rich feature hierarchies for accurate object detection and semantic segmentation[C]//Proceedings of the IEEE conference on computer vision and pattern recognition. 2014：580-587.

[70] VAN DE SANDE K E, UIJLINGS J R, GEVERS T, et al. Segmentation as selective search for object recognition[C]//2011 international conference on computer vision. IEEE,2011：1879-1886.

[71] CHENG M M, ZHANG Z, LIN W Y, et al. BING：Binarized normed gradients for objectness estimation at 300fps[C]//Proceedings of the IEEE conference on computer vision and pattern recognition. 2014：3286-3293.

[72] ARBELÁEZ P,PONT-TUSET J,BARRON J T,et al. Multiscale combinatorial grouping [C]//Proceedings of the IEEE conference on computer vision and pattern recognition. 2014：328-335.

[73] EVERINGHAM M,VAN GOOL L, WILLIAMS C K,et al. The pascal visual object classes（voc）challenge[J]. International Journal of Computer Vision,2010,88：303-338.

[74] SCHWING A G,URTASUN R. Fully connected deep structured networks[J]. arXiv preprint arXiv：1503.02351,2015.

[75] GEIGER A,LENZ P,URTASUN R. Are we ready for autonomous driving? The KITTI vision benchmark suite[C]//IEEE Conference on Computer Vision & Pattern Recognition. IEEE,2012. DOI：10.1109/CVPR.2012.6248074.

[76] BADRINARAYANAN V, KENDALL A, CIPOLLA R. Segnet：A deep convolutional encoder-decoder architecture for image segmentation[J]. IEEE Transactions on Pattern Analysis and Machine Intelligence,2017,39(12)：2481-2495.

[77] ZHANG Z,SCHWING A G,FIDLER S,et al. Monocular object instance segmentation and depth ordering with cnns[C]//Proceedings of the IEEE International Conference on Computer Vision. 2015：2614-2622.

[78] ZHANG Z,FIDLER S,URTASUN R. Instance-level segmentation for autonomous driving with deep densely connected mrfs[C]//Proceedings of the IEEE Conference on Computer Vision and Pattern Recognition. 2016：669-677.

[79] BATRA D,YADOLLAHPOUR P,GUZMAN-RIVERA A,et al. Diverse m-best solutions in markov random fields[C]//Computer Vision-ECCV 2012：12th European Conference on Computer Vision,Florence,Italy,October 7-13,2012,Proceedings,Part V 12. Springer, 2012：1-16.

[80] TSOCHANTARIDIS I,HOFMANN T,JOACHIMS T,et al. Support vector learning for interdependent and structured output spaces[J]. Machine Learning,2004：104. DOI：10.

1145/1015330. 1015341.

[81] SCHWING A G,FIDLER S,POLLEFEYS M,et al. Box in the box: Joint 3D layout and object reasoning from single images [C]//Proceedings of the IEEE International Conference on Computer Vision. 2013: 353-360.

[82] ZHOU D,LIU H,MA H,et al. Driving behavior prediction considering cognitive prior and driving context [J]. IEEE Transactions on Intelligent Transportation Systems,2020, 22(5): 2669-2678.

[83] GRAVES A,GRAVES A. Long short-term memory[J]. Supervised Sequence Labelling With Recurrent Neural Networks,2012: 37-45.

[84] GUO C,LIU H,CHEN J,et al. Temporal information fusion network for driving behavior prediction[J]. IEEE Transactions on Intelligent Transportation Systems,2023.

[85] CHO K,VAN MERRIËNBOER B,GULCEHRE C,et al. Learning phrase representations using RNN encoder-decoder for statistical machine translation[J]. arXiv preprint arXiv: 1406. 1078,2014.

[86] JAIN A,KOPPULA H S, RAGHAVAN B, et al. Car that knows before you do: Anticipating maneuvers via learning temporal driving models [C]//Proceedings of the IEEE International Conference on Computer Vision. 2015: 3182-3190.